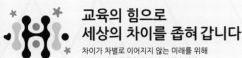

**교육의 힘으로
세상의 차이를 좁혀 갑니다**

차이가 차별로 이어지지 않는 미래를 위해
EBS가 가장 든든한 친구가 되겠습니다.

모든 교재 정보와 다양한 이벤트가 가득!
EBS 교재사이트 book.ebs.co.kr

본 교재는 EBS 교재사이트에서
eBook으로도 구입하실 수 있습니다.

고등학교
입문서
NO. 1

고등
예비
과정

공통수학

기획 및 개발

최다인

박진주

이소민

본 교재의 강의는 TV와 모바일 APP, EBS 중학사이트(mid.ebs.co.kr),
EBS*i* 사이트(www.ebs*i*.co.kr)에서 무료로 제공됩니다.

발행일 2024. 7. 14. **2쇄 인쇄일** 2024. 12. 13. **신고번호** 제2017-000193호 **펴낸곳** 한국교육방송공사 경기도 고양시 일산동구 한류월드로 281
표지디자인 ㈜무닉 **편집** ㈜동국문화 **인쇄** 벽호
인쇄 과정 중 잘못된 교재는 구입하신 곳에서 교환하여 드립니다. 신규 사업 및 교재 광고 문의 pub@ebs.co.kr

정답과 풀이 PDF 파일은 EBS*i* 사이트(www.ebs*i*.co.kr)에서 내려받으실 수 있습니다.

교재 내용 문의
교재 내용 문의는
EBS*i* 사이트(www.ebs*i*.co.kr)의 학습 Q&A 서비스를
활용하시기 바랍니다.

교재 정오표 공지
발행 이후 발견된 정오 사항을
EBS*i* 사이트 정오표 코너에서 알려 드립니다.
교재 → 교재 자료실 → 교재 정오표

교재 정정 신청
공지된 정오 내용 외에 발견된 정오 사항이 있다면
EBS*i* 사이트를 통해 알려 주세요.
교재 → 교재 정정 신청

수능, 모의평가, 학력평가에서 뽑은

800개의 핵심 기출 문장으로

중학 영어에서 **수능 영어**로

업그레이드!

수능

모의평가

학력평가

고등학교
입문서
NO. 1

고등
예비
과정

공통수학

구성과 특징 STRUCTURE & FEATURES

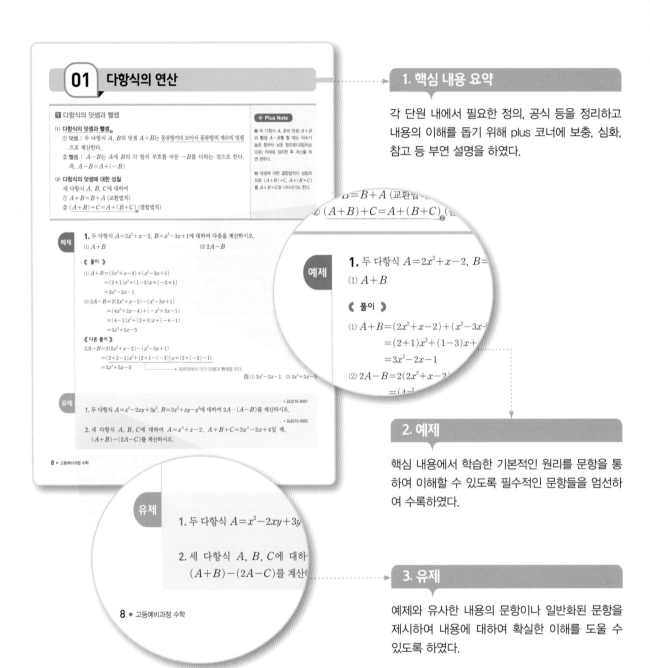

01 다항식의 연산

1 다항식의 덧셈과 뺄셈

(1) 다항식의 덧셈과 뺄셈
① 덧셈 : 두 다항식 A, B의 덧셈 $A+B$는 동류항끼리 모아서 동류항의 계수의 덧셈으로 계산한다.
② 뺄셈 : $A-B$는 A에 B의 각 항의 부호를 바꾼 $-B$를 더하는 것으로 한다.
즉, $A-B=A+(-B)$

(2) 다항식의 덧셈에 대한 성질
세 다항식 A, B, C에 대하여
① $A+B=B+A$ (교환법칙)
② $(A+B)+C=A+(B+C)$ (결합법칙)

+ **Plus Note**
❶ 두 다항식 A, B의 덧셈 $A+B$와 뺄셈 $A-B$를 할 때는 차수가 높은 항부터 낮은 항으로(내림차순으로) 차례로 정리한 후 계산을 하면 편리하다.

❷ 덧셈에 대한 결합법칙이 성립하므로 $(A+B)+C$, $A+(B+C)$를 $A+B+C$로 나타내기도 한다.

예제 **1.** 두 다항식 $A=2x^2+x-2$, $B=x^2-3x+1$에 대하여 다음을 계산하시오.
(1) $A+B$ (2) $2A-B$

《 풀이 》
(1) $A+B=(2x^2+x-2)+(x^2-3x+1)$
$=(2+1)x^2+(1-3)x+(-2+1)$
$=3x^2-2x-1$
(2) $2A-B=2(2x^2+x-2)-(x^2-3x+1)$
$=(4x^2+2x-4)+(-x^2+3x-1)$
$=(4-1)x^2+(2+3)x+(-4-1)$
$=3x^2+5x-5$

《 다른 풀이 》
$2A-B=2(2x^2+x-2)-(x^2-3x+1)$
$=(2\times2-1)x^2+\{2\times1-(-3)\}x+\{2\times(-2)-1\}$
$=3x^2+5x-5$ ← 동류항에서 각각 덧셈과 뺄셈을 한다.

답 (1) $3x^2-2x-1$ (2) $3x^2+5x-5$

유제
▸ 242015-0001
1. 두 다항식 $A=x^2-2xy+3y^2$, $B=2x^2+xy-y^2$에 대하여 $2A-(A-B)$를 계산하시오.

▸ 242015-0002
2. 세 다항식 A, B, C에 대하여 $A=x^2+x-2$, $A+B+C=3x^2-2x+4$일 때, $(A+B)-(2A-C)$를 계산하시오.

1. 핵심 내용 요약

각 단원 내에서 필요한 정의, 공식 등을 정리하고 내용의 이해를 돕기 위해 plus 코너에 보충, 심화, 참고 등 부연 설명을 하였다.

예제 **1.** 두 다항식 $A=2x^2+x-2$, $B=$
(1) $A+B$

《 풀이 》
(1) $A+B=(2x^2+x-2)+(x^2-3x$
$=(2+1)x^2+(1-3)x+$
$=3x^2-2x-1$
(2) $2A-B=2(2x^2+x-2$

2. 예제

핵심 내용에서 학습한 기본적인 원리를 문항을 통하여 이해할 수 있도록 필수적인 문항들을 엄선하여 수록하였다.

유제
1. 두 다항식 $A=x^2-2xy+3y$

2. 세 다항식 A, B, C에 대하여
$(A+B)-(2A-C)$를 계산하

3. 유제

예제와 유사한 내용의 문항이나 일반화된 문항을 제시하여 내용에 대하여 확실한 이해를 도울 수 있도록 하였다.

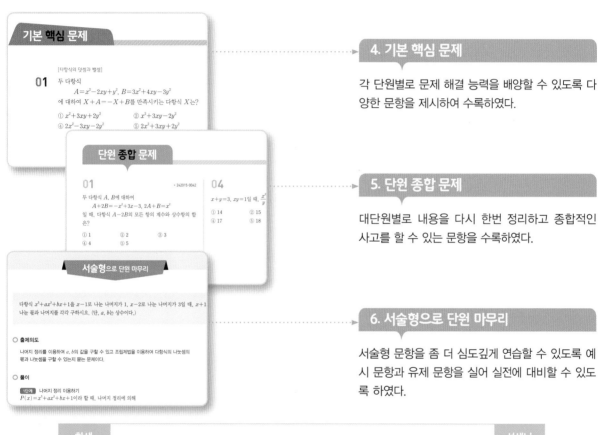

기본 핵심 문제

[다항식의 덧셈과 뺄셈]

01 두 다항식
$$A=x^2-2xy+y^2,\ B=3x^2+4xy-3y^2$$
에 대하여 $X+A=-X+B$를 만족시키는 다항식 X는?

① $x^2+3xy+2y^2$ ② $x^2+3xy-2y^2$
④ $2x^2-3xy-2y^2$ ⑤ $2x^2+3xy+2y^2$

단원 종합 문제

01 · 242015-0042

두 다항식 $A,\ B$에 대하여
$$A+2B=-x^3+3x-3,\ 2A+B=x^3$$
일 때, 다항식 $A-2B$의 모든 항의 계수와 상수항의 합은?

① 1 ② 2 ③ 3
④ 4 ⑤ 5

04 $x+y=3,\ xy=1$일 때, $\dfrac{x}{y}$

① 14 ② 15
④ 17 ⑤ 18

서술형으로 단원 마무리

다항식 x^3+ax^3+bx+1을 $x-1$로 나눈 나머지가 1, $x-2$로 나눈 나머지가 3일 때, $x+1$ 나누는 몫과 나머지를 각각 구하시오. (단, $a,\ b$는 상수이다.)

○ **출제의도**

나머지 정리를 이용하여 $a,\ b$의 값을 구할 수 있고 조립제법을 이용하여 다항식의 나눗셈의 몫과 나눗셈을 구할 수 있는지 묻는 문제이다.

○ **풀이**

1단계 나머지 정리 이용하기

$P(x)=x^3+ax^3+bx+1$이라 할 때, 나머지 정리에 의해

---

4. 기본 핵심 문제

각 단원별로 문제 해결 능력을 배양할 수 있도록 다양한 문항을 제시하여 수록하였다.

5. 단원 종합 문제

대단원별로 내용을 다시 한번 정리하고 종합적인 사고를 할 수 있는 문항을 수록하였다.

6. 서술형으로 단원 마무리

서술형 문항을 좀 더 심도깊게 연습할 수 있도록 예시 문항과 유제 문항을 실어 실전에 대비할 수 있도록 하였다.

차례 CONTENTS

공통수학 2

중학교와 달라지는 고등학교, 이렇게 시작하세요

입시 전략 세우는 법은?

모의고사는 어떻게 대비하지?

달라지는 내신 평가 방법?

시작이 반! 제대로 시작하기

대입으로의 첫걸음을 딛는 고등학교 생활! 막연한 두려움을 가질 필요는 없습니다. 어디를 향해 출발해야 할지 알고 목표를 명확하게 세운다면 좋은 결과를 얻을 것입니다. 고등학교에서 배우는 내용의 깊이와 낯선 수능 유형 적응이라는 관문이 높게 보이겠지만, 중학교에서 학습한 내용에 근간을 두고 있다는 점을 명심하고 자신감 있게 시작해 봅시다.

수능 첫 관문, 전국연합학력평가

3월에 시행되는 전국연합학력평가는 나의 성취수준을 가능할 수 있는 고등학교 1학년 전국 단위 첫 시험으로 중학교 전 범위가 출제범위입니다. 6월, 9월, 10월에도 전국연합학력평가가 시행되며, 고등학교 1학년 공통과목(국어, 수학, 영어, 한국사, 통합사회, 통합과학) 교육과정 순서에 따라 일부 단원까지만 출제범위에 포함됩니다.

고1 3월 전국연합학력평가 출제범위		
영역(과목)		**출제범위**
국어		
수학		
영어		중학교 전 범위
한국사		
탐구	사회	
	과학	

대학수학능력시험 출제범위		
영역(과목)		**출제범위**
국어		화법과 언어, 독서와 작문, 문학
수학		대수, 미적분 I, 확률과 통계
영어		영어 I, 영어 II
한국사		한국사
탐구	사회	통합사회
	과학	통합과학

성공적인 대입을 위한 내신 관리의 중요성

대학 입시 전형에서 수시 모집인원이 차지하는 비중은 70% 내외로 수시 모집 전형은 대체로 높은 내신 성적을 요구합니다. 그러므로 고등학교 입학과 동시에 철저한 내신 관리가 필요합니다. 내신 관리의 가장 중요한 점은 학교 수업에서 강조한 부분이 무엇인지 알고 어떤 문제 유형이 출제되는지 아는 것입니다. 성공적인 학습 성과를 거두기 위해 자신의 적성과 진로에 맞춰 과목을 선택하고, 수동적으로 수업을 듣는 것에 그치지 않고 꾸준히 자기 주도 학습하는 것이 중요합니다.

> **★ EBS 100% 활용하기 (+만점을 위한 학습 습관 기르기)**
> − 교재에 수록된 문항코드를 검색해 모르는 문제는 강의까지 꼼꼼하게 복습한다.
> − 기출은 필수! EBSi에서 기출문제 내려받아 풀고, AI단추를 활용해 취약 영역 중심으로 반복 학습한다.

공통수학 1

1 다항식의 덧셈과 뺄셈

(1) **다항식의 덧셈과 뺄셈❶**

① 덧셈 : 두 다항식 A, B의 덧셈 $A+B$는 동류항끼리 모아서 동류항의 계수의 덧셈으로 계산한다.

② 뺄셈 : $A-B$는 A에 B의 각 항의 부호를 바꾼 $-B$를 더하는 것으로 한다. 즉, $A-B=A+(-B)$

(2) **다항식의 덧셈에 대한 성질**

세 다항식 A, B, C에 대하여

① $A+B=B+A$ (교환법칙)

② $(A+B)+C=A+(B+C)$❷ (결합법칙)

+ Plus Note

❶ 두 다항식 A, B의 덧셈 $A+B$와 뺄셈 $A-B$를 할 때는 차수가 높은 항부터 낮은 항으로(내림차순으로) 차례로 정리한 후 계산을 하면 편하다.

❷ 덧셈에 대한 결합법칙이 성립하므로 $(A+B)+C$, $A+(B+C)$를 $A+B+C$로 나타내기도 한다.

예제

1. 두 다항식 $A=2x^2+x-2$, $B=x^2-3x+1$에 대하여 다음을 계산하시오.

(1) $A+B$　　　　　　　　　　　(2) $2A-B$

《 풀이 》

(1) $A+B=(2x^2+x-2)+(x^2-3x+1)$
$\qquad=(2+1)x^2+(1-3)x+(-2+1)$
$\qquad=3x^2-2x-1$

(2) $2A-B=2(2x^2+x-2)-(x^2-3x+1)$
$\qquad=(4x^2+2x-4)+(-x^2+3x-1)$
$\qquad=(4-1)x^2+(2+3)x+(-4-1)$
$\qquad=3x^2+5x-5$

《 다른 풀이 》

$2A-B=2(2x^2+x-2)-(x^2-3x+1)$
$\qquad=(2\times2-1)x^2+\{2\times1-(-3)\}x+\{2\times(-2)-1\}$
$\qquad=3x^2+5x-5$ ⟶ 동류항에서 각각 덧셈과 뺄셈을 한다.

답 (1) $3x^2-2x-1$　(2) $3x^2+5x-5$

유제

▶ 242015-0001

1. 두 다항식 $A=x^2-2xy+3y^2$, $B=2x^2+xy-y^2$에 대하여 $2A-(A-B)$를 계산하시오.

▶ 242015-0002

2. 세 다항식 A, B, C에 대하여 $A=x^2+x-2$, $A+B+C=3x^2-2x+4$일 때, $(A+B)-(2A-C)$를 계산하시오.

② 다항식의 곱셈 (1)

(1) **다항식의 곱셈** : 다항식의 곱셈은 분배법칙을 이용하여 전개한 다음 동류항끼리 모아서 계산한다.❸

(2) **다항식의 곱셈에 대한 성질**

세 다항식 A, B, C에 대하여

① $AB=BA$ (교환법칙)

② $(AB)C=A(BC)$❹ (결합법칙)

③ $A(B+C)=AB+AC$, $(A+B)C=AC+BC$ (분배법칙)

+ Plus Note

❸ $(x+1)(x^2+x-2)$
$=x(x^2+x-2)+(x^2+x-2)$
$=x^3+x^2-2x+x^2+x-2$
$=x^3+2x^2-x-2$

❹ 곱셈에 대한 결합법칙이 성립하므로 $(AB)C$, $A(BC)$를 ABC로 나타내기도 한다.

예제

2. 두 다항식 $A=x+2$, $B=x^2-x+1$에 대하여 다음을 계산하시오.

(1) AB　　　　　　　　　　　　(2) $A(B-A)$

《 풀이 》

(1) $AB=(x+2)(x^2-x+1)$　　　　　　　　⟶ 분배법칙을 이용한다.
$\quad\quad =x(x^2-x+1)+2(x^2-x+1)$
$\quad\quad =(x^3-x^2+x)+(2x^2-2x+2)$
$\quad\quad =x^3+x^2-x+2$

(2) $A(B-A)=(x+2)\{(x^2-x+1)-(x+2)\}$
$\quad\quad\quad\quad =(x+2)(x^2-2x-1)$
$\quad\quad\quad\quad =x(x^2-2x-1)+2(x^2-2x-1)$
$\quad\quad\quad\quad =(x^3-2x^2-x)+(2x^2-4x-2)$
$\quad\quad\quad\quad =x^3-5x-2$

目 (1) x^3+x^2-x+2　(2) x^3-5x-2

유제

▶ 242015-0003

3. 두 다항식 $A=2x-1$, $B=x^2+x+2$에 대하여 $B(A+B)+(2A-B)B$를 계산하시오.

▶ 242015-0004

4. 세 다항식 A, B, C에 대하여 $A=x+1$, $BC=x^2-x-2$일 때, $AB(B+C)-B(AB-AC)$를 계산하시오.

❸ 다항식의 곱셈 (2) – 곱셈 공식

(1) $(a+b+c)^2 = a^2+b^2+c^2+2ab+2bc+2ca$

(2) $(a+b)^3 = a^3+3a^2b+3ab^2+b^3$ ⑤
$(a-b)^3 = a^3-3a^2b+3ab^2-b^3$ ⑥

(3) $(a+b)(a^2-ab+b^2) = a^3+b^3$
$(a-b)(a^2+ab+b^2) = a^3-b^3$ ⑥

➕ Plus Note

⑤ $(a+b)^3 = (a+b)(a+b)^2$
$= (a+b)(a^2+2ab+b^2)$
$= a^3+2a^2b+ab^2+a^2b+2ab^2+b^3$
$= a^3+3a^2b+3ab^2+b^3$

⑥
$(a+b)^3 = a^3+3a^2b+3ab^2+b^3$,
$(a+b)(a^2-ab+b^2) = a^3+b^3$
의 식에 b 대신 $-b$를 각각 대입하
면 얻어진다.

예제

3. 다음 식을 전개하시오.

(1) $(x+2y+z)^2$ (2) $(3x+y)^3$ (3) $(x+2y)(x^2-2xy+4y^2)$

《 풀이 》

(1) $(x+2y+z)^2 = x^2+(2y)^2+z^2+2x(2y)+2(2y)z+2zx$
$= x^2+4y^2+z^2+4xy+4yz+2zx$ ⟶ $2y$를 한 문자로 생각한다.

(2) $(3x+y)^3 = (3x)^3+3(3x)^2y+3(3x)y^2+y^3$
$= 27x^3+27x^2y+9xy^2+y^3$

(3) $(x+2y)(x^2-2xy+4y^2) = (x+2y)\{x^2-x(2y)+(2y)^2\}$
$= x^3+(2y)^3$
$= x^3+8y^3$

🗒 (1) $x^2+4y^2+z^2+4xy+4yz+2zx$ (2) $27x^3+27x^2y+9xy^2+y^3$ (3) x^3+8y^3

유제

▶ 242015-0005

5. 다음 식을 전개하시오.

(1) $(2x+y-z)^2$ (2) $(x-3y)^3$ (3) $(x-3y)(x^2+3xy+9y^2)$

▶ 242015-0006

6. 다음 식을 전개하시오.

(1) $(x-y+1)^2$ (2) $(x+2)^3$ (3) $(x-1)(x^2+x+1)$

④ 다항식의 곱셈 (3) − 곱셈 공식의 변형

(1) $a^2+b^2+c^2=(a+b+c)^2-2(ab+bc+ca)$

(2) $a^3+b^3=(a+b)^3-3ab(a+b)$
   $a^3-b^3=(a-b)^3+3ab(a-b)$

➕ Plus Note

❼ $(a+b)^3$
$=a^3+3a^2b+3ab^2+b^3$에서
$(a+b)^3=a^3+b^3+3ab(a+b)$
이므로
$a^3+b^3=(a+b)^3-3ab(a+b)$

예제

4. 다음 물음에 답하시오.

(1) $x+y+z=3$, $xy+yz+zx=-1$일 때, $x^2+y^2+z^2$의 값을 구하시오.

(2) $x+y=2$, $xy=-2$일 때, x^3+y^3의 값을 구하시오.

《 풀이 》

(1) $x^2+y^2+z^2=\underline{(x+y+z)^2-2(xy+yz+zx)}$
      $=3^2-2\times(-1)=11$ ⟶ 곱셈 공식의 변형을 이용한다.

(2) $x^3+y^3=(x+y)^3-3xy(x+y)$
      $=2^3-3\times(-2)\times2=20$

답 (1) 11 (2) 20

유제

▶ 242015-0007

7. $x+y+z=2$, $x^2+y^2+z^2=10$일 때, $xy+yz+zx$의 값을 구하시오.

▶ 242015-0008

8. $x-y=1$, $x^3-y^3=7$일 때, xy의 값을 구하시오.

5 다항식의 나눗셈

+ Plus Note

❽ 13을 5로 나누면 몫은 2, 나머지는 3이므로
$$13 = 5 \times 2 + 3$$
으로 나타낼 수 있다. 이때, 나머지 3은 나누는 수 5보다 항상 작다.

(1) **다항식의 나눗셈** : 두 다항식을 차수가 높은 항부터 차례로(내림차순) 정리한 다음 자연수의 나눗셈과❽ 같은 방법으로 계산하여 몫과 나머지를 구한다.

(2) **다항식의 나눗셈의 표현**

다항식 A를 다항식 B로 나누었을 때의 몫을 Q, 나머지를 R이라 하면
$A = BQ + R$ (단, R은 상수이거나 R의 차수는 B의 차수보다 낮다.)
특히 $R = 0$이면 A는 B로 나누어떨어진다고 한다.

예제

5. 다음 두 다항식 A, B에 대하여 A를 B로 나누었을 때의 몫 Q와 나머지 R을 구하고, $A = BQ + R$의 꼴로 나타내시오.

(1) $A = x^2 + 2x - 4$, $B = x - 1$　　　　(2) $A = x^3 - x^2 + 5$, $B = x + 2$

《 풀이 》

(1)
$$\begin{array}{r} x+3 \\ x-1 \overline{) x^2+2x-4} \\ \underline{x^2- x} \\ 3x-4 \\ \underline{3x-3} \\ -1 \end{array}$$

따라서 몫은 $x+3$, 나머지는 -1이므로
$$x^2 + 2x - 4 = (x-1)(x+3) - 1$$

(2)
$$\begin{array}{r} x^2-3x +6 \\ x+2 \overline{) x^3- x^2 \quad\ +5} \\ \underline{x^3+2x^2} \\ -3x^2 +5 \\ \underline{-3x^2-6x} \\ 6x+5 \\ \underline{6x+12} \\ -7 \end{array}$$
→ 계수가 0인 항은 그 자리를 비워둔다.

따라서 몫은 $x^2 - 3x + 6$, 나머지는 -7이므로
$$x^3 - x^2 + 5 = (x+2)(x^2 - 3x + 6) - 7$$

답 (1) 풀이 참조　(2) 풀이 참조

유제

▶ 242015-0009

9. 다항식 $A = x^3 - 2x^2 + 4x - 1$을 다항식 $B = x^2 + 1$로 나누었을 때, 몫 Q와 나머지 R을 구하고, $A = BQ + R$의 꼴로 나타내시오.

▶ 242015-0010

10. 다항식 $A = 4x^3 + 3x^2 - 2$를 다항식 $B = x^2 + x + 1$로 나누었을 때, 몫 Q와 나머지 R을 구하고, $A = BQ + R$의 꼴로 나타내시오.

[다항식의 덧셈과 뺄셈]
▶ 242015-0011

01 두 다항식

$$A=x^2-2xy+y^2,\ B=3x^2+4xy-3y^2$$

에 대하여 $X+A=-X+B$를 만족시키는 다항식 X는?

① $x^2+3xy+2y^2$ ② $x^2+3xy-2y^2$ ③ $2x^2+3xy-2y^2$

④ $2x^2-3xy-2y^2$ ⑤ $2x^2+3xy+2y^2$

[다항식의 곱셈]
▶ 242015-0012

02 x에 대한 다항식 $(x^2+kx+1)(x^2-3x+4)$의 전개식에서 x^2의 계수가 8일 때, 상수 k의 값은?

① -2 ② -1 ③ 0 ④ 1 ⑤ 2

[곱셈 공식]
▶ 242015-0013

03 $a^6=3$, $b^6=2$일 때, $(a+b)(a-b)(a^2+ab+b^2)(a^2-ab+b^2)$의 값은?

① 1 ② 2 ③ 3 ④ 4 ⑤ 5

[곱셈 공식의 변형]
▶ 242015-0014

04 $x+y=4$, $\dfrac{1}{x}+\dfrac{1}{y}=2$일 때, x^3+y^3의 값은?

① 24 ② 28 ③ 32 ④ 36 ⑤ 40

[다항식의 나눗셈]
▶ 242015-0015

05 다항식 x^4+2x^2-3을 다항식 X로 나누었을 때의 몫이 x^2-x+2이고 나머지가 $-x-5$이다. X는?

① x^2-x+2 ② x^2-x+1 ③ x^2+1

④ x^2+x+1 ⑤ x^2+x+2

1 항등식

(1) **항등식의 뜻** : 어떤 문자를 포함한 등식이 그 문자에 어떠한 값을 대입해도 항상 성립할 때, 이 등식을 그 문자에 대한 항등식이라 한다.

(2) **항등식의 성질**

① 등식 $ax^2+bx+c=0$이 x에 대한 항등식이면 $a=0$, $b=0$, $c=0$이다.

② 등식 $ax^2+bx+c=a'x^2+b'x+c'$이 x에 대한 항등식이면 $a=a'$이고 $b=b'$이고 $c=c'$이다.❶

거꾸로 등식 $ax^2+bx+c=a'x^2+b'x+c'$에 대하여 $a=a'$이고 $b=b'$이고 $c=c'$이면 이 등식은 x에 대한 항등식이다.

+ Plus Note

❶ $x=0$을 대입하면 $c=c'$이다. $x=1$을 대입하면 $a+b=a'+b'$이고 $x=-1$을 대입하면 $a-b=a'-b'$이므로 두 식을 연립하면 $a=a'$, $b=b'$을 얻을 수 있다.

예제

1. 다음 등식이 x에 대한 항등식인지 판별하시오.

(1) $2(x+1)-x+1=x+3$ (2) $3x-1+(1-x)=2x+1$

(3) $(x-1)(x+2)=x^2+2x-2$ (4) $(x-2)^2=x^2-4x+4$

《 풀이 》

➤ 항등식의 성질을 이용하기 위하여 양변을 정리한다.

(1) $2(x+1)-x+1=x+3$의 좌변을 정리하면 $x+3=x+3$

위 등식의 양변의 일차항의 계수와 상수항이 각각 같으므로 항등식이다.

(2) $3x-1+(1-x)=2x+1$의 좌변을 정리하면 $2x=2x+1$

위 등식의 양변의 상수항이 다르므로 항등식이 아니다.

(3) $(x-1)(x+2)=x^2+2x-2$의 좌변을 정리하면 $x^2+x-2=x^2+2x-2$

위 등식의 양변의 일차항의 계수가 다르므로 항등식이 아니다.

(4) $(x-2)^2=x^2-4x+4$의 좌변을 정리하면 $x^2-4x+4=x^2-4x+4$

위 등식의 양변의 각 항의 계수와 상수항이 각각 같으므로 항등식이다.

답 (1) 항등식   (2) 항등식이 아니다.   (3) 항등식이 아니다.   (4) 항등식

유제

▶ 242015-0016

1. 다음 등식이 x에 대한 항등식인지 판별하시오.

(1) $x^2-4x-5=(x-5)(x+1)$ (2) $x^2-9=(x-3)^2$

▶ 242015-0017

2. 등식 $(x+1)(x+2)=x(x+2)+2$가 x에 대한 항등식인지 판별하시오.

② 미정계수법

(1) **미정계수법** : 주어진 항등식에서 미지의 계수를 구하는 방법을 미정계수법이라 한다.

(2) **미정계수법의 종류**②
  ① 수치대입법: (어떤) 문자에 적당한 수를 대입하는 방법
  ② 계수비교법: 양변의 동류항의 계수를 비교하는 방법

+ Plus Note

❷ 수치대입법은 항등식의 뜻을 이용하는 방법이고 계수비교법은 항등식의 성질을 이용하는 방법이다.

예제

2. 다음 등식이 x에 대한 항등식일 때, 세 상수 a, b, c의 값을 각각 구하시오.

$$x^2-2x+4=ax(x+1)+b(x+1)+cx$$

《 풀이 》

├──────▶ 수치대입법을 이용한다.

$x=-1$을 주어진 등식에 대입하면

$7=-c$, $c=-7$

$x=0$을 주어진 등식에 대입하면

$4=b$, $b=4$

좌변의 이차항의 계수는 1이고 우변의 이차항의 계수는 a이므로 $a=1$

따라서 $a=1$, $b=4$, $c=-7$이다. ├──────▶ 계수비교법을 이용한다.

📋 $a=1$, $b=4$, $c=-7$

유제

▶ 242015-0018

3. 다음 등식이 x에 대한 항등식일 때, 세 상수 a, b, c의 값을 각각 구하시오.
  $(2x+1)(x-4)=ax^2+bx+c$

▶ 242015-0019

4. 다음 등식이 x에 대한 항등식일 때, 세 상수 a, b, c의 값을 각각 구하시오.
  $a(x-1)^2+b(x-1)+c=2x^2-x+1$

③ 나머지정리

x에 대한 다항식 $P(x)$를 일차식 $x-a$로 나눈 나머지를 R이라 할 때,

　　$R=P(a)$ ③

[참고] x에 대한 다항식 $P(x)$를 일차식 $ax+b$로 나눈 나머지를 R이라 할 때,

　　$R=P\left(-\dfrac{b}{a}\right)$ ④

＋ Plus Note

③ 다항식 $P(x)$를 $x-a$로 나누었을 때의 몫을 $Q(x)$, 나머지를 R이라고 하면
$P(x)=(x-a)Q(x)+R$
이 등식은 x에 대한 항등식이므로
$x=a$를 이 등식에 대입하면
$P(a)=R$이다.

④ $ax+b=0$을 만족시키는 해인
$x=-\dfrac{b}{a}$를 $P(x)$에 대입한다

예제

3. 다항식 $P(x)=x^2-x+2$를 다음 일차식으로 나누었을 때의 나머지를 구하시오.

(1) $x-1$　　　　　　　(2) $x+2$　　　　　　　(3) $x-2$

《 풀이 》

(1) 다항식 $P(x)$를 $x-1$로 나누었을 때의 나머지는 $P(1)$이다.

　　따라서 구하는 나머지는 　　　　　→ $x-1=0$인 x의 값이 1이므로 $P(x)$에 $x=1$을 대입한다.

　　$P(1)=1^2-1+2=2$

(2) 다항식 $P(x)$를 $x+2$로 나누었을 때의 나머지는 $P(-2)$이다.

　　따라서 구하는 나머지는 　　　　　→ $x+2=0$인 x의 값이 -2이므로 $P(x)$에 $x=-2$를 대입한다.

　　$P(-2)=(-2)^2-(-2)+2=8$

(3) 다항식 $P(x)$를 $x-2$로 나누었을 때의 나머지는 $P(2)$이다.

　　따라서 구하는 나머지는 　　　　　→ $x-2=0$인 x의 값이 2이므로 $P(x)$에 $x=2$를 대입한다.

　　$P(2)=2^2-2+2=4$

　　　　　　　　　　　　　　　　　　　답 (1) 2　(2) 8　(3) 4

유제

▶ 242015-0020

5. 다항식 $P(x)=4x^3+2x^2-x+2$를 일차식 $2x+1$로 나누었을 때의 나머지를 구하시오.

▶ 242015-0021

6. 다항식 $P(x)=x^2+ax+3$을 일차식 $x-1$로 나누었을 때의 나머지가 6일 때, 상수 a의 값을 구하시오.

④ 인수정리

다항식 $P(x)$가 $P(\alpha)=0$이면 다항식 $P(x)$는 $x-\alpha$를 인수로 갖는다. ❺
거꾸로, 다항식 $P(x)$가 $x-\alpha$를 인수로 가지면 $P(\alpha)=0$이다. ❻
[참고] $P(\alpha)\neq0$이면 나머지정리에 의해 다항식 $P(x)$는 $x-\alpha$로 나눈 나머지가 0이
아니므로 다항식 $P(x)$는 $x-\alpha$를 인수로 갖지 않는다.

+ Plus Note

❺ $P(\alpha)=0$이면 나머지정리에 의해 다항식 $P(x)$는 $x-\alpha$로 나눈 나머지가 0이므로 $P(x)$는 $x-\alpha$를 인수로 갖는다.

❻ 거꾸로 $P(x)$가 $x-\alpha$를 인수로 가지면 $P(x)$는 $x-\alpha$로 나누어떨어지므로 $P(\alpha)=0$이다.

예제

4. 다음 중 다항식 $P(x)=x^3-2x^2-5x+6$의 인수인 것을 있는 대로 고르시오.

> ㄱ. $x-1$ ㄴ. $x+1$ ㄷ. $x+2$ ㄹ. $x-3$

《 풀이 》

ㄱ. $P(1)=1^3-2\times1^2-5\times1+6$
    $=0$ ──→ 인수정리에 의해 성립한다.
    따라서 $P(x)$는 $x-1$을 인수로 갖는다.

ㄴ. $P(-1)=(-1)^3-2\times(-1)^2-5\times(-1)+6$
    $=8$ ──→ 인수정리에 의해 성립한다.
    따라서 $P(x)$는 $x+1$을 인수로 갖지 않는다.

ㄷ. $P(-2)=(-2)^3-2\times(-2)^2-5\times(-2)+6$
    $=0$ ──→ 인수정리에 의해 성립한다.
    따라서 $P(x)$는 $x+2$를 인수로 갖는다.

ㄹ. $P(3)=3^3-2\times3^2-5\times3+6$
    $=0$ ──→ 인수정리에 의해 성립한다.
    따라서 $P(x)$는 $x-3$을 인수로 갖는다.

답 ㄱ, ㄷ, ㄹ

유제

▶ 242015-0022

7. 다항식 $P(x)=x^3+x^2-ax+1$이 $x-1$을 인수로 가질 때, 상수 a의 값을 구하시오.

▶ 242015-0023

8. 다항식 $P(x)=x^3+ax^2+bx+1$이 $x+1$과 $x-1$을 인수로 가질 때, 두 상수 a, b의 값을 각각 구하시오.

⑤ 조립제법

(1) **조립제법의 뜻** : 다항식을 일차항의 계수가 1인 일차식으로 나누었을 때의 몫과 나머지를 다항식의 계수와 상수항을 이용하여 구하는 방법을 조립제법이라 한다. ❼

(2) **조립제법의 방법**

다항식 x^2-x+2를 $x-2$로 나누었을 때의 조립제법은 다음과 같은 순서로 한다.

① x^2-x+2의 계수를 차례대로 적고 ❽ $x-2=0$인 x의 값 2를 왼쪽에 적는다.

② 오른쪽과 같이 $\boxed{1}$, $\boxed{2}$, $\boxed{3}$의 순서로 계산한다.

③ 몫 $x+1$, 나머지 4를 구한다.

[참고] 다항식 $P(x)$를 일차식 $ax+b$로 나누었을 때 몫을 $Q(x)$, 나머지를 R이라 하면

$$P(x)=(ax+b)Q(x)+R=\left(x+\frac{b}{a}\right)\{aQ(x)\}+R$$

이므로 $P(x)$를 $x+\dfrac{b}{a}$로 나누었을 때의 조립제법을 이용하여 $Q(x)$와 R을 구할 수 있다.

➕ **Plus Note**

❼ 조립제법과 나머지정리는 일반적으로 일차식을 나눌 때 이용하면 편리하다.

❽ 다항식의 계수를 차례대로 적을 때, 해당되는 차수의 항이 없으면 0을 적는다.

❾ 내림차순으로 정리된 몫의 계수와 상수항을 의미한다. 몫의 차수는 나누어지는 식의 차수보다 한 차수 작다.

예제

5. 조립제법을 이용하여 다항식 x^3+2x^2-4x-2를 다음 일차식으로 나누었을 때의 몫과 나머지를 각각 구하시오.

(1) $x+1$　　　　　　　　　　　　(2) $x-2$

《 풀이 》

(1) 오른쪽과 같이 조립제법을 이용하면

몫은 x^2+x-5, 나머지는 3이다.

$$x^3+2x^2-4x-2 = (x+1)(x^2+x-5)+3$$

(2) 오른쪽과 같이 조립제법을 이용하면

몫은 x^2+4x+4, 나머지는 6이다.

$$x^3+2x^2-4x-2 = (x-2)(x^2+4x+4)+6$$

-1	1	2	-4	-2
		-1	-1	5
	1	1	-5	3

2	1	2	-4	-2
		2	8	8
	1	4	4	6

🗐 풀이 참조

유제

▶ 242015-0024

9. 다항식 $2x^3-x+5$를 일차식 $x+2$로 나누었을 때의 몫과 나머지를 각각 구하시오.

▶ 242015-0025

10. 다항식 $4x^3-x+2$를 일차식 $2x-1$로 나누었을 때의 몫과 나머지를 각각 구하시오.

기본 핵심 문제

[항등식] ▶ 242015-0026

01 다음 중 다항식 $(2x-1)(x+1)+3x-1=P(x)+2x$가 x에 대한 항등식일 때, 다항식 $P(x)$는?

① x^2+2x-2 ② x^2+2x+2 ③ $2x^2+2x-2$

④ $2x^2+2x+2$ ⑤ $2x^2+2x-4$

[미정계수법] ▶ 242015-0027

02 임의의 실수 x에 대하여 등식

$$(ax^2-x+1)(x+b)=2x^3-7x^2+4x-3$$

이 성립할 때, 두 상수 a, b에 대하여 $a+b$의 값은?

① -2 ② -1 ③ 0 ④ 1 ⑤ 2

[나머지정리] ▶ 242015-0028

03 다항식 $P(x)$를 일차식 $x+1$로 나누었을 때의 나머지가 2, $P(x)$를 일차식 $x-2$로 나누었을 때의 나머지가 -1이다. $P(x)$를 이차식 x^2-x-2로 나눈 나머지를 $R(x)$라 할 때, $R(1)$의 값은?

① 0 ② 1 ③ 2 ④ 3 ⑤ 4

[인수정리] ▶ 242015-0029

04 x에 대한 다항식 $x^3+kx^2-k^2x-2$가 $x-2$를 인수로 갖도록 하는 모든 실수 k의 값의 합은?

① 1 ② 2 ③ 3 ④ 4 ⑤ 5

[조립제법] ▶ 242015-0030

05 다항식 x^3+ax^2+4x-2를 $x-1$로 나눈 몫이 x^2+bx+c, 나머지가 2일 때, $a+b+c$의 값은? (단, a, b, c는 상수이다.)

① -1 ② 0 ③ 1 ④ 2 ⑤ 3

03 인수분해

1 곱셈 공식을 이용한 인수분해

(1) $a^2+b^2+c^2+2ab+2bc+2ca=(a+b+c)^2$

(2) $a^3+3a^2b+3ab^2+b^3=(a+b)^3$

$a^3-3a^2b+3ab^2-b^3=(a-b)^3$

(3) $a^3+b^3=(a+b)(a^2-ab+b^2)$

$a^3-b^3=(a-b)(a^2+ab+b^2)$

+ Plus Note

❶ 곱셈 공식의 역연산은 인수분해가 된다.

예제

1. 다음 식을 인수분해하시오.

(1) $x^2+4y^2+z^2+4xy+4yz+2zx$

(2) $x^3+9x^2y+27xy^2+27y^3$

(3) x^3+8y^3

《 풀이 》

(1) $x^2+4y^2+z^2+4xy+4yz+2zx=\underline{x^2+(2y)^2+z^2+2x(2y)+2(2y)z+2zx}$

$=(x+2y+z)^2$

→ 인수분해 공식을 사용할 수 있게 $2y$를 하나의 문자로 본다.

(2) $x^3+9x^2y+27xy^2+27y^3=x^3+3x^2(3y)+3x(3y)^2+(3y)^3$

$=(x+3y)^3$

(3) $x^3+8y^3=x^3+(2y)^3=(x+2y)(x^2-2xy+4y^2)$

目 (1) $(x+2y+z)^2$ (2) $(x+3y)^3$ (3) $(x+2y)(x^2-2xy+4y^2)$

유제

▶ 242015-0031

1. 다음 식을 인수분해하시오.

(1) $4x^2+y^2+9z^2-4xy-6yz+12zx$　　　(2) $x^3+6x^2+12x+8$

(3) x^3+27

▶ 242015-0032

2. 다음 식을 인수분해하시오.

(1) $x^2+y^2+9+2xy-6x-6y$　　　(2) $8x^3-12x^2+6x-1$

(3) x^3-8

❷ 치환을 이용한 인수분해

식이 반복될 때는 반복된 식을 한 문자로 치환하여 인수분해하면 편리하다.❷

[참고]

① $(x^2+1)^2+2(x^2+1)+1$과 같은 식은 x^2+1을 치환하면 편리하다.

② ax^4+bx^2+c의 꼴은 x^2을 치환하거나 이차항을 더하거나 빼서 X^2-Y^2 꼴로 변형하여 인수분해한다.

+ Plus Note

❷ 공통부분을 하나의 문자로 바꾸는 것을 치환이라 한다.
반복된 식을 치환하면 주어진 식이 간단하게 된다.

예제

2. 다음 식을 인수분해하시오.

(1) $(x^2-2x)^2-2(x^2-2x)-3$

(2) $(x+1)^3+3(x+1)^2+3(x+1)+1$

(3) $(x-2)^3+27$

《 풀이 》

(1) $x^2-2x=t$로 놓으면 주어진 식은

$t^2-2t-3=(t-3)(t+1)$

이때 $t=x^2-2x$이므로

$(x^2-2x-3)(x^2-2x+1)=(x-3)(x+1)(x-1)^2$

(2) $x+1=t$로 놓으면 주어진 식은

$t^3+3t^2+3t+1=(t+1)^3$

이때 $t=x+1$이므로 $\longrightarrow a^3+3a^2b+3ab^2+b^3=(a+b)^3$

$(x+1+1)^3=(x+2)^3$

(3) $x-2=t$로 놓으면 주어진 식은

$t^3+27=t^3+3^3=(t+3)(t^2-3t+9)$

이때 $t=x-2$이므로 $\longrightarrow a^3+b^3=(a+b)(a^2-ab+b^2)$

$(x-2+3)\{(x-2)^2-3(x-2)+9\}=(x+1)(x^2-7x+19)$

🔲 (1) $(x-3)(x+1)(x-1)^2$ (2) $(x+2)^3$ (3) $(x+1)(x^2-7x+19)$

유제

▶ 242015-0033

3. 다음 식을 인수분해하시오.

(1) $(x-1)^3-6(x-1)^2+12(x-1)-8$

(2) $x^2+(x-1)^2+(x+1)^2+2x(x-1)+2(x-1)(x+1)+2x(x+1)$

▶ 242015-0034

4. 다항식 x^4-10x^2+9를 인수분해하시오.

③ 인수정리와 조립제법을 이용한 인수분해

삼차 이상의 다항식 $P(x)$의 인수분해는 다음과 같은 순서로 한다.

(1) $P(\alpha)=0$인 α를 찾는다.

　　이때 인수정리에 의해 $P(x)$는 $x-\alpha$를 인수로 가짐을 알 수 있다.

(2) 조립제법을 이용하여 $P(x)$를 $x-\alpha$로 나누었을 때의 몫 $Q(x)$를 구한 다음

　　$P(x)=(x-\alpha)Q(x)$의 꼴로 인수분해한다.

(3) 몫 $Q(x)$가 삼차 이상이면 (1), (2)의 과정을 되풀이하여 인수분해하고 이차이면 기존의 인수분해 방법을 이용하여 인수분해한다.

+ Plus Note

❸ 계수가 정수인 다항식 $P(x)$에 대하여 $P(\alpha)=0$인 α는 $P(x)$의 최고차항의 계수를 a, 상수항을 b라 할 때,

$$\pm \frac{(|b|\text{의 양의 약수})}{(|a|\text{의 양의 약수})}$$

중에서 찾는다.

예제

3. 다음 식을 인수분해하시오.

(1) x^3+x^2-2　　　　　　　　　　　　　　(2) x^3+x^2-4x-4

《 풀이 》

(1) $P(x)=x^3+x^2-2$로 놓으면

　$P(1)=1^3+1^2-2=0$이므로 $P(x)$는 $x-1$을 인수로 갖는다.

　오른쪽과 같이 조립제법을 이용하면 ── ▶ 인수정리에 의해 성립한다.

　$P(x)=(x-1)(x^2+2x+2)$

1	1	1	0	-2
		1	2	2
	1	2	2	0

(2) $P(x)=x^3+x^2-4x-4$로 놓으면

　$P(-1)=(-1)^3+(-1)^2-4(-1)-4=0$이므로 $P(x)$는 $x+1$을 인수로 갖는다.

　오른쪽과 같이 조립제법을 이용하면

　$P(x)=(x+1)(x^2-4)=(x+1)(x+2)(x-2)$

-1	1	1	-4	-4
		-1	0	4
	1	0	-4	0

답 (1) $(x-1)(x^2+2x+2)$　(2) $(x+1)(x+2)(x-2)$

유제

▶ 242015-0035

5. 다항식 $x^4-3x^3+x^2+3x-2$를 인수분해하시오.

▶ 242015-0036

6. 다항식 $2x^3+x^2+x-1$을 인수분해하시오.

▶ 242015-0037

[공식을 이용한 인수분해]

01 $x^3y-6x^2y^2+12xy^3-8y^4$을 인수분해하면?

① $(x-y)^3y$　　　　　② $(x-2y)^3y$　　　　　③ $(x-y)^2y^2$

④ $(x-y)^3y^2$　　　　　⑤ $(x-2y)^3y^2$

▶ 242015-0038

[치환을 이용한 인수분해]

02 $(x^2-x+1)(x^2-x)-6$을 인수분해하면?

① $(x^2-x+2)(x-2)(x-1)$　　　　② $(x^2-x+2)(x-2)(x+1)$

③ $(x^2-x+2)(x+2)(x+1)$　　　　④ $(x^2-x+3)(x-2)(x+1)$

⑤ $(x^2-x+3)(x+2)(x+1)$

▶ 242015-0039

[치환을 이용한 인수분해]

03 다음 중 x^4+4의 인수인 것은?

① x^2+2　　　　　② x^2+x+1　　　　　③ x^2+x+2

④ x^2+2x+1　　　　　⑤ x^2+2x+2

▶ 242015-0040

[인수정리와 조립제법을 이용한 인수분해]

04 다항식 x^3+x^2+x-3이 이차식 x^2+ax+b를 인수로 가질 때, $a+b$의 값은?

(단, a, b는 실수이다.)

① 1　　　　　② 2　　　　　③ 3　　　　　④ 4　　　　　⑤ 5

▶ 242015-0041

[인수정리와 조립제법을 이용한 인수분해]

05 다항식 x^3-5x^2+2x+a가 서로 다른 세 일차식 $x+1$, $x+b$, $x+c$를 인수로 가질 때, $a+b+c$의 값은? (단, a, b, c는 상수이다.)

① 0　　　　　② 1　　　　　③ 2　　　　　④ 3　　　　　⑤ 4

01
▸ 242015-0042

두 다항식 A, B에 대하여
$$A+2B=-x^2+3x-3,\ 2A+B=x^2$$
일 때, 다항식 $A-2B$의 모든 항의 계수와 상수항의 합은?

① 1 ② 2 ③ 3
④ 4 ⑤ 5

02
▸ 242015-0043

x에 대한 다항식 $(x^2+ax+1)(bx^2-2x+3)$의 x^4의 계수는 2, x^3의 계수는 c, x의 계수는 4이다. 세 상수 a, b, c에 대하여 $a+b+c$의 값은?

① 4 ② 6 ③ 8
④ 10 ⑤ 12

03
▸ 242015-0044

세 실수 a, b, c가
$$a^2+b^2+c^2=5,\ a+b+c=3$$
을 만족시킨다. $(a+b)^2+(b+c)^2+(c+a)^2$의 값은?

① 13 ② 14 ③ 15
④ 16 ⑤ 17

04
▸ 242015-0045

$x+y=3$, $xy=1$일 때, $\dfrac{x^2}{y}+\dfrac{y^2}{x}$의 값은?

① 14 ② 15 ③ 16
④ 17 ⑤ 18

05
▸ 242015-0046

오른쪽은 다항식 x^3+x^2-4를 $x-2$로 나누는 과정을 나타낸 것이다. 이때 상수 a, b, c에 대하여 $a+b+c$의 값은?

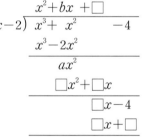

① 14 ② 16 ③ 18
④ 20 ⑤ 22

06

▶ 242015-0047

등식

$$(x-4)^4 = a_4 x^4 + a_3 x^3 + a_2 x^2 + a_1 x + a_0$$

이 x의 값과 관계없이 항상 성립할 때, 상수 a_0, a_1, a_2, a_3, a_4에 대하여 $a_0 + a_1 + a_2 + a_3 + a_4$의 값은?

① 25   ② 36   ③ 49

④ 64   ⑤ 81

07

▶ 242015-0048

등식

$$2a + b + at + 2bt - 2t + 5 = 0$$

이 실수 t에 대한 항등식일 때, 두 상수 a, b에 대하여 $b - a$의 값은?

① 6   ② 7   ③ 8

④ 9   ⑤ 10

08

▶ 242015-0049

다항식 $x^3 + 2ax^2 - a^2 x + 2$를 $x-1$로 나누었을 때의 나머지와 $x-2$로 나누었을 때의 나머지가 서로 같을 때, 모든 실수 a의 값의 합은?

① 3   ② 4   ③ 5

④ 6   ⑤ 7

09

▶ 242015-0050

다항식 $(x-2)(x^2 + 4x + a)$가 $(x-1)(x+b)$를 인수로 가질 때, 두 상수 a, b에 대하여 $a+b$의 최댓값은?

① 0   ② 2   ③ 4

④ 6   ⑤ 8

10

▶ 242015-0051

x에 대한 다항식 $x^3 + ax^2 + bx + 1$을 $x-2$로 나누었을 때의 몫과 나머지를 다음과 같이 조립제법을 이용하여 구하려고 한다. 상수 a, b, c에 대하여 $a+b+c$의 값은?

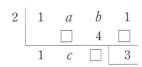

① -4 ② -3 ③ -2

④ -1 ⑤ 0

11

▶ 242015-0052

다항식 $(x+2)^3+x^3+8$에 대하여
$$(x+2)^3+x^3+8=(x+2)P(x)$$
를 만족시키는 다항식 $P(x)$가 존재한다. $P(-2)$의 값은?

① 10   ② 11   ③ 12

④ 13   ⑤ 14

12

▶ 242015-0053

다음 중 다항식 $(x-1)(x-2)(x-3)(x-4)-3$의 인수인 것은?

① x^2-5x+2 ② x^2-5x+3 ③ x^2-5x+4

④ x^2-5x+5 ⑤ x^2-5x+6

13

▶ 242015-0054

$\dfrac{14^3+1}{13^3-1}$의 값은?

① $\dfrac{5}{4}$ ② $\dfrac{4}{3}$ ③ $\dfrac{17}{12}$

④ $\dfrac{3}{2}$ ⑤ $\dfrac{19}{12}$

14

▶ 242015-0055

$a+b=3$, $ab=1$일 때, $a^4+a^2b^2+b^4$의 값은?

① 36   ② 39   ③ 42

④ 45   ⑤ 48

15

▶ 242015-0056

상수 k에 대하여 x에 대한 다항식
$$x^3-(4+k)x^2+(3+4k)x-3k$$
가 $(x-\alpha)^2$을 인수로 가질 때, 모든 실수 α의 값의 합은?

① 1   ② 2   ③ 3

④ 4   ⑤ 5

정답과 풀이 9쪽

서술형으로 단원 마무리

다항식 x^3+ax^2+bx+1을 $x-1$로 나눈 나머지가 1, $x-2$로 나눈 나머지가 3일 때, $x+1$로 나눈 몫과 나머지를 각각 구하시오. (단, a, b는 상수이다.)

출제의도

나머지정리를 이용하여 a, b의 값을 구할 수 있고 조립제법을 이용하여 다항식의 나눗셈의 몫과 나눗셈을 구할 수 있는지 묻는 문제이다.

풀이

1단계 나머지정리 이용하기

$P(x)=x^3+ax^2+bx+1$이라 할 때, 나머지 정리에 의해

$P(1)=1+a+b+1=1$, $a+b=-1$ $\qquad\cdots\cdots$ ㉠

$P(2)=8+4a+2b+1=3$, $2a+b=-3$ $\qquad\cdots\cdots$ ㉡

이다.

2단계 a, b의 값 구하기

그러므로 ㉠, ㉡을 연립하여 풀면

$a=-2$, $b=1$

3단계 조립제법을 이용하여 몫과 나머지 구하기

따라서 조립제법을 이용하여 $P(x)$를 $x+1$로 나눈 몫과 나머지를 구하면

$$
\begin{array}{r|rrrr}
-1 & 1 & -2 & 1 & 1 \\
   &   & -1 & 3 & -4 \\
\hline
   & 1 & -3 & 4 & \boxed{-3}
\end{array}
$$

몫은 x^2-3x+4, 나머지는 -3이다.

답 몫: x^2-3x+4, 나머지: -3

유제

▶ 242015-0057

등식 $(x+a+b)^2-2ab=x^2+6x+5$가 x에 대한 항등식일 때, 두 상수 a, b에 대하여 a^3+b^3의 값을 구하시오.

① 복소수의 뜻

(1) 복소수의 뜻

① **허수단위 i** : 제곱하여 -1이 되는 실수가 아닌 새로운 수를 i라 하고 $\sqrt{-1}$로 나타낸다. 이때 i를 허수단위라 한다. 즉, $i=\sqrt{-1}$이다.

② **복소수** : 두 실수 a, b에 대하여 $a+bi$ 꼴로 나타내어지는 수를 복소수라 하고, a를 실수부분, b를 허수부분이라 한다.

특히, $b\neq0$일 때, 이 복소수를 허수라고 한다.

③ **켤레복소수** : 복소수 $a+bi$ (a, b는 실수)에 대하여 $a-bi$를 $a+bi$의 켤레복소수라 하며 기호 $\overline{a+bi}$로 나타낸다. 즉 $\overline{a+bi}=a-bi$이다.

(2) 두 복소수가 서로 같을 조건 : 두 복소수 $a+bi$, $c+di$ (a, b, c, d는 실수)에 대하여 $a=c$, $b=d$일 때, 두 복소수는 서로 같다고 하고 $a+bi=c+di$로 나타낸다.

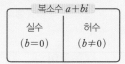

Plus Note

❶ 허수단위 i는 imaginary number(가상의 수, 허수)의 첫 글자이다.

❷ 실수 a는 $a+0i$와 같이 나타낼 수 있으므로 복소수는 다음과 같다.

복소수 $a+bi$	
실수 ($b=0$)	허수 ($b\neq0$)

예제

1. 다음 복소수의 실수부분과 허수부분을 각각 말하고, 실수인지 허수인지 판단하시오.

(1) $2+3i$ (2) -3 (3) $2i$ (4) $3i-2$

《 풀이 》

(1) $2+3i$의 실수부분은 2, 허수부분은 3이다. 또, 허수부분이 0이 아니므로 허수이다.

→ $a+bi$에서 $b=0$이면 실수이고 $b\neq0$이면 허수이다.

(2) -3의 실수부분은 -3, 허수부분은 0이다. 또, 허수부분이 0이므로 실수이다.

(3) $2i$의 실수부분은 0, 허수부분은 2이다. 또, 허수부분이 0이 아니므로 허수이다.

(4) $3i-2=-2+3i$이므로 실수부분은 -2, 허수부분은 3이다. 또, 허수부분이 0이 아니므로 허수이다.

답 (1) 풀이 참조   (2) 풀이 참조   (3) 풀이 참조   (4) 풀이 참조

유제

▶ 242015-0058

1. 다음 수의 켤레복소수를 구하시오.

(1) $2+i$ (2) $-3i$ (3) -5 (4) $2i-4$

▶ 242015-0059

2. 다음 등식을 만족시키는 두 실수 x, y의 값을 각각 구하시오.

(1) $2+xi=y+4i$ (2) $-i-2=x+yi$

② 복소수의 사칙연산

a, b, c, d가 실수일 때,

(1) **덧셈** : $(a+bi)+(c+di)=(a+c)+(b+d)i$

(2) **뺄셈** : $(a+bi)-(c+di)=(a-c)+(b-d)i$ ❸

(3) **곱셈** : $(a+bi)(c+di)=(ac-bd)+(ad+bc)i$ ❹

(4) **나눗셈** : $\dfrac{a+bi}{c+di}=\dfrac{(a+bi)(c-di)}{(c+di)(c-di)}=\dfrac{ac+bd}{c^2+d^2}+\dfrac{bc-ad}{c^2+d^2}i$ (단, $c+di\neq0$) ❺

➕ Plus Note

❸ 복소수의 덧셈, 뺄셈은 i를 문자로 취급하여 실수부분은 실수부분끼리, 허수부분은 허수부분끼리 계산한다.

❹ 복소수의 곱셈은 i를 문자처럼 계산한 후 $i^2=-1$로 바꾸어 계산한다.

❺ 복소수의 나눗셈은 분모의 켤레복소수를 분자, 분모에 곱하여 분모를 실수로 만든다.

예제

2. 두 복소수 $z_1=2+i$, $z_2=1-2i$에 대하여 다음을 구하시오.

(1) z_1+z_2 (2) z_1-z_2 (3) z_1z_2 (4) $\dfrac{z_1}{z_2}$

《 풀이 》

$\longrightarrow (a+bi)+(c+di)=(a+c)+(b+d)i$

(1) $z_1+z_2=(2+i)+(1-2i)=(2+1)+\{1+(-2)\}i=3-i$

(2) $z_1-z_2=(2+i)-(1-2i)=(2-1)+\{1-(-2)\}i=1+3i$

(3) $z_1z_2=(2+i)(1-2i)=2+i-4i-2i^2=\{2-2\times(-1)\}+(1-4)i=4-3i$

(4) $\dfrac{z_1}{z_2}=\dfrac{2+i}{1-2i}=\dfrac{(2+i)(1+2i)}{(1-2i)(1+2i)}=\dfrac{2+i+4i+2i^2}{1-4i^2}=\dfrac{\{2+2\times(-1)\}+(1+4)i}{1+4}=\dfrac{5i}{5}=i$

답 (1) $3-i$ (2) $1+3i$ (3) $4-3i$ (4) i

유제

▶ 242015-0060

3. 다음을 간단히 하시오.

(1) $(1+i)2i$ (2) $\dfrac{1+i}{1-i}$

▶ 242015-0061

4. 복소수 $z=1+2i$에 대하여 $z-\dfrac{1}{z}$을 간단히 하시오.

③ 여러 가지 복소수의 연산

(1) i의 거듭제곱 : 자연수 n에 대하여

$$i^{4n-3}=i,\ i^{4n-2}=-1,\ i^{4n-1}=-i,\ i^{4n}=1$$
⑥

(2) 켤레복소수의 연산

복소수 $z=a+bi$ (a, b는 실수)에 대하여

① $z+\bar{z}=2a$

② $z\bar{z}=a^2+b^2$ ⑦ ⑧

③ $z=\bar{z}$이면 z는 실수이다. ⑨

➕ Plus Note

⑥ $i^1=i,\ i^2=-1,\ i^3=-i,\ i^4=1,$
$i^5=i,\ i^6=-1,\ i^7=-i,\ i^8=1,\ \cdots$
과 같은 규칙이 있다.

⑦ $z+\bar{z}=(a+bi)+(a-bi)$
$\qquad =2a$

⑧ $z\bar{z}=(a+bi)(a-bi)$
$\qquad =a^2-(bi)^2=a^2+b^2$

⑨ $z=\bar{z}$에서
$a+bi=a-bi,\ b=-b$이므로
$b=0$이다. 즉, z는 실수이다.

예제

3. 다음을 간단히 하시오.

(1) i^6 　　　　　　　　　　　(2) $1+i+i^2+i^3+i^4+i^5$

《 풀이 》

(1) $i^6=i^4\times i^2=1\times(-1)=-1$

(2) $1+i+i^2+i^3+i^4+i^5=1+(i+i^2+i^3+i^4)+i^4\times i$

$\qquad\qquad\qquad\qquad\quad =1+\{i+(-1)+(-i)+1\}+1\times i$

$\qquad\qquad\qquad\qquad\quad =1+i$　　　　　$\longrightarrow i^1=i,\ i^2=-1,\ i^3=-i,\ i^4=1$

답 (1) -1 　(2) $1+i$

유제

▶ 242015-0062

5. $z=3+i$에 대하여 다음을 간단히 하시오.

(1) $z+\bar{z}$ 　　　　　　(2) $z\bar{z}$ 　　　　　　(3) $\dfrac{1}{z}+\dfrac{1}{\bar{z}}$

▶ 242015-0063

6. 복소수 $z=3+(a-3)i$에 대하여 $z=\bar{z}$일 때, 실수 a의 값을 구하시오.

④ 음수의 제곱근

$a>0$에 대하여 음수 $-a$의 제곱근은 $\pm\sqrt{a}i$이다.

이때 $\sqrt{a}i$를 $\sqrt{-a}$와 같이 나타낸다. 즉,

$$\sqrt{-a}=\sqrt{a}i$$

[참고] $a>0$일 때, $\sqrt{-a}$가 포함된 식의 계산은 $\sqrt{-a}$를 $\sqrt{a}i$로 나타낸 후 계산한다.

예제

4. 다음을 간단히 하시오.

(1) $\sqrt{-4}+i$

(2) $\sqrt{-2}\sqrt{-8}$

(3) $\dfrac{\sqrt{-3}}{\sqrt{3}}$

(4) $\dfrac{\sqrt{3}}{\sqrt{-3}}$

《 풀이 》

$\longrightarrow a>0$일 때, $\sqrt{-a}=\sqrt{a}i$

(1) $\sqrt{-4}+i=\sqrt{4}i+i=2i+i=3i$

(2) $\sqrt{-2}\sqrt{-8}=(\sqrt{2}i)(\sqrt{8}i)=\sqrt{16}i^2=-4$

(3) $\dfrac{\sqrt{-3}}{\sqrt{3}}=\dfrac{\sqrt{3}i}{\sqrt{3}}=i$

(4) $\dfrac{\sqrt{3}}{\sqrt{-3}}=\dfrac{\sqrt{3}}{\sqrt{3}i}=\dfrac{1}{i}=\dfrac{i}{i^2}=-i$

답 (1) $3i$ (2) -4 (3) i (4) $-i$

유제

▶ 242015-0064

7. $\sqrt{2}\sqrt{-2}+\dfrac{\sqrt{-12}}{\sqrt{3}}+\dfrac{2}{\sqrt{-4}}$ 를 간단히 하시오.

▶ 242015-0065

8. $(1+\sqrt{-12})(1+\sqrt{-3})$을 간단히 하시오.

⑤ 이차방정식의 실근과 허근

계수가 실수인 이차방정식 $ax^2+bx+c=0$의⑪ 근은 근의 공식으로부터

$$x=\frac{-b\pm\sqrt{b^2-4ac}}{2a}$$

이고 $\sqrt{b^2-4ac}$는 실수이거나 허수이다. 그러므로 계수가 실수인 이차방정식은 복소수 범위에서 반드시 근을 갖는다. 이때 실수인 근을 실근, 허수인 근을 허근이라 한다.⑫

[참고] 이차방정식을 풀 때는 주로 다음을 이용한다.

① 인수분해를 이용한 풀이

② 근의 공식을 이용한 풀이

+ Plus Note

⑪ 앞으로 특별한 언급이 없는 한 이차방정식의 계수는 실수. 근은 복소수 범위에서 생각한다.

⑫ 근의 공식으로부터 $2a$, b는 모두 실수이므로 $\sqrt{b^2-4ac}$가 실수이면 실근을, $\sqrt{b^2-4ac}$가 허수이면 허근을 갖는다.

예제

5. 다음 이차방정식의 근을 구하고 그 근이 실근인지 허근인지 판단하시오.

(1) $x^2-x-3=0$ (2) $x^2-4x+4=0$ (3) $2x^2+3x+6=0$

〈 풀이 〉

(1) 이차방정식 $x^2-x-3=0$을 근의 공식을 이용하여 풀면

$$x=\frac{-(-1)\pm\sqrt{(-1)^2-4\times1\times(-3)}}{2}=\frac{1\pm\sqrt{13}}{2}$$

→ 이차방정식 $ax^2+bx+c=0$의 근은
$$x=\frac{-b\pm\sqrt{b^2-4ac}}{2a}$$

따라서 근은 $x=\dfrac{1+\sqrt{13}}{2}$ 또는 $x=\dfrac{1-\sqrt{13}}{2}$이므로 실근이다.

(2) 이차방정식 $x^2-4x+4=0$을 인수분해를 이용하여 풀면

$$x^2-4x+4=(x-2)^2=0,\ x=2$$

따라서 근은 $x=2$이므로 실근이다.

(3) 이차방정식 $2x^2+3x+6=0$을 근의 공식을 이용하여 풀면

$$x=\frac{-3\pm\sqrt{3^2-4\times2\times6}}{2\times2}=\frac{-3\pm\sqrt{-39}}{4}=\frac{-3\pm\sqrt{39}i}{4}$$

따라서 근은 $x=\dfrac{-3+\sqrt{39}i}{4}$ 또는 $x=\dfrac{-3-\sqrt{39}i}{4}$이므로 허근이다.

目 (1) 풀이 참조 (2) 풀이 참조 (3) 풀이 참조

유제

▶ 242015-0066

9. 다음 이차방정식의 근을 구하고 그 근이 실근인지 허근인지 판단하시오.

(1) $x^2+2x+4=0$ (2) $x^2-3x+2=0$

▶ 242015-0067

10. 이차방정식 $x^2-4x+6=0$의 서로 다른 두 허근을 $a+bi$, $c+di$라 할 때, $ac-bd$의 값을 구하시오. (단, a, b, c, d는 실수이다.)

[복소수의 뜻] ▶ 242015-0068

01 등식 $(2a+b)+(a-2b)i=3-i$를 만족시키는 두 실수 a, b에 대하여 $a+b$의 값은?

① 1   ② 2   ③ 3   ④ 4   ⑤ 5

[복소수의 사칙연산] ▶ 242015-0069

02 $(1+i)^2+(1-i)^2+i^2$의 값은?

① -1 ② $-1-i$ ③ 0   ④ 1   ⑤ $1+i$

[여러 가지 복소수의 연산] ▶ 242015-0070

03 $z=\dfrac{1+i}{\sqrt{2}}$에 대하여 z^{10}의 값은?

① 0   ② 1   ③ i ④ $-i$ ⑤ $1+i$

[음수의 제곱근] ▶ 242015-0071

04 $\dfrac{\sqrt{-2}-1}{\sqrt{-8}+2}$을 간단히 하면?

① $-\dfrac{1}{6}-\dfrac{\sqrt{2}}{3}i$ ② $-\dfrac{1}{6}-\dfrac{\sqrt{2}}{6}i$ ③ $\dfrac{1}{6}-\dfrac{\sqrt{2}}{6}i$

④ $\dfrac{1}{6}+\dfrac{\sqrt{2}}{6}i$ ⑤ $\dfrac{1}{6}+\dfrac{\sqrt{2}}{3}i$

[이차방정식의 실근, 허근] ▶ 242015-0072

05 이차방정식 $x^2-x+1=0$의 두 근을 각각 α, β라 할 때, $\dfrac{\alpha}{\beta}=\dfrac{-1+\sqrt{3}i}{2}$이다. α의 값은?

① $\dfrac{-1-\sqrt{3}i}{2}$ ② $\dfrac{1-\sqrt{3}i}{2}$ ③ $\dfrac{-1+\sqrt{3}i}{2}$

④ $\dfrac{1+\sqrt{3}i}{2}$ ⑤ $1+\sqrt{3}i$

05 이차방정식의 성질

1 이차방정식의 판별식

(1) 판별식 : 계수가 실수인 이차방정식 $ax^2+bx+c=0$에서 b^2-4ac를 판별식이라
하고 기호 D로 나타낸다. 즉, $D=b^2-4ac$이다.

(2) 이차방정식의 근의 판별

계수가 실수인 이차방정식 $ax^2+bx+c=0$에서 $D=b^2-4ac$라 할 때,

① $D>0$이면 서로 다른 두 실근을 갖고, 서로 다른 두 실근을 가지면 $D>0$이다.

② $D=0$이면 실수인 중근을 갖고, 실수인 중근을 가지면 $D=0$이다.

③ $D<0$이면 서로 다른 두 허근을 갖고, 서로 다른 두 허근을 가지면 $D<0$이다.

[참고] 이차방정식 $ax^2+2b'x+c=0$과 같이 일차항의 계수가 $2\times b'$인 경우에는

판별식 D 대신 $\dfrac{D}{4}=(b')^2-ac$를 사용하면 계산이 편리하다.

+ Plus Note

❶ 계수가 실수인 이차방정식
$ax^2+bx+c=0$의 근은

$x=\dfrac{-b\pm\sqrt{b^2-4ac}}{2a}$이다.

이때 근호 안의 식 b^2-4ac의 값에
따라 근이 실근인지 허근인지 판별
할 수 있으므로 b^2-4ac를 이차방
정식 $ax^2+bx+c=0$의 판별식이
라 한다.

❷ 이차방정식이 실근을 갖기 위한
조건은 $D\geq0$이다.

예제

1. 다음 이차방정식의 근을 판별하시오.

(1) $x^2+3x-5=0$ (2) $2x^2+x+3=0$ (3) $4x^2-4x+1=0$

《 풀이 》

(1) 이차방정식 $x^2+3x-5=0$의 판별식을 D라 하면

$D=3^2-4\times1\times(-5)=29>0$

따라서 주어진 이차방정식은 서로 다른 두 실근을 갖는다.

(2) 이차방정식 $2x^2+x+3=0$의 판별식을 D라 하면

$D=1^2-4\times2\times3=-23<0$

따라서 주어진 이차방정식은 서로 다른 두 허근을 갖는다.

(3) 이차방정식 $4x^2-4x+1=0$의 판별식을 D라 하면

$D=(-4)^2-4\times4\times1=0$ ┌→ D 대신 $\dfrac{D}{4}=(-2)^2-4\times1=0$을 이용하면 더 간단하다.

따라서 주어진 이차방정식은 중근을 갖는다.

🖪 (1) 서로 다른 두 실근   (2) 서로 다른 두 허근   (3) 중근

유제

▸ 242015-0073

1. 이차방정식 $x^2+4x+k-1=0$이 실근을 갖도록 하는 실수 k의 값의 범위를 구하시오.

▸ 242015-0074

2. 이차방정식 $x^2-kx+2k-3=0$이 중근을 갖도록 하는 모든 실수 k의 값을 구하시오.

② 이차방정식의 근과 계수의 관계

이차방정식 $ax^2+bx+c=0$의 두 근을 α, β라 하면 ❸

(1) **두 근의 합** : $\alpha+\beta=-\dfrac{b}{a}$

(2) **두 근의 곱** : $\alpha\beta=\dfrac{c}{a}$

➕ Plus Note

❸ 이차방정식 $ax^2+bx+c=0$
의 두 근을 α, β라 하면

$$\alpha=\frac{-b+\sqrt{b^2-4ac}}{2a}$$

$$\beta=\frac{-b-\sqrt{b^2-4ac}}{2a}$$

로 놓을 수 있다.

이때 $\alpha+\beta=-\dfrac{b}{a}$, $\alpha\beta=\dfrac{c}{a}$가 성립

함을 알 수 있다.

예제

2. 다음 이차방정식의 두 근의 합과 곱을 각각 구하시오.

(1) $x^2-4x+2=0$ (2) $4x^2+12x-3=0$

《 풀이 》

(1) 이차방정식 $x^2-4x+2=0$의 두 근을 α, β라 하면 근과 계수의 관계에서

  두 근의 합: $\alpha+\beta=-\dfrac{-4}{1}=4$

  두 근의 곱: $\alpha\beta=\dfrac{2}{1}=2$

이차방정식 $ax^2+bx+c=0$의
두 근을 α, β라고 하면
$\alpha+\beta=-\dfrac{b}{a}$, $\alpha\beta=\dfrac{c}{a}$

(2) 이차방정식 $4x^2+12x-3=0$의 두 근을 α, β라 하면 근과 계수의 관계에서

  두 근의 합: $\alpha+\beta=-\dfrac{12}{4}=-3$

  두 근의 곱: $\alpha\beta=\dfrac{-3}{4}=-\dfrac{3}{4}$

目 (1) 두 근의 합: 4, 두 근의 곱: 2   (2) 두 근의 합: -3, 두 근의 곱: $-\dfrac{3}{4}$

유제

▶ 242015-0075

3. 이차방정식 $x^2-2x-2=0$의 두 근을 α, β라 할 때, 다음 식의 값을 구하시오.

(1) $\dfrac{1}{\alpha}+\dfrac{1}{\beta}$ (2) $(\alpha-1)(\beta-1)$

▶ 242015-0076

4. 이차방정식 $2x^2-4x+3=0$의 두 근을 α, β라 할 때, $\alpha^2+\beta^2$의 값을 구하시오.

③ 두 수를 근으로 하는 이차방정식

(1) 두 수 α, β를 근으로 하고 이차항의 계수가 1인 이차방정식은 ④

$$(x-\alpha)(x-\beta)=0, \ \text{즉} \ x^2-(\alpha+\beta)x+\alpha\beta=0$$

(2) 두 수 α, β를 근으로 하고 이차항의 계수가 $a(a\neq0)$인 이차방정식은

$$a(x-\alpha)(x-\beta)=0, \ \text{즉} \ ax^2-a(\alpha+\beta)x+a\alpha\beta=0$$

[참고] 합이 p이고 곱이 q인 두 수를 근으로 하고 이차항의 계수가 1인 이차방정식은

$$x^2-px+q=0$$

> ➕ **Plus Note**
>
> ④ **예** 두 수 1, 2를 근으로 하고 이차항의 계수가 1인 이차방정식은
> $(x-1)(x-2)=0$, 즉
> $x^2-3x+2=0$

예제

3. 다음 두 수를 근으로 하고 이차항의 계수가 1인 이차방정식을 구하시오. (단, $i=\sqrt{-1}$)

(1) 2, 4   (2) $1+2i$, $1-2i$

《 풀이 》

(1) 이차방정식의 두 근의 합과 곱은 각각

$$2+4=6, \ 2\times4=8$$

이므로 구하는 이차방정식은

$$x^2-6x+8=0$$

> 두 수 α, β를 근으로 하고 이차항의 계수가 1인 이차방정식은
> $(x-\alpha)(x-\beta)=0$

(2) 이차방정식의 두 근의 합과 곱은 각각

$$1+2i+1-2i=2, \ (1+2i)(1-2i)=1+2^2=5$$

이므로 구하는 이차방정식은

$$x^2-2x+5=0$$

답 (1) $x^2-6x+8=0$ (2) $x^2-2x+5=0$

유제

▶ 242015-0077

5. 두 수 $-2+i$, $-2-i$를 두 근으로 하고 이차항의 계수가 2인 이차방정식을 구하시오.

(단, $i=\sqrt{-1}$)

▶ 242015-0078

6. 이차방정식 $x^2-2x+2=0$의 두 근을 α, β라 할 때, 두 수 2α, 2β를 근으로 하고 이차항의 계수가 1인 이차방정식을 구하시오.

◢ 이차방정식의 근을 이용한 이차식의 인수분해

이차방정식 $ax^2+bx+c=0$의 두 근을 α, β라 하면 이차식 ax^2+bx+c는 다음과 같이 인수분해된다.

$$ax^2+bx+c=a(x-\alpha)(x-\beta)$$

＋ Plus Note

❺ 계수가 실수인 이차방정식은 복소수 범위에서 항상 근을 구할 수 있으므로 계수가 실수인 이차방정식은 복소수 범위에서 항상 인수분해할 수 있다.

❻ $\alpha+\beta=-\dfrac{b}{a}$, $\alpha\beta=\dfrac{c}{a}$이므로

ax^2+bx+c
$=a\left(x^2+\dfrac{b}{a}x+\dfrac{c}{a}\right)$
$=a\{x^2-(\alpha+\beta)x+\alpha\beta\}$
$=a(x-\alpha)(x-\beta)$

예제

4. 다음 이차식을 복소수의 범위에서 인수분해하시오.

(1) x^2-4x+6　　　　　　　　　　　　　(2) $4x^2+9$

《 풀이 》

(1) 이차방정식 $x^2-4x+6=0$의 근은

$$x=\frac{-(-2)\pm\sqrt{(-2)^2-1\times6}}{1}=2\pm\sqrt{2}i$$

이므로

> 이차방정식 $ax^2+bx+c=0$의 두 근을 α, β라고 하면 $ax^2+bx+c=a(x-\alpha)(x-\beta)$

$x^2-4x+6=\{x-(2+\sqrt{2}i)\}\{x-(2-\sqrt{2}i)\}=(x-2-\sqrt{2}i)(x-2+\sqrt{2}i)$

(2) 이차방정식 $4x^2+9=0$의 근은

$$x=\frac{\pm\sqrt{-4\times4\times9}}{2\times4}=\pm\frac{3}{2}i$$

이므로

$$4x^2+9=4\left(x-\frac{3}{2}i\right)\left\{x-\left(-\frac{3}{2}i\right)\right\}=(2x-3i)(2x+3i)$$

📋 (1) $(x-2-\sqrt{2}i)(x-2+\sqrt{2}i)$　(2) $(2x-3i)(2x+3i)$

유제

▶ 242015-0079

7. 다음 이차식을 복소수의 범위에서 인수분해하시오.

(1) x^2-2x+3　　　　　　　　　　　　　(2) $2x^2-2x+1$

▶ 242015-0080

8. 이차식 $x^2-2\sqrt{2}x+10$을 복소수의 범위에서 인수분해하시오.

5 이차방정식의 근과 켤레복소수

계수가 실수인 이차방정식 $ax^2+bx+c=0$의 한 허근이 $p+qi$이면 다른 한 허근은 $p-qi$이다. (단, p, q는 실수이고, $i=\sqrt{-1}$이다.)

[참고] 계수가 유리수인 이차방정식 $ax^2+bx+c=0$의 한 근이 $p+\sqrt{q}$이면 다른 근은 $p-\sqrt{q}$이다. (단, p는 유리수이고 $\sqrt{q}$는 무리수이다.)

+ Plus Note

❼ 계수가 실수인 이차방정식 $ax^2+bx+c=0$의 근은
$$x=\frac{-b\pm\sqrt{b^2-4ac}}{2a}$$
이다. 이때, 이차방정식이 서로 다른 두 허근을 가지면 $b^2-4ac<0$이므로 한 허근은 다른 허근의 켤레복소수이다.

예제

5. 이차방정식 $x^2+ax+b=0$의 한 근이 $1+2i$일 때, 다른 한 근과 두 실수 a, b의 값을 각각 구하시오. (단, $i=\sqrt{-1}$)

《 풀이 》

이차방정식 $x^2+ax+b=0$의 한 근이 $1+2i$이고, a, b가 실수이므로 다른 한 근은 $\overline{1+2i}=1-2i$이다.

이때 이차방정식의 근과 계수의 관계에서

$1+2i+(1-2i)=-a$, $(1+2i)(1-2i)=b$

$a=-2$, $b=5$

《 다른 풀이 》

$x=1+2i$라 할 때, $x-1=2i$이고 양변을 제곱하여 정리하면

$(x-1)^2=(2i)^2$, $x^2-2x+5=0$

이차방정식 $x^2-2x+5=0$의 근을 구하면

$$x=\frac{-(-1)\pm\sqrt{(-1)^2-1\times5}}{1}=1\pm2i$$

이므로 다른 한 근은 $1-2i$이다.

📋 다른 한 근: $1-2i$, $a=-2$, $b=5$

유제

▶ 242015-0081

9. 이차방정식 $x^2+ax+b=0$의 한 근이 $3-\sqrt{2}$일 때, 다른 한 근과 두 유리수 a, b의 값을 각각 구하시오.

▶ 242015-0082

10. 이차방정식 $x^2-4x+a=0$의 한 근이 $b+i$일 때, 두 실수 a, b에 대하여 $a+b$의 값을 구하시오. (단, $i=\sqrt{-1}$)

[이차방정식의 판별식]

▶ 242015-0083

01 이차방정식 $x^2-3x+k-2=0$이 실근을 갖기 위한 자연수 k의 개수는?

① 1   ② 2   ③ 3   ④ 4   ⑤ 5

[이차방정식과 근과 계수의 관계]

▶ 242015-0084

02 이차방정식 $x^2-2x+4=0$의 두 근을 α, β라 할 때, $\dfrac{\alpha}{\beta}+\dfrac{\beta}{\alpha}$의 값은?

① -2 ② -1 ③ 0   ④ 1   ⑤ 2

[이차방정식과 근과 계수의 관계]

▶ 242015-0085

03 이차방정식 $x^2+2x+3=0$의 두 근을 α, β라 할 때, $(\alpha-2)(\beta-2)$의 값은?

① 9   ② 10   ③ 11   ④ 12   ⑤ 13

[두 수를 근으로 하는 이차방정식]

▶ 242015-0086

04 이차방정식 $x^2+ax+4=0$의 두 근을 α, β라 할 때, 이차방정식 $x^2+bx+8=0$의 두 근은 $\alpha+\beta$, $\alpha\beta$이다. 두 상수 a, b에 대하여 $a+b$의 값은?

① -8 ② -6 ③ -4 ④ -2 ⑤ 0

[이차방정식의 근과 켤레복소수]

▶ 242015-0087

05 두 실수 a, b에 대하여 이차방정식 $x^2+ax+b=0$의 한 근이 $1+i+\dfrac{i}{1-i}$일 때, $a+b$의 값은? (단, $i=\sqrt{-1}$)

① $\dfrac{1}{2}$ ② $\dfrac{3}{4}$ ③ 1   ④ $\dfrac{5}{4}$ ⑤ $\dfrac{3}{2}$

06 이차방정식과 이차함수

1 이차방정식과 이차함수의 관계

(1) 이차함수 $y=ax^2+bx+c$의 그래프와 x축과의 교점의 x좌표는 이차방정식 $ax^2+bx+c=0$의 실근과 같다. ❶

(2) 이차방정식 $ax^2+bx+c=0$의 실근은 이차함수 $y=ax^2+bx+c$의 그래프와 x축과의 교점의 x좌표와 같다.

+ Plus Note

❶ 그림과 같이 이차함수 $y=ax^2+bx+c$의 그래프와 x축과의 교점의 x좌표를 α, $\beta(\alpha<\beta)$라 하면 α, β는 이차방정식 $ax^2+bx+c=0$의 두 실근이다.

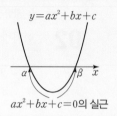

$ax^2+bx+c=0$의 실근

예제

1. 다음 이차함수의 그래프와 x축과의 교점의 x좌표를 구하시오.

(1) $y=x^2-2x-3$
(2) $y=-x^2+2x-1$

《 풀이 》

(1) 이차함수 $y=x^2-2x-3$의 그래프와 x축과의 교점의 x좌표는 이차방정식 $x^2-2x-3=0$의 실근이다.

이때 $\underline{(x-3)(x+1)=0}$에서 $x=3$ 또는 $x=-1$ $\longrightarrow x^2-2x-3=(x-3)(x+1)=0$
이므로 구하는 교점의 x좌표는 3 또는 -1이다.

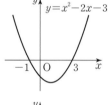

(2) 이차함수 $y=-x^2+2x-1$의 그래프와 x축과의 교점의 x좌표는 이차방정식 $-x^2+2x-1=0$의 실근이다.

이때 $x^2-2x+1=0$에서 $(x-1)^2=0$, $x=1$
이므로 구하는 교점의 x좌표는 1이다.

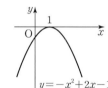

🔲 (1) 3 또는 -1 (2) 1

유제

▶ 242015-0088

1. 이차함수 $y=x^2-4x-5$의 그래프와 x축과의 교점의 x좌표가 α, β일 때, $\alpha^2\beta+\alpha\beta^2$의 값을 구하시오.

▶ 242015-0089

2. 이차함수 $y=x^2+ax+b$의 그래프가 x축과 만나는 교점의 좌표가 $(1, 0)$, $(-2, 0)$일 때, 상수 a, b의 값을 각각 구하시오.

② 이차함수의 그래프와 x축의 위치 관계 ❷

이차방정식 $ax^2+bx+c=0$의 판별식을 D라 할 때, 이차함수 $y=ax^2+bx+c$의 그래프와 x축의 위치 관계는 다음과 같다.

판별식 D의 값	$D>0$	$D=0$	$D<0$
$ax^2+bx+c=0$의 근	서로 다른 두 실근 $\alpha,\ \beta\,(\alpha<\beta)$	중근 α	서로 다른 두 허근
$y=ax^2+bx+c$의 그래프와 x축의 위치 관계	서로 다른 두 점에서 만난다.	한 점에서 만난다.(접한다.) ❸	만나지 않는다.
$y=ax^2+bx+c\ (a>0)$의 그래프			
$y=ax^2+bx+c\ (a<0)$의 그래프			

+ Plus Note

❷ 이차함수 $y=ax^2+bx+c$의 그래프와 x축이 만나는 점의 개수는 이차방정식 $ax^2+bx+c=0$의 서로 다른 실근의 개수와 같다. 그러므로 판별식 D의 값에 따라 이차함수의 그래프와 x축이 만나는 점의 개수를 파악할 수 있다.

❸ 이차함수의 그래프가 x축과 만난다면 $D\geq0$이다.

예제 **2.** 이차함수 $y=x^2-3x+k$의 그래프와 x축이 다음 조건을 만족시키도록 하는 실수 k의 값 또는 범위를 구하시오.

(1) 서로 다른 두 점에서 만난다.　　(2) 한 점에서 만난다.(접한다.)　　(3) 만나지 않는다.

《 풀이 》

이차함수 $y=ax^2+bx+c$의 그래프와 x축이 만나는 점의 개수는 이차방정식 $ax^2+bx+c=0$의 판별식으로 구할 수 있다.

이차방정식 $x^2-3x+k=0$의 판별식을 D라 할 때,

$$D=(-3)^2-4\times1\times k=9-4k$$

(1) 서로 다른 두 점에서 만나려면 $D>0$이어야 하므로 $9-4k>0$, $k<\dfrac{9}{4}$

(2) 한 점에서 만나려면(접하려면) $D=0$이어야 하므로 $9-4k=0$, $k=\dfrac{9}{4}$

(3) 만나지 않으려면 $D<0$이어야 하므로 $9-4k<0$, $k>\dfrac{9}{4}$

답 (1) $k<\dfrac{9}{4}$　(2) $k=\dfrac{9}{4}$　(3) $k>\dfrac{9}{4}$

유제

▶ 242015-0090

3. 이차함수 $y=x^2+4x+k-2$의 그래프가 x축과 만나도록 하는 실수 k의 값의 범위를 구하시오.

▶ 242015-0091

4. 이차함수 $y=(k^2+12)x^2-4kx+1$의 그래프가 x축에 접하도록 하는 모든 실수 k의 값을 구하시오.

③ 이차함수의 그래프와 직선의 위치 관계

이차함수 $y=ax^2+bx+c$의 그래프와 직선 $y=mx+n$의 위치 관계는
이차방정식 $ax^2+(b-m)x+c-n=0$의 판별식을 D라 할 때, 다음과 같다.

(1) 서로 다른 두 점에서 만나면 $D>0$이고, $D>0$이면 서로 다른 두 점에서 만난다.

(2) 한 점에서 만나면(접하면) $D=0$이고, $D=0$이면 한 점에서 만난다.(접한다.)

(3) 만나지 않으면 $D<0$이고, $D<0$이면 만나지 않는다.

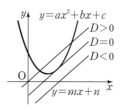

+ Plus Note

❹ 이차함수 $y=ax^2+bx+c$의 그래프와 직선 $y=mx+n$이 만나는 점의 개수는 이차방정식
$ax^2+bx+c=mx+n$
즉, $ax^2+(b-m)x+c-n=0$
의 판별식
$D=(b-m)^2-4a(c-n)$의 부호에 따라 교점의 개수를 파악할 수 있다.

예제

3. 이차함수 $y=x^2-x+1$의 그래프와 직선 $y=-3x+k$가 다음 조건을 만족시키도록 하는 실수 k의 값 또는 범위를 구하시오.

(1) 서로 다른 두 점에서 만난다.　　(2) 한 점에서 만난다.(접한다.)　　(3) 만나지 않는다.

《 풀이 》

이차방정식 $x^2-x+1=-3x+k$, 즉 $x^2+2x+1-k=0$의 판별식을 D라 할 때,

$$\frac{D}{4}=1^2-1\times(1-k)=k$$

▸ 이차함수 $y=ax^2+bx+c$의 그래프와 직선 $y=mx+n$이 만나는 점의 개수는 이차방정식 $ax^2+(b-m)x+c-n=0$의 판별식으로 구할 수 있다.

(1) 서로 다른 두 점에서 만나려면 $D>0$이어야 하므로 $k>0$

(2) 한 점에서 만나려면(접하려면) $D=0$이어야 하므로 $k=0$

(3) 만나지 않으려면 $D<0$이어야 하므로 $k<0$

᭙ (1) $k>0$　(2) $k=0$　(3) $k<0$

유제

▸ 242015-0092

5. 이차함수 $y=x^2+5x$의 그래프와 직선 $y=x+k$가 만나도록 하는 실수 k의 값의 범위를 구하시오.

▸ 242015-0093

6. 이차함수 $y=x^2-2kx+1$의 그래프와 직선 $y=2x+k^2$이 한 점에서 만나도록 하는 모든 실수 k의 값을 구하시오.

④ 이차함수의 최대·최소

x가 모든 실수의 값을 가질 때 이차함수 $y=a(x-p)^2+q$는 $a>0$인 경우에는 $x=p$에서 최솟값 q를 갖고 최댓값은 없으며, $a<0$인 경우에는 $x=p$에서 최댓값 q를 갖고 최솟값은 없다.⑤

$\alpha \leq x \leq \beta$일 때, 이차함수 $f(x)=a(x-p)^2+q$의 최댓값과 최솟값은 다음과 같다.⑥

(1) $\alpha \leq p \leq \beta$일 때,

　① $a>0$이면 최솟값은 $f(p)$이고 최댓값은 $f(\alpha)$, $f(\beta)$ 중에서 큰 값이다.

　② $a<0$이면 최댓값은 $f(p)$이고 최솟값은 $f(\alpha)$, $f(\beta)$ 중에서 작은 값이다.

(2) $p<\alpha$ 또는 $p>\beta$일 때, $f(\alpha)$, $f(\beta)$ 중에서 큰 값이 최댓값이고 작은 값이 최솟값이다.

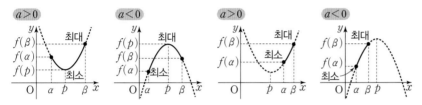

+ Plus Note

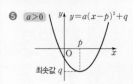

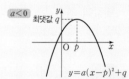

⑥ x의 값의 범위가 주어진 이차함수 $y=ax^2+bx+c$의 최댓값과 최솟값은 다음 순서로 구하면 편리하다.

(i) 이차함수를 $y=a(x-p)^2+q$의 꼴로 변형한다.

(ii) 이차함수의 그래프를 그린다.

(iii) x의 값의 범위의 경계점에서의 함숫값, 꼭짓점의 y좌표 등을 살펴 최댓값과 최솟값을 구한다.

예제

4. 다음 주어진 범위에서 이차함수의 최댓값과 최솟값을 각각 구하시오.

(1) $y=x^2-4x+1$ $(1 \leq x \leq 4)$　　　　(2) $y=-x^2-2x+1$ $(0 \leq x \leq 3)$

《 풀이 》

(1) $y=x^2-4x+1=(x-2)^2-3$

이므로 이차함수의 그래프는 오른쪽 그림과 같다.

그러므로 $1 \leq x \leq 4$에서 이차함수 $y=x^2-4x+1$의 최댓값은 $x=4$일 때 1이고 최솟값은 $x=2$일 때 -3이다.　→ 꼭짓점의 x좌표가 포함된다.

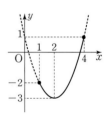

(2) $y=-x^2-2x+1=-(x+1)^2+2$

이므로 이차함수의 그래프는 오른쪽 그림과 같다.

그러므로 $0 \leq x \leq 3$에서 이차함수 $y=-x^2-2x+1$의 최댓값은 $x=0$일 때 1이고 최솟값은 $x=3$일 때 -14이다.　→ 꼭짓점의 x좌표가 포함되지 않는다.

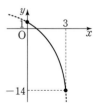

冒 (1) 최댓값: 1, 최솟값: -3　(2) 최댓값: 1, 최솟값: -14

유제

▶ 242015-0094

7. 이차함수 $y=2x^2-8x+3$에 대하여 다음 주어진 범위에서 최댓값과 최솟값을 각각 구하시오.

(1) $0 \leq x \leq 3$　　　　　　　(2) $-1 \leq x \leq 1$

⑤ 이차함수의 최대·최소의 실생활에서의 응용

이차함수의 최대·최소의 실생활에서의 응용 문제는 다음과 같은 순서로 해결한다.

(i) 주어진 상황에서 x를 정하고, x에 대한 함수식을 세운다.⑦

(ii) 주어진 조건을 만족시키는 x의 값의 범위를 구한다.

(iii) (i)에서 세운 함수식을 $y=a(x-p)^2+q$ 꼴로 정리하여 (ii)에서 구한 범위에서 최댓값과 최솟값을 구한다.

예제

5. 어느 물로켓이 발사되었을 때 x초 후 지면에서 물로켓의 높이 y m는
$$y=-5x^2+20x \ (0 \le x \le 4)$$
로 나타낼 수 있다고 한다. 물로켓이 도달하는 최고 높이와 그때의 시각을 구하시오.

(단, 물로켓의 크기는 생각하지 않는다.)

《 풀이 》

$y=-5x^2+20x=-5(x-2)^2+20$ ← $y=a(x-p)^2+q$ 꼴로 정리한다.

이므로 이차함수의 그래프는 오른쪽 그림과 같다.

그러므로 $0 \le x \le 4$에서 이차함수 $y=-5x^2+20x$의 최댓값은 $x=2$일 때 $20(\text{m})$이다.

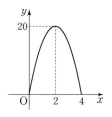

답 20 m, 2초

유제

▶ 242015-0095

8. 지면으로부터 35 m 높이의 건물 옥상에서 지면과 수직인 방향으로 물체를 던질 때, t초 후 지면으로부터의 물체의 높이를 h m라 하면 t와 h 사이에는
$$h=-5t^2+30t+35 \ (0 \le t \le 7)$$
인 관계식이 성립한다고 한다. 이 물체가 도달하는 최고 높이를 구하시오.

(단, 물체의 크기는 생각하지 않는다.)

▶ 242015-0096

9. 길이가 40 m인 철망으로 직사각형 모양의 텃밭을 가능한 넓게 만들려고 한다. 이때 만들 수 있는 텃밭의 최대 넓이를 구하시오. (단, 철망의 두께는 생각하지 않는다.)

정답과 풀이 15쪽

[이차방정식과 이차함수의 관계] ▶ 242015-0097

01 이차함수 $y=x^2-4x+k$의 그래프와 x축의 서로 다른 두 교점을 각각 A, B라 할 때, $\overline{AB}=6$이다. 상수 k의 값은?

① -1　　　② -2　　　③ -3　　　④ -4　　　⑤ -5

[이차함수의 그래프와 x축의 위치 관계] ▶ 242015-0098

02 최고차항의 계수가 1인 이차함수 $y=f(x)$의 그래프는 x축과 한 점에서 만나고 $f(1)=f(5)$이다. $f(2)$의 값은?

① 1　　　② 2　　　③ 3　　　④ 4　　　⑤ 5

[이차함수의 그래프와 직선의 위치 관계] ▶ 242015-0099

03 이차함수 $y=-2x^2+6x$의 그래프와 직선 $y=2x+k$가 만나도록 하는 자연수 k의 개수는?

① 1　　　② 2　　　③ 3　　　④ 4　　　⑤ 5

[이차함수의 최대 · 최소] ▶ 242015-0100

04 $2 \leq x \leq a$에서 이차함수 $y=x^2-2x+b$의 최댓값이 13, 최솟값이 5일 때, 두 상수 a, b에 대하여 $a+b$의 값은?

① 7　　　② 8　　　③ 9　　　④ 10　　　⑤ 11

[이차함수의 최대 · 최소의 실생활에서의 응용] ▶ 242015-0101

05 그림과 같이 x축 위의 두 점 A, B와 이차함수 $y=-x^2+4$의 그래프 위의 두 점 C, D에 대하여 사각형 ABCD는 직사각형이다. 직사각형 ABCD의 둘레의 길이의 최댓값은?

(단, 점 C는 제1사분면 위의 점이다.)

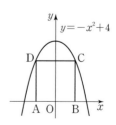

① $\dfrac{17}{2}$　　　② 9　　　③ $\dfrac{19}{2}$

④ 10　　　⑤ $\dfrac{21}{2}$

1 삼차방정식

(1) **삼차방정식** : 다항식 $f(x)$가 x에 대한 삼차식일 때, 방정식 $f(x)=0$을 x에 대한 삼차방정식이라 한다.

(2) **삼차방정식의 풀이**

삼차방정식 $f(x)=0$은 다음과 같은 방법을 활용하여 인수분해하여 푼다.

① 다항식 $f(x)$를 인수분해 공식을 이용하여 인수분해한 후, 방정식을 푼다.❶

② 다항식 $f(x)$를 공통인수로 묶어 인수분해한 후, 방정식을 푼다.

③ 인수정리와 조립제법을 이용하여 인수분해한 후, 방정식을 푼다.

+ Plus Note

❶ 삼차방정식을 풀 때 자주 사용되는 인수분해 공식
① $a^3+b^3=(a+b)(a^2-ab+b^2)$
② $a^3-b^3=(a-b)(a^2+ab+b^2)$
③ $a^3+3a^2b+3ab^2+b^3=(a+b)^3$
④ $a^3-3a^2b+3ab^2-b^3=(a-b)^3$

예제

1. 다음 삼차방정식을 푸시오.

(1) $x^3+8=0$　　　　(2) $x(x^2-1)+2(x^2-1)=0$　　　　(3) $x^3-4x^2+x+6=0$

《 풀이 》

(1) 인수분해 공식을 이용하여 인수분해하면

$(x+2)(x^2-2x+4)=0$

$x+2=0$ 또는 $x^2-2x+4=0$

따라서 $x=-2$ 또는 $x=1\pm\sqrt{3}i$이다.

(2) 좌변을 공통인수인 x^2-1로 묶어 인수분해하면

$(x^2-1)(x+2)=0$, $(x+1)(x-1)(x+2)=0$

따라서 $x=-1$ 또는 $x=1$ 또는 $x=-2$이다.

(3) $f(x)=x^3-4x^2+x+6$으로 놓으면 $f(-1)=0$이므로 $x+1$은 $f(x)$의 인수이다.

조립제법을 이용하여 $f(x)$를 인수분해하면

$f(x)=(x+1)(x^2-5x+6)$이므로 주어진 방정식은

$(x+1)(x^2-5x+6)=0$, $(x+1)(x-2)(x-3)=0$

따라서 $x=-1$ 또는 $x=2$ 또는 $x=3$이다.

▶ 다항식 $f(x)$에서 $f(a)=0$이면 $x-a$는 $f(x)$의 인수이므로 조립제법을 이용하여 $f(x)$를 인수분해할 수 있다.

$$
\begin{array}{r|rrrr}
-1 & 1 & -4 & 1 & 6 \\
   &   & -1 & 5 & -6 \\
\hline
   & 1 & -5 & 6 & 0
\end{array}
$$

답 (1) $x=-2$ 또는 $x=1\pm\sqrt{3}i$　(2) $x=-1$ 또는 $x=1$ 또는 $x=-2$　(3) $x=-1$ 또는 $x=2$ 또는 $x=3$

유제

▶ 242015-0102

1. 다음 방정식을 푸시오.

(1) $x^3+6x^2+12x+8=0$　　　　(2) $x^3-27=0$

▶ 242015-0103

2. 다음 방정식을 푸시오.

(1) $x^3-x^2+x-1=0$　　　　(2) $x^3-3x^2-6x+8=0$

② 사차방정식

(1) **사차방정식** : 다항식 $f(x)$가 x에 대한 사차식일 때, 방정식 $f(x)=0$을 x에 대한 사차방정식이라 한다.

(2) **사차방정식의 풀이**②

사차방정식 $f(x)=0$은 다음과 같은 방법을 활용하여 인수분해하여 푼다.

① 다항식 $f(x)$를 공통인수로 묶어 인수분해한 후, 방정식을 푼다.

② 인수정리와 조립제법을 이용하여 인수분해한 후, 방정식을 푼다.

+ Plus Note

❷ 사차방정식 $ax^4+bx^2+c=0$의 풀이

(i) $x^2=X$로 치환하여 이차식 X^2+aX+c를 인수분해한 후, 방정식을 푼다.

(ii) (i)의 방법으로 인수분해가 어려울 때에는 사차식 ax^4+bx^2+c를 A^2-B^2의 꼴로 변형하여 사차방정식을 푼다.

예제

2. 다음 사차방정식을 푸시오.

(1) $x^4-2x^3-x^2+2x=0$ (2) $x^4-5x^3+5x^2+5x-6=0$

《 풀이 》

(1) $x^4-2x^3-x^2+2x=x^3(x-2)-x(x-2)$

이므로 공통인수인 $x-2$로 묶어 인수분해하면

$(x-2)(x^3-x)=0$, $x(x-2)(x+1)(x-1)=0$

따라서 $x=0$ 또는 $x=2$ 또는 $x=\pm1$이다.

(2) $f(x)=x^4-5x^3+5x^2+5x-6$이라 하면 $f(1)=0$, $f(-1)=0$이므로 $x-1$, $x+1$은 $f(x)$의 인수이다.

조립제법을 이용하여 $f(x)$를 [인수분해하면] → 조립제법을 두 번 이용하여 인수분해를 한다.

$f(x)=(x-1)(x+1)(x^2-5x+6)$이므로 주어진 방정식은

$(x-1)(x+1)(x^2-5x+6)=0$, $(x-1)(x+1)(x-2)(x-3)=0$

따라서 $x=\pm1$ 또는 $x=2$ 또는 $x=3$이다.

```
1 |  1  -5   5   5  -6
  |      1  -4   1   6
-1 |  1  -4   1   6 | 0
  |     -1   5  -6
     1  -5   6 | 0
```

📋 (1) $x=0$ 또는 $x=2$ 또는 $x=\pm1$ (2) $x=\pm1$ 또는 $x=2$ 또는 $x=3$

유제

▶ 242015-0104

3. 다음 방정식을 푸시오.

(1) $x^4-x^3+x-1=0$ (2) $x^4-2x^3-9x^2+2x+8=0$

▶ 242015-0105

4. 다음 방정식을 푸시오.

(1) $x^4-5x^2+4=0$ (2) $x^4+3x^2+4=0$

③ 연립이차방정식

연립방정식에서 차수가 높은 방정식이 이차방정식일 때, 이 방정식을 연립이차방정식이라 한다.

(1) $\begin{cases} \text{(일차방정식)} \\ \text{(이차방정식)} \end{cases}$ 꼴의 풀이는 다음 순서로 푼다.

① 일차방정식에서 한 미지수를 다른 한 미지수에 대한 식으로 나타낸다.

② ①에서 구한 식을 이차방정식에 대입하여 푼다.

③ ②에서 구한 값을 ①에 대입하여 나머지 미지수의 값을 구한다.

(2) $\begin{cases} \text{(이차방정식)} \\ \text{(이차방정식)} \end{cases}$ 꼴의 연립이차방정식은 인수분해가 쉽게 되는 이차식을 인수분해하여 얻은 일차방정식을 다른 이차방정식에 대입하여 방정식을 푼다. ❸

예제

3. 연립이차방정식 $\begin{cases} x+y=1 \\ x^2-2y^2=1 \end{cases}$ 을 푸시오.

《 풀이 》

$\begin{cases} x+y=1 & \cdots\cdots ㉠ \\ x^2-2y^2=1 & \cdots\cdots ㉡ \end{cases}$ 이라 하자.

▶ 일차방정식에서 한 미지수를 다른 한 미지수에 대한 식으로 나타낸 후, 이 일차식을 이차식에 대입한다.

㉠을 y에 대하여 정리하면 $y=1-x$ $\cdots\cdots ㉢$

㉢을 ㉡에 대입하면 $x^2-2(1-x)^2=1$, $x^2-4x+3=0$

$(x-1)(x-3)=0$

$x=1$ 또는 $x=3$

$x=1$을 ㉢에 대입하면 $y=0$이고 $x=3$을 ㉢에 대입하면 $y=-2$이다.

따라서 주어진 연립방정식의 해는

$\begin{cases} x=1 \\ y=0 \end{cases}$ 또는 $\begin{cases} x=3 \\ y=-2 \end{cases}$

답 $\begin{cases} x=1 \\ y=0 \end{cases}$ 또는 $\begin{cases} x=3 \\ y=-2 \end{cases}$

유제

▶ 242015-0106

5. 다음 연립이차방정식을 푸시오.

(1) $\begin{cases} x-y=2 \\ x^2+xy+y^2=1 \end{cases}$

(2) $\begin{cases} x^2-y^2=0 \\ x^2-3xy+4y^2=8 \end{cases}$

[삼차방정식]

▶ 242015-0107

01 상수 a, b에 대하여 삼차방정식 $x^3+(a+1)x^2-bx+b-1=0$의 두 근이 1, 2일 때, 나머지 한 근은 c이다. $a+b+c$의 값은?

① -1　　　② 0　　　③ 1　　　④ 2　　　⑤ 3

[삼차방정식]

▶ 242015-0108

02 삼차방정식 $x^3+3x^2+(k-4)x-k=0$이 중근을 갖도록 하는 모든 실수 k의 값의 합은?

① -2　　　② -1　　　③ 0　　　④ 1　　　⑤ 2

[사차방정식]

▶ 242015-0109

03 사차방정식 $x^4-9x^2+16=0$의 네 실근 중 가장 큰 실근을 M, 가장 작은 실근을 m이라 하자. $\dfrac{M}{m}$의 값은?

① -1　　　② -2　　　③ -3　　　④ -4　　　⑤ -5

[연립이차방정식]

▶ 242015-0110

04 연립방정식 $\begin{cases} 2x-y=-1 \\ x^2-y^2=-1 \end{cases}$을 만족시키는 두 실수 x, y에 대하여 $x+y$의 최댓값은?

① -1　　　② $-\dfrac{1}{2}$　　　③ 0　　　④ $\dfrac{1}{2}$　　　⑤ 1

[연립이차방정식]

▶ 242015-0111

05 연립방정식 $\begin{cases} x+y=k \\ x^2+y^2=10 \end{cases}$의 해가 오직 한 쌍만 존재하도록 하는 모든 실수 k의 값의 곱은?

① -28　　　② -24　　　③ -20　　　④ -16　　　⑤ -12

08 여러 가지 부등식

1 연립일차부등식

(1) 연립일차부등식

$\begin{cases} x>1 \\ 2x-4<3 \end{cases}$과 같이 두 개 이상의 부등식을 한 쌍으로 묶어서 나타낸 것을 연립부등식이라 하며, 각각의 부등식이 일차부등식인 연립부등식을 연립일차부등식이라 한다.

(2) 연립일차부등식의 풀이

① 각 일차부등식을 풀어 해를 구한다.

② ①에서 구한 해의 공통부분을 구한다.❶

(3) $A<B<C$ 꼴의 부등식의 풀이❷

연립부등식 $\begin{cases} A<B \\ B<C \end{cases}$를 푼다.

Plus Note

❶ 연립부등식의 해를 구할 때에는 각 부등식의 해를 수직선 위에 나타낸 후, 공통부분을 찾으면 편리하다.

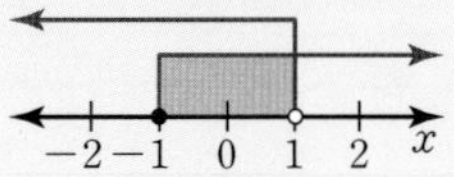

❷ 부등식 $A<B<C$는 두 부등식 $A<B$, $B<C$를 한꺼번에 나타낸 것이다.

예제

1. 연립일차부등식 $\begin{cases} x+2\ge3 \\ 2x-5<3 \end{cases}$을 푸시오.

풀이

$x+2\ge3$에서 $x\ge1$ …… ㉠

$2x-5<3$에서 $x<4$ …… ㉡

㉠, ㉡을 수직선 위에 나타내면 다음과 같다.

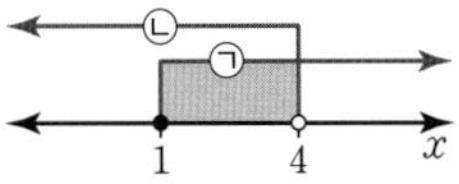

따라서 주어진 연립일차부등식의 해는

$1\le x<4$

각 부등식의 해를 수직선에 나타냈을 때 공통부분이 연립부등식의 해이다.

답 $1\le x<4$

유제

▶ 242015-0112

1. 다음 연립일차부등식을 푸시오.

(1) $\begin{cases} 2x+1<4x-1 \\ 2x-5\le-3x+5 \end{cases}$

(2) $x+1<2x+3\le-2x+11$

② 절댓값을 포함한 일차부등식

(1) 절댓값을 포함한 일차부등식
양수 a에 대하여
① $|x| < a$이면 $-a < x < a$
② $|x| > a$이면 $x < -a$ 또는 $x > a$

(2) $|x-k|$를 포함한 부등식은 x의 값의 범위를 $x < k$, $x \geq k$의 두 경우로 나누어 푼다.

(3) $a < b$일 때, $|x-a|$, $|x-b|$를 모두 포함한 부등식은 x의 값의 범위를 $x < a$, $a \leq x < b$, $x \geq b$의 세 경우로 나누어 푼다.

+ Plus Note

③ $|x| = \begin{cases} x & (x \geq 0) \\ -x & (x < 0) \end{cases}$

④ $|x-k| = \begin{cases} x-k & (x \geq k) \\ -x+k & (x < k) \end{cases}$

예제

2. 다음 부등식을 푸시오.

(1) $|x-2| \leq 3$　　　　　　　　　(2) $|2x-1| > 5$

《 풀이 》

(1) $|x-2| \leq 3$에서

　$-3 \leq x-2 \leq 3$

　위의 부등식의 각 변에 2를 더하면 $-1 \leq x \leq 5$

(2) $|2x-1| > 5$에서

　$2x-1 > 5$ 또는 $2x-1 < -5$

　따라서 $x > 3$ 또는 $x < -2$

탭 (1) $-1 \leq x \leq 5$　(2) $x > 3$ 또는 $x < -2$

유제

▶ 242015-0113

2. 다음 부등식을 푸시오.

(1) $|3x-4| < 7$　　　　　　　　　(2) $|4x+3| \geq 3$

▶ 242015-0114

3. 다음 부등식을 푸시오.

(1) $|x| + |x-1| \leq 2$　　　　　　　(2) $|x+2| - |x-4| > 2$

❸ 이차부등식(1)

이차방정식 $ax^2+bx+c=0$의 판별식을 D라고 하면 이차함수
$y=ax^2+bx+c\,(a>0)$의 그래프와 이차부등식의 해 사이의 관계는 다음과 같다.

$ax^2+bx+c=0$의 판별식	$D>0$	$D=0$	$D<0$
$ax^2+bx+c=0$의 근	서로 다른 두 실근 $\alpha,\,\beta\,(\alpha<\beta)$	중근 α	서로 다른 두 허근
$y=ax^2+bx+c$의 그래프			
$ax^2+bx+c>0$의 해❺	$x<\alpha$ 또는 $x>\beta$	$x\neq\alpha$인 모든 실수	모든 실수
$ax^2+bx+c\geq0$의 해	$x\leq\alpha$ 또는 $x\geq\beta$	모든 실수	모든 실수
$ax^2+bx+c<0$의 해	$\alpha<x<\beta$	없다.	없다.
$ax^2+bx+c\leq0$의 해	$\alpha\leq x\leq\beta$	$x=\alpha$	없다.

+ Plus Note

❺ 이차부등식 $ax^2+bx+c>0$의 해는 이차함수 $y=ax^2+bx+c$에서 $y>0$인 x의 값의 범위, 즉 이차함수 $y=ax^2+bx+c$의 그래프에서 x축보다 위쪽에 있는 부분의 x의 값의 범위이다.
이차부등식 $ax^2+bx+c>0$에서 $a<0$인 경우에는 부등식의 양변에 -1을 곱하여 이차항의 계수가 양수가 되도록 바꾼 후, 이차부등식을 푼다.

예제

3. 다음 이차부등식을 푸시오.

(1) $x^2-2x-3<0$　　　　　　　　　　(2) $x^2+4x+6\geq0$

《 풀이 》

(1) 이차함수 $y=x^2-2x-3=(x+1)(x-3)$의 그래프는 오른쪽 그림과 같이 x축과 두 점 $(-1,\,0),\,(3,\,0)$에서 만난다. ← 이차방정식 $(x+1)(x-3)=0$의 해가 $x=-1,\,x=3$이기 때문이다.
따라서 이차부등식 $x^2-2x-3<0$의 해는 $-1<x<3$이다.

(2) 이차방정식 $x^2+4x+6=0$의 판별식을 D라 하면

$$\frac{D}{4}=2^2-1\times6=-2<0$$

이므로 이차함수 $y=x^2+4x+6$의 그래프는 오른쪽 그림과 같이 x축과 만나지 않는다.
따라서 이차부등식 $x^2+4x+6\geq0$의 해는 모든 실수이다.

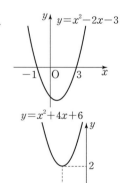

🖺 (1) $-1<x<3$　(2) 모든 실수

유제

▶ 242015-0115

4. 다음 부등식을 푸시오.

(1) $x^2-2x-8\leq0$　　　　　　　(2) $-x^2+2x-9>0$

(3) $x^2+4x+4\geq0$　　　　　　　(4) $-x^2+2x-1<0$

④ 이차부등식(2)

두 실수 α, $\beta(\alpha < \beta)$에 대하여

(1) 해가 $x < \alpha$ 또는 $x > \beta$이고, 이차항의 계수가 1인 이차부등식은

$$(x-\alpha)(x-\beta) > 0, \text{ 즉 } x^2 - (\alpha+\beta)x + \alpha\beta > 0$$

(2) 해가 $\alpha < x < \beta$이고, 이차항의 계수가 1인 이차부등식은

$$(x-\alpha)(x-\beta) < 0, \text{ 즉 } x^2 - (\alpha+\beta)x + \alpha\beta < 0$$

➕ Plus Note

❻ 해가 $x < \alpha$ 또는 $x > \beta$이고, 이차항의 계수가 $a \, (a > 0)$인 이차부등식은

$a(x-\alpha)(x-\beta) > 0$, 즉

$ax^2 - (\alpha+\beta)ax + \alpha\beta a > 0$

이다. 한편 해가 $\alpha < x < \beta$이고, 이차항의 계수가 $a \, (a < 0)$인 이차부등식은

$a(x-\alpha)(x-\beta) > 0$, 즉

$ax^2 - (\alpha+\beta)ax + \alpha\beta a > 0$

예제

4. 이차부등식 $x^2 + ax + b > 0$의 해가 $x > 2$ 또는 $x < -5$일 때, 두 상수 a, b의 값을 각각 구하시오.

《 풀이 》

이차항의 계수가 1이고, 해가 $x > 2$ 또는 $x < -5$인 이차부등식은

$(x+5)(x-2) > 0$, 즉 $x^2 + 3x - 10 > 0$이다.

이 부등식과 $x^2 + ax + b > 0$이 같아야 하므로

$a = 3$, $b = -10$

답 $a = 3$, $b = -10$

유제

▶ 242015-0116

5. 이차부등식 $3x^2 + ax + b \leq 0$의 해가 $1 \leq x \leq 2$일 때, 두 상수 a, b의 값을 각각 구하시오.

▶ 242015-0117

6. 이차부등식 $-2x^2 + ax + b < 0$의 해가 $x < -1$ 또는 $x > 3$일 때, 두 상수 a, b의 값을 각각 구하시오.

5 연립이차부등식

(1) 연립이차부등식

연립부등식에서 차수가 가장 높은 부등식이 이차부등식일 때, 이 연립부등식을 연립이차부등식이라 한다.

(2) 연립이차부등식의 풀이[7]

① 각 부등식을 푼다.

② ①에서 구한 해의 공통부분을 구한다.

+ Plus Note

[7] 연립이차부등식을 풀 때는 연립일차부등식을 풀 때와 마찬가지로 각 부등식의 해를 구한 후, 공통부분을 구한다.

예제

5. 연립이차부등식 $\begin{cases} 2x-1>3 \\ x^2-3x-4\leq0 \end{cases}$ 을 푸시오.

《 풀이 》

$2x-1>3$에서 $x>2$ ...... ㉠

$x^2-3x-4\leq0$에서 $(x-4)(x+1)\leq0$, $-1\leq x\leq4$ ...... ㉡

㉠, ㉡을 수직선 위에 나타내면 다음 그림과 같다.

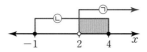

따라서 주어진 연립부등식의 해는 $2<x\leq4$이다.

답 $2<x\leq4$

유제

▶ 242015-0118

7. 연립부등식 $\begin{cases} x^2-2x-8\leq0 \\ x^2-8x+15>0 \end{cases}$ 을 푸시오.

▶ 242015-0119

8. 다음 연립이차부등식을 푸시오.

$$x^2+2x-1\leq2x^2-4x+4\leq x^2-3x+6$$

[연립일차부등식] ▶ 242015-0120

01 연립부등식 $3x+1<2x+4<4x+k$를 만족시키는 정수 x의 개수가 1이기 위한 실수 k의 값의 범위는?

① $0<k\leq2$ ② $1<k\leq3$ ③ $2<k\leq4$

④ $3<k\leq5$ ⑤ $4<k\leq6$

[절댓값을 포함한 일차부등식] ▶ 242015-0121

02 부등식 $3\leq|x-1|\leq4$를 만족시키는 정수 x의 개수는?

① 1 ② 2 ③ 3 ④ 4 ⑤ 5

[이차부등식] ▶ 242015-0122

03 부등식 $x^2+|x|-6\leq0$을 만족시키는 정수 x의 최댓값을 M, 최솟값을 m이라 하자. Mm의 값은?

① 4 ② 2 ③ -2 ④ -4 ⑤ -6

[이차부등식] ▶ 242015-0123

04 x에 대한 이차부등식 $x^2+2kx+k^2-3k+6\leq0$의 해의 개수가 1일 때, 상수 k의 값은?

① 4 ② 2 ③ -2 ④ -4 ⑤ -6

[연립이차부등식] ▶ 242015-0124

05 연립부등식 $\begin{cases} x^2-3x-4\geq0 \\ |x-k|<1 \end{cases}$ 의 해가 존재하지 않도록 하는 정수 k의 개수는?

① 2 ② 3 ③ 4 ④ 5 ⑤ 6

01
▸ 242015-0125

복소수 $z=k-2+(1+i)k-2i$에 대하여 z^2이 실수가 되도록 하는 모든 실수 k의 값의 합은? (단, $i=\sqrt{-1}$)

① 1   ② 2   ③ 3

④ 4   ⑤ 5

02
▸ 242015-0126

$z=\dfrac{1+\sqrt{3}i}{2}$일 때, z^3-z^2+z+1의 값은? (단, $i=\sqrt{-1}$)

① 1   ② 2   ③ 3

④ 4   ⑤ 5

03
▸ 242015-0127

두 복소수 α, β에 대하여
$$\alpha\bar{\alpha}=\beta\bar{\beta}=3, \quad \alpha-\beta=2i$$
일 때, $\alpha\beta$의 값은? (단, $i=\sqrt{-1}$이고 $\bar{\alpha}$, $\bar{\beta}$는 각각 α, β의 켤레복소수이다.)

① 1   ② 2   ③ 3

④ 4   ⑤ 5

04
▸ 242015-0128

이차방정식 $(n+4)x^2+2nx+n-3=0$이 실근을 갖도록 하는 자연수 n의 개수는?

① 6   ② 8   ③ 10

④ 12   ⑤ 14

05
▸ 242015-0129

이차방정식 $x^2-8x+4=0$의 두 근을 α, β라 할 때, $\sqrt{\beta}-\sqrt{\alpha}$의 값은? (단, $\alpha<\beta$)

① 1   ② 2   ③ 3

④ 4   ⑤ 5

06 ▶ 242015-0130

이차방정식 $x^2-4x+2=0$의 두 근 α, β에 대하여 $\dfrac{\alpha^2}{1-\alpha}$, $\dfrac{\beta^2}{1-\beta}$을 두 근으로 하는 이차방정식이 $x^2+ax+b=0$이다. 두 상수 a, b에 대하여 $a+b$의 값은?

① -2 ② -1 ③ 0

④ 1 ⑤ 2

07 ▶ 242015-0131

상수 a, b에 대하여 이차함수 $y=x^2+ax+b$의 그래프와 x축의 두 교점의 x좌표가 각각 -1, 5이다. 이차함수 $y=x^2+bx-a$의 그래프가 x축과 만나는 두 점 사이의 거리는?

① 1 ② $\dfrac{3}{2}$ ③ 2

④ $\dfrac{5}{2}$ ⑤ 3

08 ▶ 242015-0132

$-2 \le x \le k$에서 이차함수 $f(x)=x^2-4x+5$의 최댓값은 26, 최솟값은 1일 때, 상수 k의 값은?

① 3 ② 4 ③ 5

④ 6 ⑤ 7

09 ▶ 242015-0133

삼차방정식 $x^3-x-6=0$의 두 허근을 α, β라 할 때, $(\alpha^2+1)(\beta^2+1)$의 값은?

① 5 ② 6 ③ 7

④ 8 ⑤ 9

10

▶ 242015-0134

방정식 $(x^2-2x)^2+(x^2-2x)-6=0$의 두 실근을 α, β 라 할 때, $\dfrac{1}{\alpha}+\dfrac{1}{\beta}$의 값은?

① -1 ② -2 ③ -3

④ -4 ⑤ -5

11

▶ 242015-0135

방정식 $x^3=1$의 한 허근을 ω라 할 때, $1+\omega+\omega^2+\cdots+\omega^{50}$을 간단히 하면?

① -1 ② 0 ③ 1

④ ω ⑤ ω^2

12

▶ 242015-0136

부등식 $|x|+|x-2|\leq4$의 해는 이차부등식 $x^2+ax+b\leq0$의 해와 일치한다. 상수 a, b에 대하여 ab의 값은?

① 3 ② 4 ③ 5

④ 6 ⑤ 7

13

▶ 242015-0137

x에 대한 부등식 $(k-1)x^2-2(k-1)x+3<0$의 해가 존재하지 않도록 하는 모든 정수 k의 개수는?

① 2 ② 3 ③ 4

④ 5 ⑤ 6

서술형으로 단원 마무리

x에 대한 이차방정식 $x^2-2kx-2k-a=0$이 모든 실수 k에 대하여 항상 실근을 가질 때, 정수 a의 최솟값을 구하시오.

◯ 출제의도

이차부등식을 이용하여 이차방정식의 근의 판별을 할 수 있고 조건을 만족시키는 정수 a의 최솟값을 구할 수 있는지 묻는 문제이다.

◯ 풀이

1단계 이차방정식의 근의 판별을 이용하여 부등식을 세우기

$x^2-2kx-2k-a=0$의 판별식을 D라 하면 $D\geq0$이다.

$$\frac{D}{4}=k^2-1\times(-2k-a)=k^2+2k+a\geq0$$

2단계 이차부등식의 해가 모든 실수임을 이용하여 부등식을 세우기

그러므로 k에 대한 이차부등식 $k^2+2k+a\geq0$이 항상 성립하므로 k에 대한 이차방정식 $k^2+2k+a=0$의 판별식을 D'이라 하면 $D'\leq0$이다.

$$\frac{D'}{4}=1^2-1\times a\leq0$$

3단계 부등식을 이용하여 최솟값을 구하기

따라서 $a\geq1$이므로 정수 a의 최솟값은 1이다.

답 1

유제

▶ 242015-0138

모든 실수 x에 대하여 이차부등식 $kx^2-4kx-3<0$이 성립할 때, 모든 실수 k의 값의 범위를 구하시오.

09 경우의 수

1 합의 법칙

(1) **경우의 수** : 동일한 조건에서 반복할 수 있는 실험이나 관찰의 결과의 가짓수①
(2) **합의 법칙** : 두 사건 A, B가 겹쳐서 일어나지 않을 때, 사건 A, B가 일어나는 경우의 수가 각각 m, n이면 사건 A 또는 사건 B가 일어나는 경우의 수는 $m+n$이다.②
[참고] 합의 법칙은 셋 이상의 사건에 대해서도 성립한다.

+ Plus Note

① 경우의 수는 모든 경우를 빠짐없이 구하되 중복된 경우는 제외해야 한다.

② 사건 A가 일어나면 사건 B가 일어나지 않고 사건 B가 일어나면 사건 A가 일어나지 않는다는 의미이다.

예제

1. 다음을 구하시오.

(1) 푸드코트에서 오른쪽과 같이 한식은 4종류, 중식은 3종류를 판매하고 있다. 이 푸드코트에서 한식 또는 중식 중에서 한 가지를 주문하는 경우의 수

(2) 서로 다른 두 개의 주사위를 던질 때 나오는 주사위 눈의 수의 합이 6의 배수가 되는 경우의 수

메뉴판	
한식	중식
된장찌개	짜장면
김치찌개	짬뽕
돌솥비빔밥	볶음밥
제육덮밥	

《 풀이 》

(1) 한식 중에서 메뉴를 고르는 경우의 수는 4, 중식 중에서 메뉴를 고르는 경우의 수는 3이다.

한식과 중식을 고르는 것이 겹치지 않으므로

합의 법칙에 의하여 구하는 경우의 수는 $4+3=7$

(2) 눈의 수의 합이 6의 배수가 되는 경우는 6과 12이고 두 주사위의 눈의 수를 순서쌍으로 표현하면

합이 6인 경우 : $(1, 5)$, $(2, 4)$, $(3, 3)$, $(4, 2)$, $(5, 1)$의 5가지

합이 12인 경우 : $(6, 6)$의 1가지

합이 6이 되는 경우와 12가 되는 경우가 겹치지 않으므로

구하는 경우의 수는 $5+1=6$

└─→ 합의 법칙이 적용된다.

답 (1) 7 (2) 6

유제

▶ 242015-0139

1. 어느 편의점에서 3종류의 샌드위치와 5종류의 삼각김밥을 판매하고 있다. 이 편의점에서 샌드위치 또는 삼각김밥 중 한 개를 고르는 경우의 수를 구하시오.

▶ 242015-0140

2. 서로 다른 두 개의 주사위를 던질 때, 나오는 두 눈의 수의 합이 4의 약수인 경우의 수를 구하시오.

② 곱의 법칙

두 사건 A, B에 대하여 사건 A가 일어나는 경우의 수가 m이고 그 각각에 대하여 사건 B가 일어나는 경우의 수가 n일 때, 두 사건 A, B가 잇달아 일어나는 경우의 수는 $m \times n$이다.

[참고] 곱의 법칙은 셋 이상의 사건에 대해서도 성립한다.

➕ Plus Note

❸ 동시에 두 사건 A, B가 일어나는 경우의 수라고 표현하기도 한다.

예제

2. 다음을 구하시오.

(1) 옷장에서 바지와 티셔츠를 꺼내 입으려고 한다. 3종류의 바지와 4종류의 셔츠 중 각각 하나를 선택할 때, 바지와 티셔츠를 고르는 경우의 수

(2) 십의 자리의 숫자는 5의 약수이고 일의 자리의 숫자는 6의 약수인 두 자리 자연수의 개수

《 풀이 》

(1) 바지를 선택하는 경우의 수는 3, 셔츠를 선택하는 경우의 수는 4이므로

구하는 경우의 수는 곱의 법칙에 의하여 $3 \times 4 = 12$

(2) 가능한 십의 자리의 숫자는 1, 5의 2가지 ──→ 바지를 선택하는 각각의 경우마다

가능한 일의 자리의 숫자는 1, 2, 3, 6의 4가지   셔츠를 선택하는 경우의 수는 4이므로

따라서 구하는 두 자리 자연수의 개수는 곱의 법칙에 의하여 $2 \times 4 = 8$ 곱의 법칙을 적용한다.

──→ 곱의 법칙이 적용되는 경우는 나뭇가지

모양의 그림으로 나타낼 수 있으며 이것

을 수형도(tree graph)라고 한다.

십의 자리   일의 자리

답 (1) 12   (2) 8

유제

▶ 242015-0141

3. 생일 선물을 포장하려고 한다. 6종류의 포장지와 3종류의 끈이 있다. 포장지와 끈을 각각 하나씩 선택하는 경우의 수를 구하시오.

▶ 242015-0142

4. 서로 다른 두 개의 주사위 A, B를 동시에 던질 때, 주사위 A에서는 소수의 눈이, 주사위 B에서는 3의 배수의 눈이 나오는 경우의 수를 구하시오.

❸ 순열

(1) **순열** : 서로 다른 n개에서 $r(0<r≤n)$개를 택하여 일렬로 나열하는 것을 n개에
서 r개를 택하는 순열이라 하고 이 순열의 수를 기호로 $_nP_r$로 나타낸다.

(2) **순열의 수** : $_nP_r=n(n-1)(n-2)×\cdots×\{n-(r-1)\}$ (단, $0<r≤n$)
$$=n(n-1)(n-2)×\cdots×(n-r+1)$$

➕ Plus Note

❹ 택한 r개를 순서를 고려하여 나열하는 경우의 수를 구해야 한다.

❺ $_nP_r$의 값을 구하려면 n부터 시작해서 $\{n-(r-1)\}$까지 총 r개의 수를 곱한다.

예제

3. 다음을 구하시오.

(1) $_{10}P_3$의 값

(2) $_5P_5$의 값

(3) 5명으로 이루어진 독서 동아리에서 회장 1명, 부회장 1명을 뽑는 경우의 수

《 풀이 》

(1) $_{10}P_3=10×9×8=720$ $_{10}P_3=\underset{3개}{10×9×8}$

(2) $_5P_5=5×4×3×2×1=120$
$_5P_5$처럼 왼쪽 첨자와 오른쪽 첨자가 같은 경우는 n부터 1까지 연속하여 곱하면 된다. 즉 $_nP_n=n×(n-1)×\cdots×1$

(3) 5명 중에서 2명을 택하여 일렬로 나열하여 첫 번째 사람을 회장, 두 번째 사람은 부회장으로 정하면 되므로 구하는
경우의 수는 $_5P_2=5×4=20$

目 (1) 720 (2) 120 (3) 20

유제

▶ 242015-0143

5. 다음을 구하시오.

(1) $_7P_2$의 값   (2) $_6P_1$의 값   (3) $_4P_4$의 값

▶ 242015-0144

6. 놀이공원에 있는 9개의 놀이기구 중에서 3개의 놀이기구를 순서까지 고려하여 선택하는 경우의 수를 구하시오.

4 계승을 이용한 순열의 수

(1) **계승** : 1부터 n까지의 모든 자연수의 곱을 n의 계승이라 하고, 기호 $n!$로 나타낸다.

(2) ① $_nP_n = n! = n \times (n-1) \times \cdots \times 1$

② $0! = 1$, $_nP_0 = 1$로 정의한다. 이때, $_nP_r = \dfrac{n!}{(n-r)!}$ (단, $0 \le r \le n$)

+ Plus Note

❻ $n!$은 n명이 일렬로 줄서는 경우의 수로 생각할 수 있다.

❼ 정의이므로 이렇게하기로 약속하는 것이다.
즉, $0! = 1$, $_nP_0 = 1$

예제

4. pocket에 있는 6개의 문자를 일렬로 나열할 때, 다음을 구하시오.

(1) 모음이 양 끝에 오는 경우의 수

(2) 모음이 서로 이웃하는 경우의 수

《 풀이 》

(1) 모음 o, e가 양 끝에 오는 경우의 수는 $2!$이고 그 각각의 경우에 자음 p, c, k, t를 모음 사이에 일렬로 나열하는 경우의 수는 $4!$
    ━━━▶ 곱의 법칙이 적용된다.
따라서 구하는 경우의 수는 $\underline{2!} \times \underline{4!} = 2 \times 24 = 48$

(2) 모음 o와 e를 한 묶음으로 생각하면
자음 4개와 모음 묶음까지 총 5개를 일렬로 나열하는 경우의 수는 $5!$이고 그 각각의 경우에 모음 묶음 안에서 모음의 나열순서를 정하는 경우의 수는 $2!$
    ━━━▶ 곱의 법칙이 적용된다.
따라서 구하는 경우의 수는 $\underline{5!} \times \underline{2!} = 120 \times 2 = 240$

📋 (1) 48   (2) 240

유제

▶ 242015-0145

7. english에 있는 7개의 문자를 일렬로 나열할 때, 다음을 구하시오.

(1) 모음이 양 끝에 오는 경우의 수

(2) 모음이 서로 이웃하는 경우의 수

▶ 242015-0146

8. 서로 다른 국어교재 2권과 서로 다른 수학교재 2권, 서로 다른 영어교재 3권이 있다. 같은 과목의 교재끼리 서로 이웃하도록 책꽂이에 일렬로 꽂는 경우의 수를 구하시오.

5 조합

(1) 조합

서로 다른 n개에서 순서를 생각하지 않고 $r(0<r\leq n)$개를 택하는 것을 n개에서 r개를 택하는 조합이라 하고 이 조합의 수를 $_nC_r$로 나타낸다.

(2) 조합의 수

$$_nC_r=\frac{_nP_r}{r!}\ (_nP_r=_nC_r\times r!\text{이므로})$$

$_nC_0=1$로 정의한다. 이때, $_nC_r=\dfrac{n!}{r!(n-r)!}$ (단, $0\leq r\leq n$)

(3) $_nC_r=_nC_{n-r}$ (단, $0\leq r\leq n$)

[증명1] $_nC_{n-r}=\dfrac{n!}{(n-r)!\{n-(n-r)\}!}=\dfrac{n!}{r!(n-r)!}=_nC_r$

[증명2] 서로 다른 n개에서 r개를 택할 때마다 $(n-r)$개가 남으므로

$$_nC_r=_nC_{n-r}$$

+ Plus Note

❽ 조합은 선택만 하는 경우의 수이고 순열은 선택한 후 그것을 나열까지 하는 경우의 수이다.

예 a, b, c 중에서 두 개를 택하는 조합과 순열은 다음과 같다.

조합	a와 b	a와 c	b와 c
순열	ab	ac	bc
	ba	ca	cb

❾ $_nP_r$이 서로 다른 n개에서 r개를 순서를 생각하지 않고 택한 후에, 택한 r개를 일렬로 나열하는 경우의 수이므로 $_nP_r=_nC_r\times r!$이 성립한다.

예제 **5.** 다음 경우의 수를 구하시오.

(1) 5명으로 이루어진 그룹에서 대표 2명을 뽑는 경우의 수

(2) 1학년 4명, 2학년 6명으로 구성된 독서반이 있다. 이 중에서 독서 토론회에 참가할 1학년 2명과 2학년 2명을 뽑는 경우의 수

《 풀이 》

(1) 5명 중에서 대표 2명을 뽑는 경우의 수이므로

$$_5C_2=\frac{_5P_2}{2!}=\frac{5\times 4}{2\times 1}=10$$

(2) 1학년 4명 중에서 토론회에 나갈 2명을 뽑는 경우의 수는 $_4C_2$

2학년 6명 중에서 토론회에 나갈 2명을 뽑는 경우의 수는 $_6C_2$

따라서 구하는 경우의 수는

$$\underline{_4C_2\times _6C_2}=\frac{_4P_2}{2!}\times\frac{_6P_2}{2!}=\frac{4\times 3}{2\times 1}\times\frac{6\times 5}{2\times 1}=90$$

곱의 법칙이 적용됨

답 (1) 10 (2) 90

유제

▶ 242015-0147

9. 8명으로 구성된 탁구팀에서 대회에 나갈 선수 3명을 뽑는 경우의 수를 구하시오.

▶ 242015-0148

10. 7명의 학생이 모든 사람과 한 번씩 악수를 할 때, 이 학생들이 악수한 총 횟수를 구하시오.

[합의 법칙] ▶ 242015-0149

01 서로 다른 두 개의 주사위를 던질 때, 나오는 두 눈의 수의 합이 5의 배수 또는 7의 배수가 되는 경우의 수는?

① 11   ② 12   ③ 13   ④ 14   ⑤ 15

[곱의 법칙] ▶ 242015-0150

02 500원짜리 동전 3개와 100원짜리 동전 4개의 일부 또는 전부를 사용하여 지불할 수 있는 서로 다른 금액의 수는? (단, 0원을 지불하는 것은 제외한다.)

① 11   ② 13   ③ 15   ④ 17   ⑤ 19

[순열] ▶ 242015-0151

03 다섯 개의 숫자 0, 1, 2, 3, 4 중에서 서로 다른 세 개를 택하여 만들 수 있는 세 자리 자연수의 개수는?

① 40   ② 42   ③ 44   ④ 46   ⑤ 48

[순열] ▶ 242015-0152

04 1학년 3명, 2학년 2명, 3학년 2명이 일렬로 줄을 설 때, 3학년은 양 끝에 서고 1, 2학년은 같은 학년끼리 이웃하여 줄을 서는 경우의 수는?

① 12   ② 24   ③ 36   ④ 48   ⑤ 60

[조합] ▶ 242015-0153

05 오른쪽 그림과 같이 원 위에는 서로 다른 7개의 점이 있다. 원 위의 점들을 선분의 양 끝점으로 하는 서로 다른 선분의 개수를 a, 이 점들을 꼭짓점으로 하는 서로 다른 삼각형의 개수, 서로 다른 사각형의 개수를 각각 b, c라 할 때, $a+b+c$의 값은?

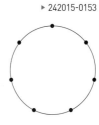

① 91   ② 92   ③ 93

④ 94   ⑤ 95

01
► 242015-0154

두 자리의 자연수 중에서 각 자리의 숫자의 합이 5 또는 7인 자연수의 개수는?

① 11   ② 12   ③ 13
④ 14   ⑤ 15

02
► 242015-0155

다음 그림은 집, 도서관, 마트, 학교를 연결한 길을 나타낸 것이다. 집에서 출발하여 도서관 또는 마트를 거쳐 학교까지 가는 경우의 수는?

(단, 같은 지점을 중복하여 지나지 않는다.)

① 11   ② 12   ③ 13
④ 14   ⑤ 15

03
► 242015-0156

교사 4명과 학생 3명이 단체사진을 찍으려고 한다. 앞 줄에는 학생들이, 뒷 줄에는 교사가 오도록 두 줄로 서는 경우의 수는?

① 48   ② 72   ③ 96
④ 120   ⑤ 144

04
► 242015-0157

알파벳 a, b, c와 숫자 1, 2, 3을 일렬로 나열할 때, 알파벳과 숫자가 교대로 나오도록 나열하는 경우의 수는?

① 18   ② 36   ③ 54
④ 72   ⑤ 90

05
► 242015-0158

다섯 개의 숫자 0, 1, 2, 3, 4를 모두 사용하여 다섯 자리 자연수를 만들 때, 30000보다 큰 짝수의 개수는?

① 12   ② 18   ③ 24
④ 30   ⑤ 36

06
▶ 242015-0159

다음 그림과 같은 네 개의 영역 A, B, C, D에 빨강, 파랑, 노랑, 검정의 색 중 일부 또는 모두를 사용하여 칠하려고 한다. 이웃하는 영역은 서로 다른 색으로 칠하는 경우의 수는?

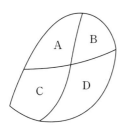

① 81　　② 82　　③ 83
④ 84　　⑤ 85

07
▶ 242015-0160

다섯 개의 문자 a, b, c, d, e를 $abcde$부터 $edcba$까지 사전식으로 배열할 때, 100번째 오는 배열은?

① $eabcd$　　② $eabdc$　　③ $eacbd$
④ $eacdb$　　⑤ $eadbc$

08
▶ 242015-0161

남학생 2명, 여학생 2명, 교사 2명이 일렬로 줄을 서서 사진을 찍으려고 한다. 교사끼리는 이웃하지 않도록 하는 경우의 수는?

① 120　　② 240　　③ 360
④ 480　　⑤ 600

09
▶ 242015-0162

다음 조건을 모두 만족시키는 자연수 n, r의 값의 합 $n+r$의 값은?

(가) $_nP_r = 210$　　　(나) $_nC_r = 35$

① 8　　② 9　　③ 10
④ 11　　⑤ 12

10
▶ 242015-0163

오른쪽 그림과 같은 자물쇠는 0부터 9까지의 10개의 숫자 중에서 비밀번호로 정한 서로 다른 5개의 숫자만을 순서 상관없이 누르면 열린다. 이 자물쇠의 비밀번호를 설정하는 경우의 수는?

① 251　　② 252
③ 253　　④ 254
⑤ 255

11

▶ 242015-0164

키가 모두 다른 6명의 학생들 중에서 3명을 뽑아 키가 큰 순서대로 한 줄로 세우는 경우의 수는?

① 10   ② 20   ③ 40

④ 60   ⑤ 120

12

▶ 242015-0165

오른쪽 그림과 같이 5개의 평행선과 4개의 평행선이 만나고 있다. 이들 평행선으로 만들어지는 평행사변형의 개수는?

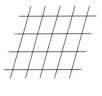

① 10   ② 20   ③ 40

④ 60   ⑤ 120

13

▶ 242015-0166

오른쪽 그림과 같이 정삼각형 위에 8개의 점이 있다. 이 중 두 개의 점을 이어서 만들 수 있는 서로 다른 직선의 개수는?

① 16   ② 17   ③ 18

④ 19   ⑤ 20

14

▶ 242015-0167

다섯 곳의 여행지 A, B, C, D, E 중에서 철수와 영희는 각각 세 곳의 여행지를 택하려고 한다. 택한 여행지 중 공통으로 선택한 여행지가 단 한 곳뿐인 경우의 수는?

① 10   ② 20   ③ 30

④ 40   ⑤ 50

한 자리 자연수 중에서 서로 다른 세 개의 수를 뽑을 때, 다음 물음에 답하시오.

(1) 가장 작은 수가 3인 경우의 수를 구하시오.

(2) 가장 작은 수가 a인 경우의 수는 6이었다. 이때 a의 값을 구하시오.

○ 출제의도

조합의 수를 이용하여 경우의 수를 구할 수 있는지 묻는 문제이다.

○ 풀이

(1)

1단계 가장 작은 수가 3임을 이용하기

가장 작은 수가 3이어야 하므로 3은 뽑은 세 개의 수 중에 포함되어야 한다.

2단계 3보다 큰 수 중에서 두 개의 수 뽑는 경우의 수 구하기

가장 작은 수가 3이므로 4부터 9까지에서 2개의 수를 뽑는 경우의 수는

$$_6C_2 = \frac{6 \times 5}{2 \times 1} = 15$$

(2)

1단계 가장 작은 수가 a임을 이용하기

가장 작은 수가 a이므로 a는 뽑아야 하고

2단계 a보다 큰 수 중에서 두 개의 수 뽑는 경우의 수 구하기

$a+1, a+2, \cdots, 9$의 $(9-a)$개의 수 중에서 두 개의 수를 뽑는 경우의 수는 6이므로

$$_{9-a}C_2 = \frac{(9-a) \times (8-a)}{2 \times 1} = 6$$에서

3단계 a의 값 구하기

$(9-a)(8-a) = 12$

연속한 두 자연수의 곱이 $12 = 4 \times 3$이 되려면 $9-a=4$

즉, $a=5$

답 (1) 15 (2) 5

유제

▶ 242015-0168

20 이하의 자연수 중에서 서로 다른 3개의 수를 뽑을 때, 다음 물음에 답하시오.

(1) 가장 큰 수가 10인 경우의 수를 구하시오.

(2) 가장 큰 수가 a인 경우의 수는 15이었다. 이때, a의 값을 구하시오.

10 행렬의 덧셈, 뺄셈, 실수배

1 행렬의 뜻

(1) 여러 개의 수 또는 문자를 직사각형 모양으로 배열하여 괄호로 묶은 것을 행렬이라 한다. 행렬을 이루고 있는 각각의 수나 문자를 이 행렬의 성분이라 한다. 성분의 가로의 배열을 행❶, 세로의 배열을 열❷이라 한다.

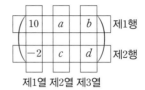

제1열 제2열 제3열

(2) $m \times n$행렬❸

m개의 행과 n개의 열로 이루어진 행렬, 특히 $m=n$일 때 정사각행렬이라 한다.❹

(3) 서로 같은 행렬

두 행렬 A, B의 행의 개수와 열의 개수가 서로 같고 같은 위치에 있는 성분이 서로 같을 때 행렬 A와 행렬 B는 서로 같다고 하고 이것을 기호로

$$A=B$$

와 같이 나타낸다.

+ Plus Note

❶ 위에서부터 차례대로 제1행, 제2행, … 이라 한다.

❷ 왼쪽에서부터 차례대로 제1열, 제2열, … 이라 한다.

❸ 앞에 오는 수는 행의 개수를 뒤에 오는 수는 열의 개수를 나타낸다.

❹ $n \times n$행렬을 n차정사각행렬이라 한다.

예제

1. 다음 중에서 2×3행렬은?

① $\begin{pmatrix} 2 & 3 \\ -1 & 2 \\ 4 & 1 \end{pmatrix}$ 　② $\begin{pmatrix} a & b \\ c & d \end{pmatrix}$ 　③ $(-2 \ \ 0)$ 　④ $\begin{pmatrix} 0 & 3 & -1 \\ 2 & 5 & -2 \end{pmatrix}$ 　⑤ $\begin{pmatrix} x \\ y \end{pmatrix}$

《 풀이 》

→ 행렬의 행의 개수와 열의 개수를 구해서 행의 개수를 앞쪽에 열의 개수를 뒤쪽에 오도록 하여 $m \times n$으로 표현한다.

① 행이 3개, 열이 2개이므로 3×2행렬이다.

② 행이 2개, 열이 2개이므로 2×2행렬 또는 이차정사각행렬이다.

③ 행이 1개, 열이 2개이므로 1×2행렬이다.

④ 행이 2개, 열이 3개이므로 2×3행렬이다.

⑤ 행이 2개, 열이 1개이므로 2×1행렬이다.

답 ④

유제

▶ 242015-0169

1. 다음 중에서 1×2행렬은?

① $\begin{pmatrix} 1 \\ 2 \end{pmatrix}$ 　② $(3 \ \ 4)$ 　③ $\begin{pmatrix} a & b \\ c & d \\ e & f \end{pmatrix}$ 　④ $\begin{pmatrix} 2 & -1 & 3 \\ 0 & -2 & 6 \end{pmatrix}$ 　⑤ $\begin{pmatrix} p & q \\ r & s \end{pmatrix}$

▶ 242015-0170

2. 다음 등식을 만족시키는 실수 x, y의 합 $x+y$의 값을 구하시오.

$$\begin{pmatrix} x+2 & -2 \\ 0 & x-2y \end{pmatrix} = \begin{pmatrix} -x+y & x+2y \\ 0 & -3x-4 \end{pmatrix}$$

② 행렬의 성분

행렬 A의 제i행과 제j열이 만나는 위치에 있는 행렬의 성분을 행렬 A의 (i, j)성분이⑤ 라 하고, a_{ij}와 같이 문자를 이용하여 나타낼 수 있다.

[참고] 행렬 A가 $A=\begin{pmatrix} a_{11} & a_{12} & a_{13} \\ a_{21} & a_{22} & a_{23} \end{pmatrix}$일 때 $A=(a_{ij})$ $(i=1, 2, j=1, 2, 3)$으로 나타낼 수 있다.

+ Plus Note

⑤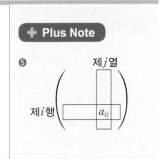

예제

2. 2×3행렬 A의 (i, j)성분 a_{ij}를
$$a_{ij}=2i+j-1 \ (i=1, 2, j=1, 2, 3)$$
으로 정의할 때, 행렬 A의 제2행에 있는 모든 성분의 합을 구하시오.

《 풀이 》

2×3행렬 A를 $A=\begin{pmatrix} a_{11} & a_{12} & a_{13} \\ a_{21} & a_{22} & a_{23} \end{pmatrix}$과 같이 나타낼 때 ⟶ a_{ij}에서 앞쪽에 있는 i가 행을, 뒤에 있는 j가 열을 나타낸다.

$a_{11}=2 \times 1+1-1=2$ $a_{12}=2 \times 1+2-1=3$ $a_{13}=2 \times 1+3-1=4$

$a_{21}=2 \times 2+1-1=4$ $a_{22}=2 \times 2+2-1=5$ $a_{23}=2 \times 2+3-1=6$

따라서 $A=\begin{pmatrix} 2 & 3 & 4 \\ 4 & 5 & 6 \end{pmatrix}$이고 제2행에 있는 모든 성분의 합은 $4+5+6=15$

《 다른 풀이 》

제2행에 있는 모든 성분의 합이므로 $i=2$로 고정하고
2×3행렬이므로 열의 개수는 3, 즉 $j=1, 2, 3$이므로
$a_{2j}=2 \times 2+j-1=3+j$에서
$a_{21}+a_{22}+a_{23}=(3+1)+(3+2)+(3+3)=15$

답 15

유제

▶ 242015-0171

3. 3×2행렬 A의 (i, j)성분 a_{ij}를
$$a_{ij}=i^2-j+1 \ (i=1, 2, 3, j=1, 2)$$
로 정의할 때, 행렬 A의 제2행에 있는 모든 성분의 합을 구하시오.

▶ 242015-0172

4. 이차정사각행렬 A의 (i, j)성분 a_{ij}를
$$a_{ij}=ij^2 \ (i=1, 2, j=1, 2)$$
로 정의할 때, 행렬 A의 모든 성분의 합은?

① 3   ② 6   ③ 9   ④ 12   ⑤ 15

❸ 행렬의 덧셈, 뺄셈, 실수배

(1) $A+B$: 두 행렬 A, B의 행의 개수와 열의 개수가 각각 같을 때 같은 위치에 있는 성분의 합을 각 성분으로 하는 행렬❻

(2) $A-B$: 두 행렬 A, B의 행의 개수와 열의 개수가 각각 같을 때 같은 위치에 있는 행렬 A의 성분에서 행렬 B의 성분을 뺀 것을 각 성분으로 하는 행렬

(3) kA : 행렬 A의 각 성분에 실수 k를 곱한 것을 각 성분으로 하는 행렬❼

(4) **영행렬** : 행렬의 모든 성분이 0일 때, 이 행렬을 영행렬이라 하고 O으로 나타낸다.❽

⑩ $(0 \quad 0), \begin{pmatrix} 0 \\ 0 \end{pmatrix}, \begin{pmatrix} 0 & 0 \\ 0 & 0 \end{pmatrix}, \begin{pmatrix} 0 & 0 & 0 \\ 0 & 0 & 0 \end{pmatrix}, \cdots$

➕ Plus Note

❻ 행의 개수와 열의 개수가 각각 같은 두 행렬을 같은 모양이라 하며, 같은 모양일 때 덧셈과 뺄셈이 정의된다.

❼ 행렬의 실수배에 대한 성질
(k, l은 실수)
(1) $(kl)A=k(lA)$
(2) $(k+l)A=kA+lA$
$k(A+B)=kA+kB$

❽ 행렬 A와 영행렬 O가 같은 모양일 때 $A+O=O+A=A$

예제

3. 두 행렬 $A=\begin{pmatrix} 2 & 0 \\ 1 & -1 \end{pmatrix}$, $B=\begin{pmatrix} 1 & 2 \\ -1 & 3 \end{pmatrix}$에 대하여 다음 행렬의 모든 성분의 합을 구하시오.

(1) $2A+B$　　　　　　　　　　　　　　　(2) $A-2B$

《 풀이 》

(1) $2A=2\begin{pmatrix} 2 & 0 \\ 1 & -1 \end{pmatrix}=\begin{pmatrix} 4 & 0 \\ 2 & -2 \end{pmatrix}$이므로 $2A+B=\begin{pmatrix} 4 & 0 \\ 2 & -2 \end{pmatrix}+\begin{pmatrix} 1 & 2 \\ -1 & 3 \end{pmatrix}=\begin{pmatrix} 5 & 2 \\ 1 & 1 \end{pmatrix}$

　　따라서 구하는 성분의 합은 $5+2+1+1=9$

(2) $2B=2\begin{pmatrix} 1 & 2 \\ -1 & 3 \end{pmatrix}=\begin{pmatrix} 2 & 4 \\ -2 & 6 \end{pmatrix}$이므로 $A-2B=\begin{pmatrix} 2 & 0 \\ 1 & -1 \end{pmatrix}-\begin{pmatrix} 2 & 4 \\ -2 & 6 \end{pmatrix}=\begin{pmatrix} 0 & -4 \\ 3 & -7 \end{pmatrix}$

　　따라서 구하는 성분의 합은 $0+(-4)+3+(-7)=-8$

《 다른 풀이 》

행렬 A의 성분의 합은 2이고 행렬 B의 성분의 합은 5이므로

(1) $2A+B$의 성분의 합은 $2\times2+5=9$

(2) $A-2B$의 성분의 합은 $2-2\times5=-8$

> 두 행렬 A, B의 성분의 합이 각각 a, b일 때 행렬 kA의 성분의 합은 ka이고 행렬 $kA+lB$의 성분의 합은 $ka+lb$이다. (단, k, l은 실수)

🔲 (1) 9　(2) -8

유제

▶ 242015-0173

5. 두 행렬 $A=\begin{pmatrix} -2 & 0 \\ -1 & 2 \end{pmatrix}$, $B=\begin{pmatrix} 2 & -3 \\ 2 & -1 \end{pmatrix}$에 대하여 다음 행렬의 모든 성분의 합을 구하시오.

(1) $A+2B$　　　　　　　　　　　　　　　(2) $3A-2B$

▶ 242015-0174

6. 두 행렬 $A=\begin{pmatrix} 1 & 2 \\ 3 & 4 \end{pmatrix}$, $B=\begin{pmatrix} -1 & 2 \\ -3 & 1 \end{pmatrix}$에 대하여 $2(X+A)=X-(A+B)$를 만족시키는 행렬 X를 구하시오.

[행렬의 뜻]

▶ 242015-0175

01 행렬 $(1 \quad 2 \quad 3)$은 $m \times n$행렬이고 행렬 $\begin{pmatrix} 2 \\ -1 \end{pmatrix}$은 $p \times q$행렬이다. $mn^2 + p^2q$의 값은?

① 11　　　　② 12　　　　③ 13　　　　④ 14　　　　⑤ 15

[행렬의 성분]

▶ 242015-0176

02 행렬 $A = (a_{ij})$ $(i=1, 2, 3, j=1, 2)$에 대하여

$$a_{ij} = \begin{cases} ij & (i \neq j) \\ i+j & (i=j) \end{cases}$$

일 때, 행렬 A의 모든 성분의 합은?

① 11　　　　② 13　　　　③ 15　　　　④ 17　　　　⑤ 19

[행렬의 덧셈, 뺄셈, 실수배]

▶ 242015-0177

03 두 행렬 $A = \begin{pmatrix} a & -3 \\ 6 & 3 \end{pmatrix}$, $B = \begin{pmatrix} -2 & -2 \\ 4 & b \end{pmatrix}$에 대하여 $2A - 3B = O$일 때, 실수 a, b의 합 $a+b$의 값은? (단, O는 영행렬이다.)

① -2　　　　② -1　　　　③ 0　　　　④ 1　　　　⑤ 2

[행렬의 덧셈, 뺄셈, 실수배]

▶ 242015-0178

04 두 행렬 $A = \begin{pmatrix} 1 & 3 \\ 1 & -3 \end{pmatrix}$, $B = \begin{pmatrix} 1 & 3 \\ -2 & 0 \end{pmatrix}$에 대하여 $A + X = 4X - 2B$를 만족시키는 행렬 X의 모든 성분의 합은?

① 1　　　　② 2　　　　③ 3　　　　④ 4　　　　⑤ 5

[행렬의 덧셈, 뺄셈, 실수배]

▶ 242015-0179

05 두 행렬 A, B에 대하여 $2A - B = \begin{pmatrix} 1 & 2 \\ 3 & 4 \end{pmatrix}$, $A + 2B = \begin{pmatrix} -1 & 2 \\ 1 & 4 \end{pmatrix}$가 성립한다. 두 행렬 A, B의 모든 성분의 합을 각각 a, b라 할 때, $a - 3b$의 값은?

① 2　　　　② 3　　　　③ 4　　　　④ 5　　　　⑤ 6

1 행렬의 곱셈

(1) $\underline{AB}$: 두 행렬 A, B에 대하여 행렬 A의 제i행의 성분과 행렬 B의 제j열의 성분을 차례대로 각각 곱하여 더한 것을 (i, j)성분으로 하는 행렬

$$\begin{matrix} A \\ \left(\boxed{\text{제}i\text{행}}\right) \\ m\times ⓚ \end{matrix} \begin{matrix} B \\ \left(\boxed{\begin{matrix}\text{제}\\j\\\text{열}\end{matrix}}\right) \\ ⓚ\times n \end{matrix} = \begin{matrix} AB \\ \left(\boxed{\uparrow}\right) \\ (i, j)\text{성분} \\ m\times n \end{matrix}$$

같을 때 곱셈이 정의된다

(2) **두 행렬 A, B가 2×2행렬일 때**

$A=\begin{pmatrix} a_{11} & a_{12} \\ a_{21} & a_{22} \end{pmatrix}$, $B=\begin{pmatrix} b_{11} & b_{12} \\ b_{21} & b_{22} \end{pmatrix}$일 때

$AB=\begin{pmatrix} a_{11}b_{11}+a_{12}b_{21} & a_{11}b_{12}+a_{12}b_{22} \\ a_{21}b_{11}+a_{22}b_{21} & a_{21}b_{12}+a_{22}b_{22} \end{pmatrix}$

＋ Plus Note

❶ $(A$의 열의 개수$)=(B$의 행의 개수$)$일 때에만 A와 B의 곱 AB가 정의되고 행렬 A가 $m\times k$행렬, 행렬 B가 $k\times n$행렬일 때, AB는 $m\times n$행렬이다.

❷
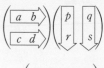

$=\begin{pmatrix} ap+br & aq+bs \\ cp+dr & cq+ds \end{pmatrix}$

예제

1. 다음을 계산하시오.

(1) $\begin{pmatrix} -1 & 2 \\ 0 & 3 \end{pmatrix}\begin{pmatrix} 2 & -1 \\ -2 & 3 \end{pmatrix}$

(2) $\begin{pmatrix} 1 & 2 \\ 3 & 4 \end{pmatrix}\begin{pmatrix} -1 \\ 3 \end{pmatrix}$

《 풀이 》

(1) $\begin{pmatrix} -1 & 2 \\ 0 & 3 \end{pmatrix}\begin{pmatrix} 2 & -1 \\ -2 & 3 \end{pmatrix}=\begin{pmatrix} -1\times2+2\times(-2) & -1\times(-1)+2\times3 \\ 0\times2+3\times(-2) & 0\times(-1)+3\times3 \end{pmatrix}$

$=\begin{pmatrix} -6 & 7 \\ -6 & 9 \end{pmatrix}$

(2) $\begin{pmatrix} 1 & 2 \\ 3 & 4 \end{pmatrix}\begin{pmatrix} -1 \\ 3 \end{pmatrix}=\begin{pmatrix} 1\times(-1)+2\times3 \\ 3\times(-1)+4\times3 \end{pmatrix}=\begin{pmatrix} 5 \\ 9 \end{pmatrix}$

→ 2×2행렬과 2×1행렬의 곱이므로 곱셈이 정의되고 그 결과는 2×1행렬이 된다.

답 (1) $\begin{pmatrix} -6 & 7 \\ -6 & 9 \end{pmatrix}$ (2) $\begin{pmatrix} 5 \\ 9 \end{pmatrix}$

유제

▶ 242015-0180

1. 다음을 계산하시오.

(1) $\begin{pmatrix} 4 & -3 \\ 2 & -1 \end{pmatrix}\begin{pmatrix} -1 & 2 \\ 3 & 1 \end{pmatrix}$

(2) $(1 \quad 2)\begin{pmatrix} 4 & 2 \\ -3 & 1 \end{pmatrix}$

▶ 242015-0181

2. 두 행렬 $A=(1 \quad 2)$, $B=\begin{pmatrix} 3 \\ 4 \end{pmatrix}$에 대하여 행렬 AB와 행렬 BA를 각각 구하시오.

2 행렬의 거듭제곱

(1) **행렬의 거듭제곱** : 정사각행렬 A에 대하여❸

$A^2 = AA$

$A^3 = A^2 A$

$\vdots$

$A^{n+1} = A^n A$ (n은 자연수)

(2) **단위행렬** : 정사각행렬 중에서 왼쪽 위에서 오른쪽 아래로의 대각선 성분이 모두 1 이고 그 이외의 성분이 모두 0인 행렬을 단위행렬이라 하며 E로 나타낸다.❹

예 (1), $\begin{pmatrix} 1 & 0 \\ 0 & 1 \end{pmatrix}$, $\begin{pmatrix} 1 & 0 & 0 \\ 0 & 1 & 0 \\ 0 & 0 & 1 \end{pmatrix}$, …

➕ Plus Note

❸ 행렬의 거듭제곱은 정사각행렬 에서만 정의된다.

❹ 단위행렬의 (i, j)성분을 a_{ij}라 하면

$a_{ij} = \begin{cases} 1 & (i=j) \\ 0 & (i \neq j) \end{cases}$

이고 E와 곱셈이 정의되는 정사각 행렬 A와 자연수 n에 대하여 $AE = EA = A$, $E^n = E$가 성립한 다.

예제

2. 행렬 $A = \begin{pmatrix} 1 & 1 \\ 0 & 1 \end{pmatrix}$에 대하여 행렬 A^n의 모든 성분의 합이 102일 때, 자연수 n의 값을 구하시오.

《 풀이 》

행렬 $A = \begin{pmatrix} 1 & 1 \\ 0 & 1 \end{pmatrix}$에 대하여

$A^2 = AA = \begin{pmatrix} 1 & 1 \\ 0 & 1 \end{pmatrix}\begin{pmatrix} 1 & 1 \\ 0 & 1 \end{pmatrix} = \begin{pmatrix} 1 & 2 \\ 0 & 1 \end{pmatrix}$ $\qquad$ $A^3 = A^2 A = \begin{pmatrix} 1 & 2 \\ 0 & 1 \end{pmatrix}\begin{pmatrix} 1 & 1 \\ 0 & 1 \end{pmatrix} = \begin{pmatrix} 1 & 3 \\ 0 & 1 \end{pmatrix}$

$A^4 = A^3 A = \begin{pmatrix} 1 & 3 \\ 0 & 1 \end{pmatrix}\begin{pmatrix} 1 & 1 \\ 0 & 1 \end{pmatrix} = \begin{pmatrix} 1 & 4 \\ 0 & 1 \end{pmatrix}$ $\qquad$ …

따라서 $A^n = \begin{pmatrix} 1 & n \\ 0 & 1 \end{pmatrix}$이 성립함을 추론할 수 있다.

자연수 n에 대하여

$\begin{pmatrix} 1 & 1 \\ 0 & 1 \end{pmatrix}^n = \begin{pmatrix} 1 & n \\ 0 & 1 \end{pmatrix}$, $\begin{pmatrix} 1 & 0 \\ 1 & 1 \end{pmatrix}^n = \begin{pmatrix} 1 & 0 \\ n & 1 \end{pmatrix}$

행렬 A^n의 모든 성분의 합은 $1+n+0+1 = n+2 = 102$에서 $n = 100$

답 100

유제

▶ 242015-0182

3. 이차정사각행렬 A의 (i, j)성분 a_{ij}를

$$a_{ij} = \begin{cases} 0 & (i \neq j) \\ i-2j & (i=j) \end{cases} \ (i=1, 2, j=1, 2)$$

로 정의할 때, 행렬 A^{10}의 모든 성분의 합을 구하시오.

▶ 242015-0183

4. 행렬 $A = \begin{pmatrix} 0 & 1 \\ 1 & 0 \end{pmatrix}$에 대하여 행렬 $A + A^2 + A^3 + \cdots + A^{10}$의 모든 성분의 합은?

① 20 $\qquad$ ② 40 $\qquad$ ③ 60 $\qquad$ ④ 80 $\qquad$ ⑤ 100

---

3 행렬의 곱셈의 성질

합과 곱이 정의되는 세 행렬 A, B, C와 실수 k에 대하여

(1) $(AB)C = A(BC)$

(2) $A(B+C) = AB + AC$, $(A+B)C = AC + BC$

(3) $k(AB) = (kA)B = A(kB)$

(4) 두 정사각행렬 A, B에 대하여 $AB = BA$가 항상 성립하는 것이 아니다. ⑤

(5) $AB = O$이 성립해도 $A \neq O$, $B \neq O$일 수 있다. (단, O는 영행렬) ⑥

예 $\begin{pmatrix} 2 & 1 \\ 6 & 3 \end{pmatrix} \begin{pmatrix} -1 & 1 \\ 2 & -2 \end{pmatrix} = \begin{pmatrix} 0 & 0 \\ 0 & 0 \end{pmatrix}$

+ Plus Note

⑤ 두 실수 a, b에 대해서는 항상 $ab = ba$가 성립하지만 행렬에서는 성립하지 않는다.

⑥ 두 실수 a, b에 대해서는 $ab = 0$이면 $a = 0$ 또는 $b = 0$이지만 행렬에서는 성립하지 않는다.

예제

3. 두 이차정사각행렬 A, B에 대하여 $A(A+B) = \begin{pmatrix} 2 & -2 \\ 8 & 0 \end{pmatrix}$, $B(A+B) = \begin{pmatrix} 14 & 2 \\ 4 & 4 \end{pmatrix}$가 성립할 때, 행렬 $(A+B)^2$의 모든 성분의 합을 구하시오.

《 풀이 》

$(A+B)^2 = (A+B)(A+B)$

$\quad = A(A+B) + B(A+B)$

$\quad = \begin{pmatrix} 2 & -2 \\ 8 & 0 \end{pmatrix} + \begin{pmatrix} 14 & 2 \\ 4 & 4 \end{pmatrix}$

$\quad = \begin{pmatrix} 16 & 0 \\ 12 & 4 \end{pmatrix}$

$(A+B)^2 = A^2 + AB + BA + B^2$
행렬에서는 $AB = BA$가 항상 성립하는 것이 아니므로
$(A+B)^2 = A^2 + 2AB + B^2$
이 성립한다고 생각해서는 안 된다.

따라서 구하는 행렬 $(A+B)^2$의 모든 성분의 합은

$16 + 0 + 12 + 4 = 32$

답 32

유제

▶ 242015-0184

5. 두 이차정사각행렬 A, B에 대하여 $A(A-B) = \begin{pmatrix} -5 & 8 \\ -3 & 4 \end{pmatrix}$, $B(A-B) = \begin{pmatrix} -2 & 4 \\ 1 & -1 \end{pmatrix}$이 성립할 때, 행렬 $(A-B)^2$의 모든 성분의 합을 구하시오.

▶ 242015-0185

6. 두 이차정사각행렬 A, B에 대하여 $(A+B)^2 = \begin{pmatrix} 29 & 36 \\ 45 & 56 \end{pmatrix}$, $(A-B)^2 = \begin{pmatrix} 1 & 0 \\ 9 & 4 \end{pmatrix}$,

$AB = \begin{pmatrix} 4 & 8 \\ 8 & 16 \end{pmatrix}$이 성립할 때, 행렬 BA의 모든 성분의 합을 구하시오.

[행렬의 곱셈]

▶ 242015-0186

01 세 행렬 $A=\begin{pmatrix} 1 & 2 \\ 3 & 4 \end{pmatrix}$, $B=(-1 \quad 2)$, $C=\begin{pmatrix} 1 \\ -1 \end{pmatrix}$에 대하여 다음 중 곱셈이 정의되지 <u>않는</u> 것은?

① BA ② AC ③ BC ④ CA ⑤ CB

[행렬의 곱셈]

▶ 242015-0187

02 두 행렬 $A=\begin{pmatrix} 1 & -1 \\ 2 & 3 \end{pmatrix}$, $B=\begin{pmatrix} -1 & 2 \\ 0 & 1 \end{pmatrix}$에 대하여 행렬 $AB-BA$의 모든 성분의 합은?

① -20 ② -10 ③ 0 ④ 10 ⑤ 20

[행렬의 거듭제곱]

▶ 242015-0188

03 행렬 $A=\begin{pmatrix} 2 & 0 \\ 1 & 2 \end{pmatrix}$에 대하여 $A^{10}=2^{10}\begin{pmatrix} 1 & 0 \\ a & 1 \end{pmatrix}$일 때, 상수 a의 값은?

① 1 ② 2 ③ 3 ④ 4 ⑤ 5

[행렬의 거듭제곱]

▶ 242015-0189

04 행렬 $A=\begin{pmatrix} 1 & 1 \\ -3 & -2 \end{pmatrix}$에 대하여 행렬 A^{100}의 모든 성분의 합은?

① -1 ② -2 ③ -3 ④ -4 ⑤ -5

[행렬의 곱셈의 성질]

▶ 242015-0190

05 다음 두 조건이 성립할 때, 행렬 B가 될 수 <u>없는</u> 것은? (단, E는 단위행렬, O는 영행렬이다.)

> (가) $A^3=A^5=E$ (나) $A^2-B^2=O$

① $\begin{pmatrix} 1 & 0 \\ 0 & 1 \end{pmatrix}$ ② $\begin{pmatrix} -1 & 0 \\ 0 & -1 \end{pmatrix}$ ③ $\begin{pmatrix} 0 & 1 \\ 1 & 0 \end{pmatrix}$ ④ $\begin{pmatrix} 0 & -1 \\ 1 & 0 \end{pmatrix}$ ⑤ $\begin{pmatrix} -1 & 0 \\ 0 & 1 \end{pmatrix}$

01

▶ 242015-0191

다음 등식을 만족시키는 두 실수 x, y의 곱 xy의 값은?

$$\begin{pmatrix} 2 & x+4 \\ -2 & 2-y \end{pmatrix} = \begin{pmatrix} -x+y & -x+2y \\ x-y & x-4 \end{pmatrix}$$

① 2   ② 4   ③ 6

④ 8   ⑤ 10

02

▶ 242015-0192

두 행렬 $A = \begin{pmatrix} 1 & 1 \\ 2 & 2 \end{pmatrix}$, $B = \begin{pmatrix} -1 & -2 \\ -3 & -4 \end{pmatrix}$에 대하여 행렬 nA의 모든 성분의 합이 행렬 $-10B$의 모든 성분의 합보다 커지도록 하는 자연수 n의 최솟값은?

① 11   ② 13   ③ 15

④ 17   ⑤ 19

03

▶ 242015-0193

두 행렬 $A = \begin{pmatrix} 1 & -2 \\ 2 & 3 \end{pmatrix}$, $B = \begin{pmatrix} 0 & 2 \\ -1 & 3 \end{pmatrix}$에 대하여 $2(X+A) = X-A+B$를 만족시키는 행렬 X의 모든 성분의 합은?

① -10 ② -8 ③ -6

④ -4 ⑤ -2

04

▶ 242015-0194

이차정사각행렬 A의 (i, j)성분 a_{ij}를

$$a_{ij} = i + 2j \ (i=1, 2, \ j=1, 2)$$

로 정의할 때, 행렬 A의 모든 성분의 합은?

① 10   ② 12   ③ 14

④ 16   ⑤ 18

05

▶ 242015-0195

2×3행렬 A의 (i, j)성분 a_{ij}를

$$a_{ij} = \begin{cases} j & (i<j) \\ ij & (i=j) \ (i=1, 2, \ j=1, 2, 3) \\ i^2 & (i>j) \end{cases}$$

으로 정의할 때, 행렬 $2A$의 모든 성분의 합은?

① 28   ② 30   ③ 32

④ 34   ⑤ 36

06

▶ 242015-0196

두 행렬 A, B에 대하여 $A+B=\begin{pmatrix} 1 & -2 \\ 1 & 9 \end{pmatrix}$,

$A-2B=\begin{pmatrix} -2 & 1 \\ 4 & 0 \end{pmatrix}$이 성립한다. 두 행렬 A, B의 모든

성분의 합을 각각 a, b라 할 때, ab의 값은?

① 9 ② 10 ③ 12
④ 14 ⑤ 16

07

▶ 242015-0197

등식 $\begin{pmatrix} 1 & 2 \\ 2 & 4 \end{pmatrix}\begin{pmatrix} -x & x \\ y & y \end{pmatrix}+\begin{pmatrix} 1 & 0 \\ 2 & 0 \end{pmatrix}=O$이 성립하도록

하는 실수 x, y의 곱 xy의 값은? (단, O는 영행렬이다.)

① $-\dfrac{1}{16}$ ② $-\dfrac{1}{8}$ ③ $-\dfrac{1}{4}$
④ $-\dfrac{1}{2}$ ⑤ -1

08

▶ 242015-0198

세 행렬 $A=\begin{pmatrix} 1 & -1 \\ 0 & 2 \end{pmatrix}$, $B=\begin{pmatrix} 0 & 1 \\ 2 & -1 \end{pmatrix}$, $C=\begin{pmatrix} 2 & 1 \\ -1 & 1 \end{pmatrix}$

에 대하여 행렬 ABC의 모든 성분의 합은?

① 2 ② 4 ③ 6
④ 8 ⑤ 10

09

▶ 242015-0199

행렬 $A=\begin{pmatrix} 2 & 5 \\ -1 & -2 \end{pmatrix}$에 대하여 행렬 A^{100}의 모든 성분

의 합은?

① 1 ② 2 ③ 10
④ 100 ⑤ 200

10

▶ 242015-0200

행렬 $A=\begin{pmatrix} 2 & 1 \\ -4 & -1 \end{pmatrix}$에 대하여 $A^3=pA+qE$를 만족

시키는 실수 p, q에 대하여 $p+q$의 값은?

(단, E는 단위행렬이다.)

① -1 ② -2 ③ -3
④ -4 ⑤ -5

11

▶ 242015-0201

이차정사각행렬 A의 (i, j)성분 a_{ij}를

$$a_{ij}=\begin{cases} -1 & (i<j) \\ 0 & (i=j) \\ 1 & (i>j) \end{cases} (i=1, 2, j=1, 2)$$

로 정의할 때, 행렬 $A+A^2+A^3+\cdots+A^{10}$의 모든 성분의 합은?

① -2 ② -1 ③ 0

④ 1 ⑤ 2

12

▶ 242015-0202

두 이차정사각행렬 A, B에 대하여 다음 중 등식이 항상 성립하는 것은? (단, E는 단위행렬이다.)

① $(A+B)^2=A^2+2AB+B^2$

② $(A-B)^2=A^2-2AB+B^2$

③ $(A+B)(A-B)=A^2-B^2$

④ $(A+E)(A^2-A+E)=A^3+E$

⑤ $(AB)^2=A^2B^2$

13

▶ 242015-0203

다음 두 조건을 만족시키는 영행렬이 아닌 모든 이차정사각행렬 A, B에 대하여 BA^3과 항상 같은 행렬은? (단, E는 단위행렬이다.)

(가) $A+B=E$ (나) $AB=B$

① $2A$ ② A ③ E

④ B ⑤ $2B$

14

▶ 242015-0204

다음은 두 제품 P, Q의 사용자를 대상으로 1년이 지난 후 사용자 수의 변화율을 조사하여 만든 표이다. 예를 들어 제품 P의 사용자의 0.6은 여전히 제품 P를, 0.4는 제품 Q로 바뀌었음을 나타낸다.

전＼후	P	Q
P	0.6	0.4
Q	0.2	0.8

위 표를 나타낸 행렬을 $A=\begin{pmatrix} 0.6 & 0.4 \\ 0.2 & 0.8 \end{pmatrix}$이라 하자.

올해 두 제품 P, Q의 사용자가 차례로 2000명, 1000명일 때, 두 행렬 $B=\begin{pmatrix} 2000 \\ 1000 \end{pmatrix}$, $C=(2000 \quad 1000)$에 대하여 다음 중 2년 후 제품 Q의 사용자 수를 나타내는 것은? (단, 제품 P, Q의 사용자 수의 총합과 각 제품의 사용자 수의 변화율은 일정한 것으로 가정한다.)

① 행렬 A^2B의 제2행   ② 행렬 CA^2의 제2열

③ 행렬 AB의 제2행   ④ 행렬 CA의 제2열

⑤ 행렬 CAB의 제1행

이차정사각행렬 A의 (i, j)성분 a_{ij}를

$$a_{ij}=\begin{cases} 1 & (i<j) \\ 0 & (i=j) \\ -1 & (i>j) \end{cases} (i=1,\,2,\,j=1,\,2)$$

로 정의할 때, 행렬 A^{100}의 모든 성분의 합을 구하시오.

○ **출제의도**

행렬의 성분에 대한 식에서 행렬과 거듭제곱의 규칙성을 찾을 수 있는지 묻는 문제이다.

○ **풀이**

1단계 행렬 A의 성분을 구하여 행렬 A 구하기

이차정사각행렬 $A=\begin{pmatrix} a_{11} & a_{12} \\ a_{21} & a_{22} \end{pmatrix}$라 놓으면 주어진 식으로부터

$$A=\begin{pmatrix} 0 & 1 \\ -1 & 0 \end{pmatrix}$$

2단계 A^n의 규칙성 추론하기

$$A^2=\begin{pmatrix} 0 & 1 \\ -1 & 0 \end{pmatrix}\begin{pmatrix} 0 & 1 \\ -1 & 0 \end{pmatrix}=\begin{pmatrix} -1 & 0 \\ 0 & -1 \end{pmatrix}=-E$$
$$A^3=A^2A=(-E)A=-A$$
$$A^4=A^3A=(-A)A=-A^2=-(-E)=E$$
$$\cdots$$

위의 과정에서 행렬 A^n은 자연수 n이 1씩 커지면서 A, $-E$, $-A$, E가 반복적으로 나오는 것을 추론할 수 있다.

3단계 A^{100}의 모든 성분의 합 구하기

따라서 $A^{100}=E=\begin{pmatrix} 1 & 0 \\ 0 & 1 \end{pmatrix}$이고 구하는 모든 성분의 합은 $1+0+0+1=2$

🔲 **2**

유제

▶ 242015-0205

이차정사각행렬 A의 (i, j)성분 a_{ij}를

$$a_{ij}=\begin{cases} -1 & (i\ne j) \\ 0 & (i=j) \end{cases} (i=1,\,2,\,j=1,\,2)$$

로 정의할 때, 행렬 $A+A^2+A^3+\cdots+A^{10}$의 모든 성분의 합을 구하시오.

공통수학 2

1 두 점 사이의 거리

(1) 수직선 위의 두 점 $A(x_1)$, $B(x_2)$ 사이의 거리 $\overline{AB}$는
$$\overline{AB}=|x_2-x_1| \; \text{❶}$$

(2) 좌표평면 위의 두 점 $A(x_1, y_1)$, $B(x_2, y_2)$ 사이의 거리 $\overline{AB}$는
$$\overline{AB}=\sqrt{(x_2-x_1)^2+(y_2-y_1)^2} \; \text{❷}$$

특히 원점 $O(0, 0)$과 점 $A(x_1, y_1)$ 사이의 거리 $\overline{OA}$는
$$\overline{OA}=\sqrt{x_1^2+y_1^2}$$

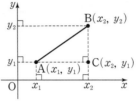

[참고] 위의 그림에서 삼각형 ABC은 직각삼각형이고,
$\overline{AC}=|x_2-x_1|$, $\overline{BC}=|y_2-y_1|$ 이므로 피타고라스 정리에 의하여
$$\overline{AB}^2=\overline{AC}^2+\overline{BC}^2=|x_2-x_1|^2+|y_2-y_1|^2=(x_2-x_1)^2+(y_2-y_1)^2 \; \text{❸}$$
따라서 $\overline{AB}=\sqrt{(x_2-x_1)^2+(y_2-y_1)^2}$이다.

✚ Plus Note

❶ (i) $x_1 \leq x_2$일 때,

$\overline{AB}=x_2-x_1$

(ii) $x_1 > x_2$일 때

$\overline{AB}=x_1-x_2$

절댓값 기호를 사용하면 위의 두 식을 $\overline{AB}=|x_2-x_1|$로 한꺼번에 나타낼 수 있다.

❷ 제곱을 하기 때문에 x_1, x_2의 순서는 중요하지 않다. (y_1, y_2의 순서도 마찬가지)

❸ 실수 a에 대하여 $|a|^2=a^2$이 성립한다.

예제

1. 그림과 같은 좌표평면 위의 네 점 $O(0, 0)$, $A(1, 2)$, $B(2, -1)$, $C(-2, 2)$에 대하여 다음 중 선분의 길이가 가장 긴 것은?

① $\overline{OA}$　　　② $\overline{OB}$　　　③ $\overline{OC}$　　　④ $\overline{AB}$　　　⑤ $\overline{AC}$

《 풀이 》

① $\overline{OA}=\sqrt{1^2+2^2}=\sqrt{5}$
② $\overline{OB}=\sqrt{2^2+(-1)^2}=\sqrt{5}$
③ $\overline{OC}=\sqrt{(-2)^2+2^2}=\sqrt{8}$
④ $\overline{AB}=\sqrt{(2-1)^2+(-1-2)^2}=\sqrt{10}$
⑤ $\overline{AC}=\sqrt{(-2-1)^2+(2-2)^2}=\sqrt{9}$
따라서 가장 긴 것은 $\overline{AB}$이다.

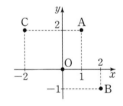

답 ④

유제

▶ 242015-0206

1. 두 점 $A(a, -1)$, $B(3, 3)$에 대하여 두 점 사이의 거리가 5일 때, 양수 a의 값은?

　① 2　　　② 4　　　③ 6　　　④ 8　　　⑤ 10

▶ 242015-0207

2. 두 점 $A(1, -1)$, $B(4, 2)$에서 같은 거리에 있는 y축 위의 점 P의 좌표가 $(0, a)$일 때, a의 값은?

　① 1　　　② 2　　　③ 3　　　④ 4　　　⑤ 5

❷ 선분의 내분점

(1) **선분의 내분점** : 선분 AB 위의 점 P에 대하여
$$\overline{AP} : \overline{PB} = m : n \ (m>0, \ n>0)$$
일 때, 점 P는 선분 AB를 $m : n$으로 내분한다
고 하고, 점 P를 선분 AB의 내분점이라 한다.

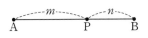

(2) **수직선 위의 선분의 내분점의 좌표** : 수직선 위의 두 점 $A(x_1)$, $B(x_2)$에 대하여
선분 AB를 $m : n \ (m>0, \ n>0)$으로 내분하는 점 P의 좌표는
$$\left(\frac{mx_2 + nx_1}{m+n} \right)_{\text{❺}}$$

(3) **좌표평면 위의 선분의 내분점의 좌표** : 좌표평면 위의 두 점 $A(x_1, y_1)$,
$B(x_2, y_2)$에 대하여 선분 AB를 $m : n \ (m>0, \ n>0)$으로 내분하는 점 P의 좌
표는
$$\left(\frac{mx_2 + nx_1}{m+n}, \ \frac{my_2 + ny_1}{m+n} \right)_{\text{❻}}$$

➕ Plus Note

❹ 선분의 꼭짓점의 순서에 유의해
야 한다.
선분 AB를 $m : n$으로 내분하는
점과 선분 BA를 $m : n$으로 내분
하는 점은 같다고 할 수 없다.

❺ 선분 AB의 중점 M은 선분 AB
를 $1 : 1$로 내분하는 점이므로 점
M의 좌표는
$$M\left(\frac{x_1 + x_2}{2} \right)$$

❻ 선분 AB의 중점 M은 선분 AB
를 $1 : 1$로 내분하는 점이므로 점
M의 좌표는
$$M\left(\frac{x_1 + x_2}{2}, \ \frac{y_1 + y_2}{2} \right)$$

예제

2. 다음을 구하시오.

(1) 수직선 위의 두 점 $A(-4)$, $B(2)$에 대하여 $\overline{AB}$를 $2 : 1$로 내분하는 점 P의 좌표

(2) 좌표평면 위의 두 점 $A(5, 2)$, $B(-3, -4)$에 대하여 $\overline{AB}$를 $3 : 2$로 내분하는 점 P의 좌표

〔 풀이 〕

(1) 구하는 점 P의 좌표를 p라 놓으면
$$p = \frac{2 \times 2 + 1 \times (-4)}{2+1} = \frac{0}{3} = 0$$

(2) 구하는 점 P의 좌표를 (x, y)라 놓으면
$$x = \frac{3 \times (-3) + 2 \times 5}{3+2} = \frac{1}{5}, \ y = \frac{3 \times (-4) + 2 \times 2}{3+2} = -\frac{8}{5}$$
따라서 구하는 점 P의 좌표는 $\left(\dfrac{1}{5}, \ -\dfrac{8}{5} \right)$

$$\xrightarrow{\hspace{1cm}} \text{(A의 좌표)} \times 2$$
$$\overline{AB} \quad 3 : 2$$
$$\text{(B의 좌표)} \times 3$$

📋 (1) 0 (2) $\left(\dfrac{1}{5}, \ -\dfrac{8}{5} \right)$

유제

▶ 242015-0208

3. 다음을 구하시오.

(1) 두 점 $A(-6)$, $B(18)$에 대하여 $\overline{AB}$를 $2 : 1$로 내분하는 점 P의 좌표

(2) 두 점 $A(-3, 1)$, $B(7, -4)$에 대하여 $\overline{AB}$를 $3 : 2$로 내분하는 점의 좌표

▶ 242015-0209

4. 두 점 $A(-1, -2)$, $B(a, 7)$에 대하여 $\overline{AB}$를 $5 : 4$로 내분하는 점의 좌표가 $(-6, b)$일 때,
$a+b$의 값을 구하시오.

③ 도형과 내분점

+ Plus Note

(1) 삼각형의 무게중심의 좌표

좌표평면 위의 세 점 $A(x_1, y_1)$, $B(x_2, y_2)$, $C(x_3, y_3)$을 꼭짓점으로 하는 삼각형 ABC의 무게중심 G의 좌표는

$$\left(\frac{x_1+x_2+x_3}{3}, \frac{y_1+y_2+y_3}{3} \right) ❼$$

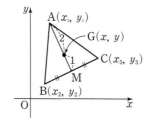

❼ 변 BC의 중점을 M이라 하면
$$M\left(\frac{x_2+x_3}{2}, \frac{y_2+y_3}{2} \right)$$
무게중심 $G(x, y)$는 선분 AM을 $2:1$로 내분하는 점이므로
$$x = \frac{2 \times \frac{x_2+x_3}{2} + x_1}{3}$$
$$= \frac{x_1+x_2+x_3}{3}$$
$$y = \frac{2 \times \frac{y_2+y_3}{2} + y_1}{3}$$
$$= \frac{y_1+y_2+y_3}{3}$$

(2) 평행사변형의 성질과 내분점

평행사변형의 두 대각선은 서로를 이등분한다.
네 점 $A(x_1, y_1)$, $B(x_2, y_2)$, $C(x_3, y_3)$, $D(x_4, y_4)$을 꼭짓점으로 하는 사각형 ABCD가 평행사변형일 때 $\overline{AC}$의 중점과 $\overline{BD}$의 중점은 일치한다.

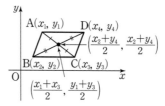

즉, $\dfrac{x_1+x_3}{2} = \dfrac{x_2+x_4}{2}$, $\dfrac{y_1+y_3}{2} = \dfrac{y_2+y_4}{2}$

예제

3. 세 점 $A(3, -1)$, $B(2, 0)$, $C(4, -2)$에 대하여 다음을 구하시오.

(1) 삼각형 ABC의 무게중심 G의 좌표

(2) 점 D의 좌표가 (x, y)이고 사각형 ABCD가 평행사변형일 때, x와 y의 값

《 풀이 》

(1) 무게중심 G의 좌표는 $\left(\dfrac{3+2+4}{3}, \dfrac{-1+0+(-2)}{3} \right)$

　즉, $(3, -1)$

(2) 사각형 ABCD가 평행사변형이므로 $\overline{AC}$의 중점과 $\overline{BD}$의 중점은 일치한다.

→ 사각형 ABCD이므로 꼭짓점이 시계 반대방향 또는 시계 방향으로 돌면서 표시한다.

　즉, $\left(\dfrac{3+4}{2}, \dfrac{-1+(-2)}{2} \right) = \left(\dfrac{2+x}{2}, \dfrac{0+y}{2} \right)$

　따라서 $x = 5$, $y = -3$

가능　　또는　　가능

目 (1) $(3, -1)$　(2) $x = 5$, $y = -3$

유제

▶ 242015-0210

5. 세 점 $A(3, 2)$, $B(4, -1)$, $C(a, 5)$에 대하여 삼각형 ABC의 무게중심 G의 좌표가 $(1, b)$일 때, 실수 a, b의 합 $a+b$의 값을 구하시오.

▶ 242015-0211

6. 네 점 $A(0, 7)$, $B(a, 2)$, $C(3, b)$, $D(6, -1)$에 대하여 사각형 ABCD가 평행사변형일 때, 실수 a, b의 곱 ab의 값을 구하시오.

[두 점 사이의 거리]   ▶ 242015-0212

01 두 점 $A(4, -4)$, $B(8, 8)$로부터 같은 거리에 있는 x축 위의 점 P의 좌표는 (a, b)이다. 이 때, $a+b$의 값은?

① 4   ② 8   ③ 12   ④ 16   ⑤ 20

[두 점 사이의 거리]   ▶ 242015-0213

02 세 점 $A(0, 2)$, $B(5, -3)$, $C(4, 4)$를 꼭짓점으로 하는 삼각형 ABC는 어떤 삼각형인가?

① 정삼각형   ② $\overline{AB}=\overline{BC}$인 이등변삼각형
③ $\overline{AC}=\overline{BC}$인 이등변삼각형   ④ $\overline{AB}=\overline{AC}$인 이등변삼각형
⑤ $\angle A=90°$인 직각삼각형

[선분의 내분점]   ▶ 242015-0214

03 두 점 $A(a, 2)$, $B(-1, -8)$에 대하여 $\overline{AB}$를 $3 : 2$로 내분하는 점 P가 y축 위에 있고 점 P 의 좌표를 (b, c)라 할 때, $ac+b$의 값은?

① -2 ② -4 ③ -6 ④ -8 ⑤ -10

[도형과 내분점]   ▶ 242015-0215

04 삼각형 ABC에서 점 A의 좌표는 $(4, 1)$, $\overline{BC}$의 중점의 좌표는 $(1, -2)$, 삼각형 ABC의 무 게중심의 좌표는 (a, b)이다. 이때, ab의 값은?

① -1 ② -2 ③ -3 ④ -4 ⑤ -5

[도형과 내분점]   ▶ 242015-0216

05 네 점 $O(0, 0)$, $A(4, 3)$, $B(8, a)$, $C(4, b)$를 꼭짓점으로 하는 사각형 OABC가 마름모일 때, 실수 a, b의 합 $a+b$의 값은?

① -1 ② -2 ③ -3 ④ -4 ⑤ -5

1 일차방정식 $ax+by+c=0$과 직선

좌표평면에서 직선의 방정식은 항상 x, y에 관한 일차방정식 $ax+by+c=0$ ($a\neq0$ 또는 $b\neq0$)의 꼴로 나타낼 수 있고 거꾸로 x, y에 관한 일차방정식 $ax+by+c=0$ ($a\neq0$ 또는 $b\neq0$)이 나타내는 도형은 직선이다.

(1) $a\neq0$, $b\neq0$일 때,

   $y=-\dfrac{a}{b}x-\dfrac{c}{b}$이므로 기울기가 $-\dfrac{a}{b}$, y절편이 $-\dfrac{c}{b}$인 직선을 나타낸다.

(2) $a=0$, $b\neq0$일 때,

   $y=-\dfrac{c}{b}$이므로 y축에 수직인 직선을 나타낸다. ❶

(3) $a\neq0$, $b=0$일 때,

   $x=-\dfrac{c}{a}$이므로 x축에 수직인 직선을 나타낸다. ❷

+ Plus Note

❶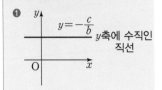
$y=-\dfrac{c}{b}$ y축에 수직인 직선

❷
$x=-\dfrac{c}{a}$
x축에 수직인 직선

예제

1. $ab=0$, $bc>0$일 때, 직선 $ax+by+c=0$은 제k사분면을 지난다. 이때, k의 값으로 가능한 모든 값의 합을 구하시오.

(풀이)

$bc>0$에서 $b\neq0$이고 $ab=0$이어야 하므로 $a=0$

따라서 직선 $ax+by+c=0$은 $by+c=0$이고 $y=-\dfrac{c}{b}$

이때 $-\dfrac{c}{b}<0$이므로 직선 $y=-\dfrac{c}{b}$는 그림과 같이 y축에 수직이고

제3사분면과 제4사분면을 지난다.

따라서 가능한 k의 값은 3 또는 4이고 구하는 합은

$3+4=7$

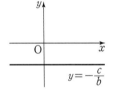

답 7

유제

▶ 242015-0217

1. $ab=0$, $ac>0$일 때, 직선 $ax+by+c=0$은 제k사분면을 지난다. 이때, k의 값으로 가능한 모든 값의 합을 구하시오.

▶ 242015-0218

2. $ab>0$, $bc<0$일 때, 직선 $ax+by+c=0$의 개형은?

① 　② 　③ 　④ 　⑤

② 두 직선의 평행과 수직

(1) 두 직선 $y=mx+n$, $y=m'x+n'$이

평행하다 : $m=m'$, $n \neq n'$

수직이다 : $mm'=-1$

(2) 두 직선 $ax+by+c=0$, $a'x+b'y+c'=0$ (단, $abc \neq 0$, $a'b'c' \neq 0$)이

평행하다 : $\dfrac{a}{a'} = \dfrac{b}{b'} \neq \dfrac{c}{c'}$ ❸

수직이다 : $aa'+bb'=0$ ❹

+ Plus Note

❸ 평행하려면 기울기가 같으므로

$\dfrac{a}{a'} = \dfrac{b}{b'}$ ...... ㉠

평행하려면 y절편이 달라야 하므로

$\dfrac{b}{b'} \neq \dfrac{c}{c'}$ ...... ㉡

이때 ㉠, ㉡을 함께 쓰면

$\dfrac{a}{a'} = \dfrac{b}{b'} \neq \dfrac{c}{c'}$

❹ 기울기의 곱이 -1이므로

$-\dfrac{a}{b} \times \left(-\dfrac{a'}{b'}\right)=-1$

이것을 정리하면 $aa'+bb'=0$

예제

2. 두 직선 $(k+1)x+y-2=0$, $kx-2y+1=0$이 평행하도록 하는 상수 k의 값을 α, 수직이 되도록 하는 상수 k의 값을 β라 할 때, $\alpha\beta$의 값을 구하시오. (단, $\beta>0$)

《 풀이 》

$(k+1)x+y-2=0$을 정리하면 $y=-(k+1)x+2$

$kx-2y+1=0$을 정리하면 $y=\dfrac{k}{2}x+\dfrac{1}{2}$

두 직선이 평행하려면 $-(k+1)=\dfrac{k}{2}$, $2 \neq \dfrac{1}{2}$에서 $k=-\dfrac{2}{3}$이므로

$\alpha=-\dfrac{2}{3}$ $\longrightarrow$ $\dfrac{k+1}{k}=\dfrac{1}{-2} \neq \dfrac{-2}{1}$에서 $-2k-2=k$, $k=-\dfrac{2}{3}$이므로 $\alpha=-\dfrac{2}{3}$

두 직선이 수직이려면 $-(k+1) \times \dfrac{k}{2}=-1$, $k^2+k-2=0$, $(k+2)(k-1)=0$

$k=-2$ 또는 $k=1$이므로 │다른 풀이│

$\beta=1$ (왜냐하면 $\beta>0$) 두 직선이 수직이려면 $(k+1)k+1 \times (-2)=0$

$k^2+k-2=0$, $(k+2)(k-1)=0$

따라서 $\alpha\beta=-\dfrac{2}{3} \times 1=-\dfrac{2}{3}$ $k=-2$ 또는 $k=1$이므로 $\beta=1$ (왜냐하면 $\beta>0$)

답 $-\dfrac{2}{3}$

유제

▶ 242015-0219

3. 다음 직선의 방정식을 구하시오.

(1) 직선 $y=2x-1$에 평행하고 점 $(1, 3)$을 지나는 직선

(2) 직선 $2x+3y-1=0$에 수직이고 점 $(2, 0)$을 지나는 직선

▶ 242015-0220

4. 두 점 $(2, 5)$, $(4, -1)$을 지나는 직선에 평행하고 x절편이 1인 직선의 방정식이 $ax-y+b=0$일 때, 두 상수 a, b의 곱 ab의 값을 구하시오.

❸ 점과 직선 사이의 거리 ⑤

(1) 점 $A(x_1, y_1)$과 직선 $l : ax+by+c=0$ 사이의 거리 d 는

$$d = \frac{|ax_1+by_1+c|}{\sqrt{a^2+b^2}}$$

특히, 원점과 직선 $ax+by+c=0$ 사이의 거리는

$$\frac{|c|}{\sqrt{a^2+b^2}}$$

(2) 평행한 두 직선 l, l' 사이의 거리는 직선 l 위에 임의의 점과 직선 l' 사이의 거리로 정한다. ⑥

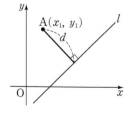

+ Plus Note

⑤ 점에서 직선에 내린 수선의 발 사이의 거리를 점과 직선 사이의 거리로 정한다.

⑥

평행한 두 직선 사이의 거리

예제

5. 다음을 구하시오.

(1) 점 $(2, -1)$과 직선 $3x-y+3=0$ 사이의 거리

(2) 원점과 직선 $y=2x+5$ 사이의 거리

《 풀이 》

(1) 점 $(2, -1)$과 직선 $3x-y+3=0$ 사이의 거리를 d라 하면

$$d = \frac{|3\times2-1\times(-1)+3|}{\sqrt{3^2+(-1)^2}} = \frac{10}{\sqrt{10}} = \sqrt{10}$$

(2) $y=2x+5$를 정리하면 $2x-y+5=0$이고

원점과 직선 $2x-y+5=0$ 사이의 거리를 d라 하면

$$d = \frac{|2\times0+(-1)\times0+5|}{\sqrt{2^2+(-1)^2}} = \frac{5}{\sqrt{5}} = \sqrt{5}$$

→ 점과 직선 사이의 거리를 구하려면 $y=mx+n$ 꼴의 직선의 방정식을 $ax+bx+c=0$ 꼴의 직선의 방정식으로 변형한다.

冒 (1) $\sqrt{10}$ (2) $\sqrt{5}$

유제

▶ 242015-0221

5. 다음을 구하시오.

(1) 점 $(4, 2)$와 직선 $y=3x$ 사이의 거리

(2) 원점과 직선 $3x-4y+10=0$ 사이의 거리

▶ 242015-0222

6. 평행한 두 직선 $3x-4y+5=0$, $3x-4y=0$ 사이의 거리를 구하시오.

정답과 풀이 42쪽

01 [일차방정식 $ax+by+c=0$과 직선]

▶ 242015-0223

직선 $ax+by+c=0$이 오른쪽 그림과 같을 때, 직선 $cx+by-a=0$은 제k사분면을 지난다. 이때 모든 k의 값들의 합은?

(단, a, b, c는 상수이다.)

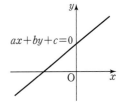

① 2 　　② 4 　　③ 6
④ 8 　　⑤ 10

02 [두 직선의 평행과 수직]

▶ 242015-0224

세 직선 $y=2x+1$, $y=-x-2$, $y=mx$ 중 어느 두 직선이 만나는 서로 다른 점의 개수의 총합이 2가 되도록 하는 모든 m의 값의 합은?

① 1 　　② 2 　　③ 3 　　④ 4 　　⑤ 5

03 [두 직선의 평행과 수직]

▶ 242015-0225

두 점 $A(1, 6)$, $B(5, -6)$에 대하여 선분 AB의 수직이등분선은 점 $(a, 1)$을 지난다. 이때 a의 값은?

① 2 　　② 4 　　③ 6 　　④ 8 　　⑤ 10

04 [점과 직선 사이의 거리]

▶ 242015-0226

점 $(1, -2)$와 직선 $6x-8y+k=0$ 사이의 거리가 3일 때, 양수 k의 값은?

① 2 　　② 4 　　③ 6 　　④ 8 　　⑤ 10

05 [점과 직선 사이의 거리]

▶ 242015-0227

다음 두 조건이 성립하는 직선 l'의 y절편은?

> (개) 직선 $l : 2x+y-3=0$과 직선 l'은 서로 평행하다.
> (내) 직선 l'은 점 $(1, 2)$를 지난다.

① 1 　　② 2 　　③ 3 　　④ 4 　　⑤ 5

14 원의 방정식

1 원의 방정식

중심이 점 (a, b)이고 반지름의 길이가 r인 원의 방정식은
$$(x-a)^2+(y-b)^2=r^2$$ ❶
특히, 중심이 원점이고 반지름의 길이가 r인 원의 방정식은
$$x^2+y^2=r^2$$

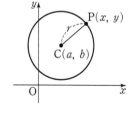

+ Plus Note

❶ 원의 중심을 C(a, b), 원 위의 임의의 점을 P(x, y)라 하면 반지름의 길이가 r이므로
$$\overline{CP}=r$$
$$\sqrt{(x-a)^2+(y-b)^2}=r$$
이것을 제곱하면
$$(x-a)^2+(y-b)^2=r^2$$

예제

1. 다음 원의 방정식을 구하시오.

(1) 중심이 $(2, -1)$이고 반지름의 길이가 3인 원

(2) 중심이 원점이고 점 $(1, 3)$을 지나는 원

《 풀이 》

(1) 중심이 $(2, -1)$이고 반지름의 길이가 3이므로
$$(x-2)^2+(y+1)^2=3^2$$

→ 반지름의 길이가 3이므로 우변에 3^2 또는 9가 오도록 하면 된다. 3이라고 적지 않도록 주의한다.

(2) 원점 $(0, 0)$과 점 $(1, 3)$ 사이의 거리는
$$\sqrt{1^2+3^2}=\sqrt{10}$$
따라서 구하는 원은 중심이 원점이고 반지름의 길이가 $\sqrt{10}$이므로
$$x^2+y^2=10$$

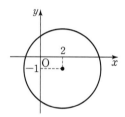

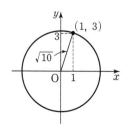

답 (1) $(x-2)^2+(y+1)^2=3^2$ (2) $x^2+y^2=10$

유제

▶ 242015-0228

1. 다음 원의 방정식을 구하시오.

(1) 중심이 $(-2, 1)$이고 반지름의 길이가 2인 원

(2) 중심이 원점이고 점 $(-2, 2)$를 지나는 원

▶ 242015-0229

2. 두 점 A$(4, 2)$, B$(-2, 0)$을 지름의 양 끝점으로 하는 원의 방정식을 구하시오.

❷ 이차방정식 $x^2+y^2+Ax+By+C=0$과 원

(1) 원의 방정식은 x, y에 대한 이차방정식

$$\underline{x^2+y^2+Ax+By+C=0}_{❷}$$

의 꼴로 나타낼 수 있다.

(2) x, y에 대한 이차방정식$_{❸}$

$$x^2+y^2+Ax+By+C=0 \ (A^2+B^2-4C>0)$$은

$$\left(x+\frac{A}{2}\right)^2+\left(x+\frac{B}{2}\right)^2=\frac{A^2+B^2-4C}{4}$$

로 정리할 수 있으므로 원을 나타낸다.

+ Plus Note

❷ 원의 방정식

$(x-a)^2+(y-b)^2=r^2$

의 좌변을 전개하여 정리하면

$x^2+y^2-2ax-2by+a^2+b^2-r^2=0$

이다.

❸ 원의 방정식은 x^2과 y^2의 계수가 같고 xy항이 없는 x, y에 대한 이차방정식이다.

예제

2. 두 원 $x^2+y^2-4y=0$, $x^2+y^2+2x-6y+1=0$의 반지름의 길이의 합을 구하시오.

〈 풀이 〉

$x^2+y^2-4y=0$에서

$\underline{x^2+y^2-4y+4=4}$

$x^2+(y-2)^2=2^2$ → x 또는 y에 관한 완전제곱식이 되도록 양변에 같은 수를 더하여 식을 변형한다.

즉, 중심이 $(0, 2)$, 반지름의 길이가 2인 원을 나타낸다.

$x^2+y^2+2x-6y+1=0$에서

$(x^2+2x)+(y^2-6y)=-1$

$\underline{(x^2+2x+1)+(y^2-6y+9)=-1+1+9}$

$(x+1)^2+(y-3)^2=3^2$에서

즉, 중심이 $(-1, 3)$, 반지름의 길이가 3인 원을 나타낸다.

따라서 구하는 반지름의 길이의 합은

$2+3=5$

답 5

유제

▶ 242015-0230

3. 원 $x^2+y^2-8x+10y+a=0$의 중심의 좌표가 (p, q)이고 반지름의 길이가 5일 때, 세 상수 a, p, q에 대하여 $a+p+q$의 값을 구하시오.

▶ 242015-0231

4. 방정식 $x^2+y^2-4x+8y+k=0$이 원을 나타내도록 하는 자연수 k의 최댓값을 구하시오.

❸ 축에 접하는 원의 방정식

(1) **x축에 접하는 원의 방정식** ④
$$(x-a)^2+(y\pm r)^2=r^2 \ (r>0)$$

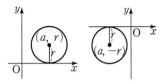

(2) **y축에 접하는 원의 방정식** ⑤
$$(x\pm r)^2+(y-b)^2=r^2 \ (r>0)$$

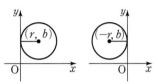

(3) **x축, y축에 동시에 접하는 원의 방정식** ⑥
$$(x\pm r)^2+(y\pm r)^2=r^2 \ (r>0)$$

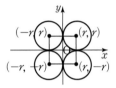

➕ Plus Note

④ x축 위쪽에서 접하는 것과 아래쪽에서 접하는 것 두 가지 경우가 있다.

⑤ y축 오른쪽에서 접하는 경우와 왼쪽에서 접하는 두 가지 경우가 있다.

⑥ 원의 중심이 제1사분면, 제2사분면, 제3사분면, 제4사분면에 있는 4가지 경우가 있다.

예제

3. 다음 원의 방정식을 구하시오.

(1) 중심이 $(1, 2)$이고 x축에 접하는 원

(2) 중심이 $(-1, 2)$이고 y축에 접하는 원

《 풀이 》

(1) 중심이 $(1, 2)$이고 x축에 접하므로 반지름의 길이가 2이다.

따라서 $(x-1)^2+(y-2)^2=2^2$
↳ x축에 접하므로 중심의 y좌표의 절댓값이 반지름의 길이가 된다.

(2) 중심이 $(-1, 2)$이고 y축에 접하므로 반지름의 길이가 1이다.

따라서 $(x+1)^2+(y-2)^2=1$
↳ y축에 접하므로 중심의 x좌표의 절댓값이 반지름의 길이가 된다.

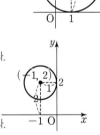

답 (1) $(x-1)^2+(y-2)^2=2^2$　(2) $(x+1)^2+(y-2)^2=1$

유제

▶ 242015-0232

5. 다음 원의 방정식을 구하시오.

(1) 중심이 $(1, -2)$이고 x축에 접하는 원

(2) 중심이 $(-2, -1)$이고 y축에 접하는 원

▶ 242015-0233

6. 원의 중심이 제2사분면에 있고 x축과 y축에 동시에 접하며 반지름의 길이가 3인 원의 방정식을 구하시오.

④ 원과 직선의 위치관계

(1) 원의 중심과 직선 사이의 거리를 d, 원의 반지름의 길이를 r이라고 하면 원과 직선의 위치 관계는
  ① $d<r$이면 서로 다른 두 점에서 만난다.
  ② $d=r$이면 한 점에서 만난다.(접한다.)
  ③ $d>r$이면 만나지 않는다.
 (판별식을 이용하는 경우)

(2) 원의 방정식과 직선의 방정식을 연립하여 얻은 이차방정식의 판별식을 D라 할 때
  ① $D>0$이면 서로 다른 두 점에서 만난다.
  ② $D=0$이면 한 점에서 만난다.(접한다.)
  ③ $D<0$이면 만나지 않는다.

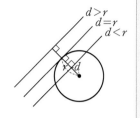

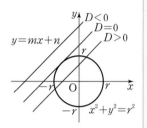

+ Plus Note

❼ 원의 중심이 $(x_1,\ y_1)$, 직선의 방정식이 $ax+by+c=0$이면
$$d=\frac{|ax_1+by_1+c|}{\sqrt{a^2+b^2}}$$

❽ 원 $x^2+y^2=r^2$과 직선 $y=mx+n$을 연립하면
$x^2+(mx+n)^2=r^2$
$(m^2+1)x^2+2mnx+n^2-r^2=0$

예제

4. 원 $x^2+y^2=4$와 직선 $y=x+a$가 서로 다른 두 점에서 만날 때, 실수 a의 값의 범위를 구하시오.

《 풀이 》

직선 $y=x+a$에서 $x-y+a=0$과 원 $x^2+y^2=4$의 중심 $(0,\ 0)$ 사이의 거리를 d라 할 때
$$d=\frac{|1\times 0-1\times 0+a|}{\sqrt{1^2+(-1)^2}}=\frac{|a|}{\sqrt{2}} \longrightarrow$$ 점과 직선 사이의 거리공식을 사용해야 하므로 직선의 식을 $ax+by+c=0$ 꼴로 변형한다.

원과 직선이 서로 다른 두 점에서 만나야 하므로 $d<2$

$\dfrac{|a|}{\sqrt{2}}<2$, $|a|<2\sqrt{2}$

따라서 $-2\sqrt{2}<a<2\sqrt{2}$

《 다른 풀이 》

원 $x^2+y^2=4$와 직선 $y=x+a$을 연립하면 $x^2+(x+a)^2=4$, $2x^2+2ax+a^2-4=0$

이 이차방정식의 판별식을 D라 하면 원과 직선이 서로 다른 두 점에서 만나야 하므로

$D=(2a)^2-4\times 2\times(a^2-4)=-4a^2+32>0$

$a^2<8$

따라서 $-2\sqrt{2}<a<2\sqrt{2}$

답 $-2\sqrt{2}<a<2\sqrt{2}$

유제

▶ 242015-0234

7. 원 $x^2+y^2=9$와 직선 $y=2x+a$가 서로 다른 두 점에서 만날 때, 실수 a의 값의 범위를 구하시오.

▶ 242015-0235

8. 원 $(x-1)^2+(y+2)^2=r^2$과 직선 $3x+4y-25=0$이 만나지 않도록 하는 자연수 r의 최댓값을 구하시오.

5 원의 접선의 방정식

(1) 원 $x^2+y^2=r^2$ $(r>0)$에 접하고 기울기가 m인 접선의 방정식은
$$y=mx\pm r\sqrt{m^2+1}$$ ⑨

(2) 원 $x^2+y^2=r^2$ 위의 점 $\mathrm{P}(x_1,\ y_1)$에서 이 원에 접하는 접선의 방정식은
$$x_1x+y_1y=r^2$$

[참고] $x_1\neq0,\ y_1\neq0$일 때, 원점 O에 대하여 직선

OP의 기울기가 $\dfrac{y_1}{x_1}$이므로 구하는 접선의 기울기는

$-\dfrac{x_1}{y_1}$

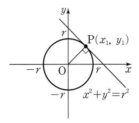

따라서 구하는 접선의 방정식은

$y-y_1=-\dfrac{x_1}{y_1}(x-x_1)$에서 $x_1x+y_1y=x_1{}^2+y_1{}^2$ ...... ㉠

한편, 점 $\mathrm{P}(x_1,\ y_1)$은 원 $x^2+y^2=r^2$ 위의 점이므로 $x_1{}^2+y_1{}^2=r^2$ ...... ㉡

따라서 ㉠, ㉡에서 구하는 접선의 방정식은 $x_1x+y_1y=r^2$

+ Plus Note

⑨ 접선의 식을 $y=mx+n$이라 하면 원의 중심 $(0,\ 0)$과 직선 $mx-y+n=0$ 사이의 거리가 반지름의 길이 r과 같으므로
$$r=\frac{|m\times0+(-1)\times0+n|}{\sqrt{m^2+(-1)^2}}$$
$$|n|=r\sqrt{m^2+1}$$
$$n=\pm r\sqrt{m^2+1}$$
따라서
$$y=mx\pm r\sqrt{m^2+1}$$

예제

5. 원 $x^2+y^2=4$에 대하여 다음 접선의 방정식을 구하시오.

(1) 기울기가 3이고 원에 접하는 접선의 방정식

(2) 원 위의 점 $(1,\ -\sqrt{3})$에서 원에 접하는 접선의 방정식

《 풀이 》

> 원에 접하는 접선의 기울기가 주어진 경우 원 위쪽과 아래쪽에 하나씩 두 가지 경우가 있다.

(1) 원 $x^2+y^2=r^2$ $(r>0)$에 접하고 기울기가 m인 접선의 방정식은
$y=mx\pm r\sqrt{m^2+1}$이고 기울기가 3, 반지름의 길이가 2이므로
$$y=3x\pm2\sqrt{3^2+1}$$
$$y=3x\pm2\sqrt{10}$$

(2) 원 $x^2+y^2=r^2$ 위의 점 $(x_1,\ y_1)$에서 이 원에 접하는 접선의 방정식은
$x_1x+y_1y=r^2$이므로
$$x-\sqrt{3}y=4$$

달 (1) $y=3x\pm2\sqrt{10}$　(2) $x-\sqrt{3}y=4$

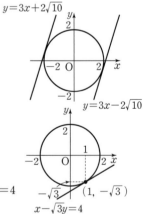

유제

▶ 242015-0236

9. 원 $x^2+y^2=9$에 대하여 다음 접선의 방정식을 구하시오.

(1) 기울기가 -1이고 원에 접하는 접선의 방정식

(2) 원 위의 점 $(2,\ -\sqrt{5})$에서 원에 접하는 접선의 방정식

▶ 242015-0237

10. 원 $x^2+y^2=10$ 위의 점 $(a,\ b)$에서의 접선의 기울기가 $-\dfrac{1}{3}$일 때, ab의 값을 구하시오.

[원의 방정식]   ▶ 242015-0238

01 두 점 A$(-3, 0)$, B$(0, 6)$에 대하여 $\overline{AB}$를 $2 : 1$로 내분하는 점을 P라 할 때, 점 P를 중심으로 하고 $\overline{PA}$를 반지름으로 하는 원의 방정식은?

① $(x-1)^2+(y+4)^2=10$ ② $(x+1)^2+(y-4)^2=10$

③ $(x-1)^2+(y-4)^2=20$ ④ $(x-1)^2+(y+4)^2=20$

⑤ $(x+1)^2+(y-4)^2=20$

[이차방정식 $x^2+y^2+Ax+By+C=0$과 원]   ▶ 242015-0239

02 원 $x^2+y^2+4ax+(2a-4)y-10=0$의 중심을 직선 $y=-2x+4$가 지날 때, 상수 a의 값은?

① $-\dfrac{1}{5}$ ② $-\dfrac{2}{5}$ ③ $-\dfrac{3}{5}$ ④ $-\dfrac{4}{5}$ ⑤ -1

[축에 접하는 원의 방정식]   ▶ 242015-0240

03 점 $(1, -2)$를 지나고 x축과 y축에 동시에 접하는 두 원의 반지름의 길이의 합은?

① 2 ② 4 ③ 6 ④ 8 ⑤ 10

[원과 직선의 위치관계]   ▶ 242015-0241

04 원 $x^2+y^2-6x+8y+10=0$과 직선 $3x-4y-10=0$이 만나서 생기는 현의 길이는?

① $\sqrt{5}$ ② $\sqrt{6}$ ③ 4 ④ $2\sqrt{5}$ ⑤ $2\sqrt{6}$

[원의 접선의 방정식]   ▶ 242015-0242

05 원 $x^2+y^2-6x-2y=0$과 직선 $3x-y+k=0$이 접할 때, 양수 k의 값은?

① 1 ② 2 ③ 3 ④ 4 ⑤ 5

15 도형의 이동

◢ 점의 평행이동

점 $P(x, y)$를 x축의 방향으로 a만큼, y축의 방향으로 b만큼 평행이동한 점 P'의 좌표는
$$\underline{(x+a, y+b)}$$ ❶❷

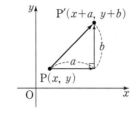

+ Plus Note

❶ 도형을 일정한 방향으로 일정한 거리만큼 이동하는 것을 평행이동이라 한다.

❷ x축의 방향으로 a만큼 평행이동할 때,
$a>0$이면 양의 방향으로,
$a<0$이면 음의 방향으로
$|a|$만큼 평행이동함을 뜻한다

예제

1. 다음을 구하시오.

(1) 점 $P(1, -2)$를 x축의 방향으로 2만큼, y축의 방향으로 -1만큼 평행이동한 점 P'의 좌표

(2) 평행이동 $(x, y) \rightarrow (x+2, y-3)$에 의하여 점 (a, b)가 점 $(1, 2)$로 옮겨졌을 때, $a+b$의 값

《 풀이 》

(1) 점 $P(1, -2)$를 x축의 방향으로 2만큼, y축의 방향으로 -1만큼 평행이동한 점 P'의 좌표는
$$(1+2, -2+(-1))$$
따라서 $(3, -3)$

(2) 평행이동 $(x, y) \rightarrow (x+2, y-3)$은 x축의 방향으로 2만큼, y축의 방향으로 -3만큼 평행이동하는 것이므로 점 (a, b)를 위 평행이동으로 평행이동하면
$$(a+2, b+(-3)), 즉 (a+2, b-3)$$
이 점의 좌표가 $(1, 2)$이므로 $a+2=1$, $b-3=2$
따라서 $a=-1$, $b=5$이므로 $a+b=4$

답 (1) $(3, -3)$ (2) 4

유제

▶ 242015-0243

1. 다음을 구하시오.

(1) 점 $(3, -2)$를 x축의 방향으로 -1만큼, y축의 방향으로 2만큼 평행이동한 점의 좌표

(2) 평행이동 $(x, y) \rightarrow (x+a, y+b)$에 의하여 점 $(1, 2)$가 점 $(3, -2)$로 옮겨졌을 때, 상수 a, b의 합 $a+b$의 값

▶ 242015-0244

2. 점 $(-1, 3)$을 점 $(-2, 2)$로 옮기는 평행이동에 의하여 원점으로 옮겨지는 점의 좌표를 구하시오.

2 도형의 평행이동

방정식 $f(x, y)=0$이 나타내는 도형을 x축의 방향으로 a만큼, y축의 방향으로 b만큼
평행이동한 도형의 방정식은
$$f(x-a, y-b)=0$$

+ Plus Note

❸ 직선 $y=-2x+1$과 원
$(x-2)^2+y^2=1$을 각각
$2x+y-1=0$,
$x^2+y^2-4x+3=0$
으로 나타낼 수 있는 것처럼 방정식
$f(x, y)=0$
은 좌표평면 위의 도형을 나타낸다.

예제

2. 다음 방정식이 나타내는 도형을 x축의 방향으로 1만큼, y축의 방향으로 -1만큼 평행이동한 도형의
방정식을 구하시오.

(1) $2x+y-2=0$ (2) $x^2+y^2=1$

《 풀이 》

(1) $2x+y-2=0$에 x 대신 $x-1$을, y 대신 $y+1$을 대입하면
$$2(x-1)+(y+1)-2=0$$
$$2x+y-3=0$$

(2) $x^2+y^2=1$에 x 대신 $x-1$을, y 대신 $y+1$을 대입하면
$$(x-1)^2+(y+1)^2=1$$

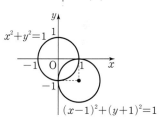

달 (1) $2x+y-3=0$ (2) $(x-1)^2+(y+1)^2=1$

유제

▶ 242015-0245

3. 다음 방정식이 나타내는 도형을 x축의 방향으로 -2만큼, y축의 방향으로 1만큼 평행이동한 도형
의 방정식을 구하시오.

(1) $2x-y-1=0$ (2) $(x-1)^2+(y+1)^2=4$

▶ 242015-0246

4. 도형 $f(x, y)=0$을 도형 $f(x+2, y-1)=0$으로 옮기는 평행이동에 의하여 직선 $3x+2y=0$이
옮겨지는 직선의 방정식을 구하시오.

3 점의 대칭이동 ④

점 $P(a, b)$를 x축, y축, 원점에 대하여 대칭이동한 점을
각각 P_1, P_2, P_3라 하면
(1) $P_1(a, -b)$
(2) $P_2(-a, b)$
(3) $P_3(-a, -b)$

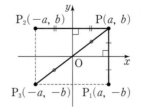

Plus Note

④ 도형을 주어진 점 또는 직선에
대하여 대칭인 도형으로 옮기는 것
을 대칭이동이라 한다.

예제

3. 다음 점을 x축, y축, 원점에 대하여 대칭이동한 점의 좌표를 각각 구하시오.

(1) $(2, 3)$ (2) $(-1, 2)$

《 풀이 》

(1) 점 $(2, 3)$을 x축에 대하여 대칭이동한 점의 좌표는 $(2, -3)$

　점 $(2, 3)$을 y축에 대하여 대칭이동한 점의 좌표는 $(-2, 3)$

　점 $(2, 3)$을 원점에 대하여 대칭이동한 점의 좌표는 $(-2, -3)$

(2) 점 $(-1, 2)$를 x축에 대하여 대칭이동한 점의 좌표는 $(-1, -2)$

　점 $(-1, 2)$를 y축에 대하여 대칭이동한 점의 좌표는 $(1, 2)$

　점 $(-1, 2)$를 원점에 대하여 대칭이동한 점의 좌표는 $(1, -2)$

> x축에 대한 대칭이동은 y좌표의 부호를 반대로,
> y축에 대한 대칭이동은 x좌표의 부호를 반대로,
> 원점에 대한 대칭이동은 x좌표와 y좌표의 부호를
> 반대로 한다.

🔖 풀이 참조

유제

▶ 242015-0247

5. 다음 점을 x축, y축, 원점에 대하여 대칭이동한 점의 좌표를 각각 구하시오.

(1) $(2, -2)$ (2) $(-3, -1)$

▶ 242015-0248

6. 점 $(2, -1)$을 x축에 대하여 대칭이동한 점을 A, y축에 대하여 대칭이동한 점을 B라 할 때, 직선
AB의 방정식을 구하시오.

❹ 도형의 대칭이동

좌표평면 위의 방정식 $f(x, y)=0$이 나타내는 도형을 대칭이동한 도형의 방정식은 다음과 같다.

(1) x축에 대하여 대칭이동한 도형의 방정식

$$f(x, -y)=0$$

(2) y축에 대하여 대칭이동한 도형의 방정식

$$f(-x, y)=0$$

(3) 원점에 대하여 대칭이동한 도형의 방정식

$$f(-x, -y)=0$$

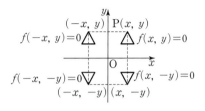

+ Plus Note

❺ 대칭이동
(1) 선에 대한 대칭이동
  예 x축에 대한 대칭이동, y축에 대한 대칭이동
(2) 점에 대한 대칭이동
  예 원점에 대한 대칭이동

예제

4. 직선 $x+2y+2=0$을 다음 직선에 대하여 대칭이동한 도형의 방정식을 구하시오.

(1) x축   (2) y축

《 풀이 》

(1) x축에 대하여 대칭이동한 도형의 방정식은 $x+2y+2=0$에서 y 대신 $-y$를 대입하면 되므로

$$x-2y+2=0$$

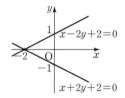

(2) y축에 대하여 대칭이동한 도형의 방정식은 $x+2y+2=0$에서 x 대신 $-x$를 대입하면 되므로

$$-x+2y+2=0, \text{ 즉 } x-2y-2=0$$

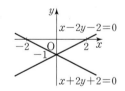

답 (1) $x-2y+2=0$ (2) $x-2y-2=0$

유제

▶ 242015-0249

7. 원 $x^2+(y-1)^2=4$를 다음 직선 또는 점에 대하여 대칭이동한 도형의 방정식을 구하시오.

(1) x축   (2) y축   (3) 원점

▶ 242015-0250

8. 직선 $l : ax-y+2=0$을 y축에 대하여 대칭이동한 직선을 l'이라 할 때, 두 직선 l과 l'이 서로 수직이 되도록 하는 상수 a에 대하여 a^2의 값을 구하시오.

5 직선 $y=x$에 대한 대칭이동[6]

(1) 직선 $y=x$에 대한 점의 대칭이동

좌표평면 위의 점 $P(x, y)$를 직선 $y=x$에 대하여 대칭이동한 점 P'의 좌표는

(y, x)

(2) 직선 $y=x$에 대한 도형의 대칭이동

좌표평면 위의 방정식 $f(x, y)=0$이 나타내는 도형을 직선 $y=x$에 대하여 대칭이동한 도형의 방정식은

$f(y, x)=0$

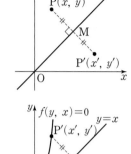

> **➕ Plus Note**
>
> [6] 점 P와 직선 $y=x$에 대하여 대칭이동된 점 P'에 대하여 선분 PP'의 중점이 직선 $y=x$ 위에 있고, 직선 PP'의 기울기가 -1임을 이용한다.

예제

5. 다음을 구하시오. .

(1) 점 $P(2, -3)$을 직선 $y=x$에 대하여 대칭이동시킨 점 P'의 좌표

(2) 직선 $2x+y-2=0$을 직선 $y=x$에 대하여 대칭이동시킨 직선의 방정식

《 풀이 》

(1) 점 $P(2, -3)$을 직선 $y=x$에 대하여 대칭이동시킨 점 P'의 좌표는

$(-3, 2)$

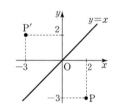

(2) 직선 $y=x$에 대하여 대칭이동시킨 직선의 방정식은 $2x+y-2=0$에서 x 대신 y를, y 대신 x를 대입하면 되므로

$2y+x-2=0$, 즉 $x+2y-2=0$

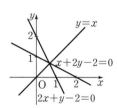

📋 (1) $(-3, 2)$ (2) $x+2y-2=0$

유제

▶ 242015-0251

9. 다음 도형을 직선 $y=x$에 대하여 대칭이동시킨 도형의 방정식을 구하시오.

(1) 직선 $y=2x-2$ (2) 원 $(x-1)^2+y^2=1$

▶ 242015-0252

10. 직선 $x+2y+3=0$을 x축에 대하여 대칭이동한 직선을 l_1이라 하자. 직선 l_1을 직선 $y=x$에 대하여 대칭이동한 직선 l_2의 방정식을 구하시오.

01 [점의 평행이동] ▶ 242015-0253

평행이동 $(x, y) \rightarrow (x+2, y-1)$에 의하여 점 $(3, -2)$가 직선 $y=mx+2$ 위의 점으로 옮겨질 때, 상수 m의 값은?

① -1 ② -2 ③ -3 ④ -4 ⑤ -5

02 [도형의 평행이동] ▶ 242015-0254

직선 $y=-2x+3$을 x축의 방향으로 a만큼, y축의 방향으로 b만큼 평행이동한 직선의 방정식이 다시 $y=-2x+3$일 때, $\dfrac{b}{a}$의 값은? (단, $ab \neq 0$)

① -1 ② -2 ③ -3 ④ -4 ⑤ -5

03 [점의 대칭이동] ▶ 242015-0255

점 (a, b)를 y축에 대하여 대칭이동하고 그 점을 원점에 대하여 대칭이동하고 또 그 점을 직선 $y=x$에 대하여 대칭이동한 점의 좌표가 $(4, -3)$일 때, ab의 값은?

① 4 ② 8 ③ 12 ④ 16 ⑤ 20

04 [도형의 대칭이동] ▶ 242015-0256

원 $(x+1)^2+(y-2)^2=1$을 원점에 대하여 대칭이동한 후 x축에 대하여 대칭이동한 원의 중심이 직선 $y=mx+2m-1$ 위에 있을 때 상수 m의 값은?

① 1 ② 2 ③ 3 ④ 4 ⑤ 5

05 [직선 $y=x$에 대한 대칭이동] ▶ 242015-0257

직선 $x-2y+a=0$을 직선 $y=x$에 대하여 대칭이동한 직선이 원 $(x-1)^2+y^2=5$와 만나지 않도록 하는 자연수 a의 최솟값은?

① 2 ② 4 ③ 6 ④ 8 ⑤ 10

01
▶ 242015-0258

두 점 $A(2a, b)$, $B(2b, a)$에 대하여 $\overline{AB}=2\sqrt{10}$일 때, $|a-b|$의 값은?

① $\sqrt{2}$　　　② $\sqrt{5}$　　　③ $2\sqrt{2}$
④ $2\sqrt{5}$　　　⑤ 5

02
▶ 242015-0259

세 점 $O(0, 0)$, $A(-4, 4)$, $B(2, 2)$를 꼭짓점으로 하는 삼각형 OAB의 외심의 좌표가 (a, b)일 때, ab의 값은?

① -1　　　② -2　　　③ -3
④ -4　　　⑤ -5

03
▶ 242015-0260

두 점 $A(3, -1)$, $B(-3, 5)$에 대하여 $\overline{AB}$를 $2 : 1$로 내분하는 점이 직선 $y=-x+k$ 위에 있을 때, 상수 k의 값은?

① 1　　　② 2　　　③ 3
④ 4　　　⑤ 5

04
▶ 242015-0261

세 점 $A(1, 2)$, $B(x_1, y_1)$, $C(x_2, y_2)$를 꼭짓점으로 하는 삼각형 ABC의 무게중심의 좌표가 $(3, 2)$일 때, $x_1+x_2+y_1+y_2$의 값은?

① 4　　　② 8　　　③ 12
④ 16　　　⑤ 20

05
▶ 242015-0262

평행한 두 직선 $x+(m-1)y+7=0$, $(m+2)x+4y+4=0$ 사이의 거리는? (단, $m>0$)

① $\sqrt{2}$　　　② $2\sqrt{2}$　　　③ $3\sqrt{2}$
④ $4\sqrt{2}$　　　⑤ $5\sqrt{2}$

06

▶ 242015-0263

세 직선 $2x+y-3=0$, $3x-y+2=0$, $y=mx+2$로 둘러싸인 도형이 직각삼각형이 되도록 하는 모든 실수 m의 값의 합은?

① $\dfrac{1}{6}$ ② $\dfrac{1}{3}$ ③ $\dfrac{1}{2}$

④ $\dfrac{2}{3}$ ⑤ $\dfrac{5}{6}$

07

▶ 242015-0264

직선 $\dfrac{x}{6}+\dfrac{y}{4}=1$이 x축, y축과 만나는 점을 각각 A, B라 할 때, 선분 AB를 수직이등분하는 직선의 방정식은 점 $(a, 5)$를 지난다. 이때 a의 값은?

① 1 ② 2 ③ 3
④ 4 ⑤ 5

08

▶ 242015-0265

세 점 $O(0, 0)$, $A(4, 6)$, $B(-2, -2)$에 대하여 삼각형 OAB의 넓이는?

① 1 ② 2 ③ 3
④ 4 ⑤ 5

09

▶ 242015-0266

두 원 $x^2+y^2-4y=0$, $x^2+y^2-2x+6y+1=0$의 반지름의 길이의 합은?

① 1 ② 2 ③ 3
④ 4 ⑤ 5

10

▶ 242015-0267

원 $x^2+y^2-4x-6y+k=0$이 y축에 접할 때, 상수 k의 값은?

① 1 ② 3 ③ 5
④ 7 ⑤ 9

11

▶ 242015-0268

원 $(x-1)^2+(y+1)^2=9$ 위의 점 P와 직선
$3x-4y+13=0$ 사이의 거리의 최댓값을 M이라 하고
최솟값을 m이라 할 때, Mm의 값은?

① 1   ② 3   ③ 5
④ 7   ⑤ 9

12

▶ 242015-0269

원 $x^2+y^2=4$에 접하고 직선 $y=-\dfrac{1}{2}x+1$에 수직인 두
직선이 y축과 만나는 점을 각각 A, B라 할 때, 선분 AB
의 길이는?

① $\sqrt{5}$ ② $2\sqrt{5}$ ③ $3\sqrt{5}$
④ $4\sqrt{5}$ ⑤ $5\sqrt{5}$

13

▶ 242015-0270

점 $(1, -1)$을 점 $(-2, 3)$으로 옮기는 평행이동에 의하
여 점 (a, b)가 원점으로 옮겨질 때, $a+b$의 값은?

① -2 ② -1 ③ 0
④ 1   ⑤ 2

14

▶ 242015-0271

포물선 $y=x^2+a$를 x축의 방향으로 1만큼, y축의 방향
으로 2만큼 평행이동한 후 그것을 x축에 대하여 대칭이
동한 포물선이 x축과 만나는 두 점 사이의 거리가 4일
때, 상수 a의 값은?

① -2 ② -4 ③ -6
④ -8 ⑤ -10

15

▶ 242015-0272

두 점 A(3, 2), B(-2, 3)과 x축 위를 움직이는 점 P
에 대하여 $\overline{AP}+\overline{BP}$의 최솟값은?

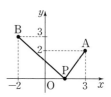

① $\sqrt{2}$ ② $2\sqrt{2}$ ③ $3\sqrt{2}$
④ $4\sqrt{2}$ ⑤ $5\sqrt{2}$

원 $x^2+y^2-4x+2y=k$와 직선 $3x-4y=0$이 서로 다른 두 점 A, B에서 만나고 $\overline{AB}=2\sqrt{5}$일 때, 상수 k의 값을 구하시오.

○ 출제의도

원의 중심과 주어진 직선 사이의 거리를 구하여 원의 반지름의 길이를 구할 수 있는지를 묻는 문제이다.

○ 풀이

1단계 원의 방정식을 변형하여 중심의 좌표 구하기

$(x^2-4x)+(y^2+2y)=k$에서

$(x^2-4x+4)+(y^2+2y+1)=k+4+1$

$(x-2)^2+(y+1)^2=k+5$

에서 주어진 원의 중심은 $(2, -1)$이고 반지름의 길이는 $\sqrt{k+5}$이다.

2단계 원의 중심과 주어진 직선 사이의 거리 구하기

점 $(2, -1)$과 직선 $3x-4y=0$ 사이의 거리를 d라 하면

$$d=\frac{|3\times2+(-4)\times(-1)|}{\sqrt{3^2+(-4)^2}}=\frac{10}{5}=2$$

3단계 원의 반지름의 길이를 구하여 상수 k의 값 구하기

원의 중심 $(2, -1)$에서 직선 $3x-4y=0$에 내린 수선의 발을 H라 하면

$\overline{AB}=2\sqrt{5}$이므로 $\overline{AH}=\sqrt{5}$

이때, 원의 반지름의 길이는

$$\sqrt{\overline{AH}^2+d^2}=\sqrt{(\sqrt{5})^2+2^2}=\sqrt{5+4}=3$$

따라서 $\sqrt{k+5}=3$에서 $k=4$

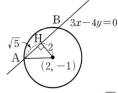

답 4

유제

▶ 242015-0273

원 $x^2+y^2-6x+4y=k$와 x축이 서로 다른 두 점 A, B에서 만나고 $\overline{AB}=4$일 때, 상수 k의 값을 구하시오.

16 집합(1)

1 집합과 원소

(1) **집합** : 어떤 조건에 의하여 그 대상을 분명히 정할 수 있는 것들의 모임
(2) **원소** : 집합을 이루는 대상 하나하나
(3) **집합과 원소의 관계**
    ① a가 집합 A의 원소일 때, a는 집합 A에 속한다고 하며, 기호로 $a \in A$와 같이 나타낸다.
    ② b가 집합 A의 원소가 아닐 때, b는 집합 A에 속하지 않는다고 하고, 기호로 $b \notin A$와 같이 나타낸다.
    예 6의 양의 약수의 집합을 A라 하면 3은 집합 A에 속하므로 $3 \in A$와 같이 나타내고, 4는 집합 A에 속하지 않으므로 $4 \notin A$와 같이 나타낸다.

+ Plus Note

❶ 작은 자연수의 모임은 그 대상이 분명하지 않으므로 집합이 될 수 없지만 7보다 작은 자연수의 모임은 그 대상을 분명하게 정할 수 있으므로 집합이다.

❷ 일반적으로 집합은 알파벳 대문자 A, B, C, …로 나타내고, 원소는 알파벳 소문자 a, b, c, …로 나타낸다.

❸ 기호 $\in$은 원소를 뜻하는 Element의 첫 글자를 기호화 한 것이다.

예제

1. 다음 중 집합인 것은?

① 잘 사는 나라들의 모임
② 우리 반에서 행복한 학생들의 모임
③ 야구를 좋아하는 사람들의 모임
④ 아름다운 꽃들의 모임
⑤ 우리 반에서 해외여행을 다녀온 학생들의 모임

《 풀이 》

①, ②, ③, ④에서 '잘 산다', '행복하다', '좋아한다', '아름답다'의 기준은 사람마다 다르게 판단할 수 있기 때문에 대상을 분명하게 정할 수 없다. 그러므로 집합이 아니다.

⑤에서 우리 반에서 해외여행을 다녀온 학생들의 모임은 그 대상을 분명하게 정할 수 있으므로 집합이다.

답 ⑤

유제

▶ 242015-0274

1. 다음 중 집합이 <u>아닌</u> 것은?

① 10의 양의 약수의 모임
② 월드컵에서 우승한 나라들의 모임
③ 수학 공부를 잘하는 학생들의 모임
④ 방정식 $x^2 - 2x = 0$의 해의 모임
⑤ 우리 반에서 키가 180 cm 이상인 학생들의 모임

▶ 242015-0275

2. 10보다 작은 짝수의 집합을 A, 20의 양의 약수의 집합을 B라 할 때, 다음 ☐ 안에 기호 $\in$, $\notin$ 중 알맞은 것을 써넣으시오.

(1) 4 ☐ A (2) 5 ☐ B (3) 6 ☐ A (4) 6 ☐ B

2 집합을 나타내는 방법

(1) **원소를 나열하는 방법** : 집합에 속하는 모든 원소를 { } 안에 나열하여 집합을 나타내는 방법
❹
예 '4의 양의 약수의 집합'을 A라 하면 $A=\{1,\ 2,\ 4\}$와 같이 나타낼 수 있다.
❺

(2) **조건을 제시하는 방법** : 집합에 속하는 모든 원소들이 갖는 공통된 성질을 조건으로 제시하여 집합을 나타내는 방법
❻
예 집합 $A=\{1,\ 2,\ 3,\ 6\}$의 원소들은 모두 6의 양의 약수라는 공통된 성질을 갖고 있으므로 $A=\{x\,|\,x$는 6의 양의 약수$\}$로 나타낼 수 있다.

(3) **벤 다이어그램** : 집합을 그림과 같이 나타내는 방법
❼
예 집합 $A=\{1,\ 3,\ 5\}$일 때,

Plus Note

❹ 원소를 나열하는 방법을 '원소나열법'이라 한다.

❺ 집합 $\{1,\ 2,\ 4\}$는 원소의 나열 순서를 바꾸어 $\{1,\ 4,\ 2\}$로 나타낼 수도 있지만 $\{1,\ 1,\ 2,\ 4\}$와 같이 원소를 중복하여 나타내지는 않는다.

❻ 조건을 제시하는 방법을 '조건제시법'이라 한다.

❼ '벤'(Venn, J.:1834~1923)은 영국 수학자의 이름이고 '다이어그램(diagram)'은 '그림'이라는 뜻이다.

예제

2. 다음 집합에 대하여 원소를 나열하는 방법으로 나타낸 것은 조건을 제시하는 방법으로, 조건을 제시하는 방법으로 나타낸 것은 원소를 나열하는 방법으로 나타내시오.

(1) $A=\{6,\ 12,\ 18\}$ (2) $B=\{x\,|\,x$는 5보다 크고 10보다 작은 짝수$\}$

《 풀이 》

(1) 집합 A는 원소를 나열하는 방법으로 나타내어 있으므로 조건을 제시하는 방법으로 바꾼다.

  6, 12, 18은 18 이하의 6의 배수인 자연수이므로 $A=\{x\,|\,x$는 18 이하의 6의 배수인 자연수$\}$로 나타낼 수 있다.

(2) 집합 B는 조건을 제시하는 방법으로 나타내어 있으므로 원소를 나열하는 방법으로 바꾼다.
                               ▶ $A=\{x\,|\,x$는 1 이상 20 이하의 6의 배수$\}$와

  5보다 크고 10보다 작은 짝수는 6, 8이므로 $B=\{6,\ 8\}$ 같이 또 다른 조건제시법으로 나타낼 수도 있다.

                                                답 (1) 풀이 참조   (2) 풀이 참조

유제

▶ 242015-0276

3. 벤 다이어그램으로 나타낸 집합 A를 원소를 나열하는 방법과 조건을 제시하는 방법으로 나타내시오.

▶ 242015-0277

4. 두 집합 $A=\{1,\ 2\}$, $B=\{2,\ 3,\ 4\}$에 대하여 집합 $C=\{a+b\,|\,a{\in}A,\ b{\in}B\}$를 벤 다이어그램으로 나타내시오.

③ 집합 사이의 포함 관계

(1) 부분집합

① 두 집합 A, B에 대하여 집합 A의 모든 원소가 집합 B에 속할 때, 집합 A를 집합 B의 부분집합이라 하고, 기호로 $A \subset B$와 같이 나타낸다. 이때 집합 A는 집합 B에 포함된다 또는 집합 B는 집합 A를 포함한다고 한다.

② 집합 A가 집합 B의 부분집합이 아닐 때, 기호로 $A \not\subset B$와 같이 나타낸다.

(2) 부분집합의 성질

① $A \subset A$ ② $A \subset B$이고 $B \subset C$이면 $A \subset C$

(3) 공집합 : 원소가 하나도 없는 집합으로 기호로 $\varnothing$과 같이 나타낸다.

> **+ Plus Note**
>
> ❽ 기호 $\subset$는 영어 contain(포함하다)의 첫 글자 c를 기호로 만든 것이다.
>
> ❾ 집합 A의 원소 중 집합 B의 원소가 아닌 것이 적어도 하나 있다.
>
> ❿ 모든 집합은 자기 자신의 부분집합이다.
>
> ⓫ 공집합에서 공(空)은 '비어있다'라는 뜻이고, 공집합은 모든 집합의 부분집합이다.

예제

3. 집합 $A = \{x \,|\, x$는 6의 양의 약수$\}$일 때, 다음 중 옳은 것은?

① $1 \subset A$ ② $\{2\} \in A$ ③ $\{2, 4\} \subset A$

④ $\{1, 2, 3\} \not\subset A$ ⑤ $A \subset \{x \,|\, x$는 12의 양의 약수$\}$

《 풀이 》

집합 A를 원소를 나열하는 방법으로 나타내면 $A = \{1, 2, 3, 6\}$이다.

① 1은 집합 A의 원소이므로 $1 \in A$이다.

② 집합 $\{2\}$는 집합 A의 부분집합이므로 $\{2\} \subset A$이다.

③ $4 \not\in A$이므로 집합 $\{2, 4\}$는 집합 A의 부분집합이 아니다. 즉, $\{2, 4\} \not\subset A$이다.

④ 집합 $\{1, 2, 3\}$은 집합 A의 부분집합이므로 $\{1, 2, 3\} \subset A$이다.

⑤ 집합 $\{x \,|\, x$는 12의 양의 약수$\}$를 원소를 나열하는 방법으로 나타내면 $\{1, 2, 3, 4, 6, 12\}$이다. 집합 A의 모든 원소는 집합 $\{1, 2, 3, 4, 6, 12\}$의 원소이므로 $A \subset \{x \,|\, x$는 12의 양의 약수$\}$이다.

답 ⑤

유제

▶ 242015-0278

5. 다음 집합에 대하여 □ 안에 기호 $\subset$, $\not\subset$ 중 알맞은 것을 써넣으시오.

  (1) $A = \{4, 5, 6\}$, $B = \{x \,|\, x$는 짝수$\}$ $\Rightarrow$ A □ B

  (2) $A = \{x \,|\, x$는 20 이하의 4의 배수인 자연수$\}$, $B = \{x \,|\, x$는 20 이하의 짝수인 자연수$\}$

     $\Rightarrow$ A □ B

  (3) $A = \{x \,|\, x^2 = 0\}$ $\Rightarrow$ $\varnothing$ □ A

▶ 242015-0279

6. 두 집합 $A = \{a, a+1\}$, $B = \{x \,|\, x$는 5 이하의 자연수$\}$에 대하여 $A \subset B$가 되도록 하는 모든 자연수 a의 값의 합을 구하시오.

4 서로 같은 집합

+ Plus Note

⑫ 두 집합 A, B의 모든 원소가 같을 때, A와 B는 서로 같다고 한다.

⑬ 부분집합 중 자기 자신을 제외하면 모두 진부분집합이다.

(1) 서로 같은 집합

  ① 두 집합 A, B에 대하여 $A \subset B$이고 $B \subset A$일 때, <u>A와 B는 서로 같다</u>고 하며
     기호로 $A = B$와 같이 나타낸다.

  ② 두 집합 A, B가 서로 같지 않을 때, 이것을 기호로 $A \neq B$와 같이 나타낸다.

(2) 진부분집합 : 집합 A가 집합 B의 부분집합이지만 서로 같지 않을 때, 즉 $A \subset B$이
    고 $A \neq B$일 때, 집합 A를 집합 B의 진부분집합이라 한다.

  예 $A = \{1, 2\}$, $B = \{1, 2, 3\}$에서 $A \subset B$이지만 $A \neq B$이므로 집합 A는 집합 B
     의 진부분집합이다.

예제

4. 두 집합 A, B를 $A = \{1, 3, a\}$, $B = \{2, a+1, b\}$라 하자. $A \subset B$, $B \subset A$를 만족시키는 서로 다른
두 상수 a, b의 합 $a+b$의 값을 구하시오.

《 풀이 》

        ➡ $A \subset B$이고 $B \subset A$이면 $A = B$이다.

$a \in A$이고 $A = B$이므로 $a \in B$

이때 $a \neq a+1$이고 $a \neq b$이므로 $a = 2$이고 $A = \{1, 2, 3\}$, $B = \{2, 3, b\}$

또한 $1 \in A$이고 $A = B$이므로 $1 \in B$

그러므로 $b = 1$

따라서 $a+b = 2+1 = 3$

답 3

유제

▶ 242015-0280

7. 다음 두 집합 A, B에 대하여 □ 안에 기호 $=$, $\neq$ 중 알맞은 것을 써넣으시오.

  (1) $A = \{-2, 1\}$, $B = \{x \mid x^2 + x - 2 = 0\}$ ➡ $A \ \square \ B$

  (2) $A = \{x \mid x$는 10 미만의 짝수인 자연수$\}$, $B = \{x \mid x$는 8의 양의 약수$\}$ ➡ $A \ \square \ B$

▶ 242015-0281

8. 두 집합 $A = \{1, 4, a^2+1\}$, $B = \{5, a-1, 2a\}$에 대하여 $A = B$를 만족시키는 상수 a의 값을 구
하시오.

---

⑤ 집합의 원소의 개수와 부분집합의 개수

(1) 5보다 작은 자연수의 집합과 같이 원소가 유한개인 집합을 유한집합⑭이라 하고, 자연수의 집합과 같이 원소가 무수히 많은 집합을 무한집합이라고 한다.

(2) 집합 A가 유한집합일 때, A의 원소의 개수를 기호로 $n(A)$와 같이 나타낸다.⑮

(3) 집합 $A=\{a_1,\ a_2\ \cdots,\ a_n\}$에 대하여
　① 집합 A의 부분집합의 개수는 2^n이다.
　② 집합 A의 진부분집합의 개수는 2^n-1이다.⑯
　예 집합 $A=\{a,\ b,\ c\}$의 각 부분집합에는 원소 a가 포함되는 경우와 포함되지 않는 경우 2가지가 있고, 원소 b와 c도 같은 경우의 수를 가지므로 곱의 법칙에 의해 집합 A의 부분집합의 개수는 $2\times2\times2=2^3$이다.

+ Plus Note

⑭ 공집합 $\varnothing$은 유한집합이다.

⑮ $n(A)$에서 n은 개수를 뜻하는 number의 첫 글자이고, $n(\varnothing)=0$이다.

⑯ 집합 A의 부분집합 중 자기 자신을 제외하면 되므로 진부분집합의 개수는 2^n-1이다.

예제

5. 집합 $A=\{-1,\ 0,\ 1\}$의 부분집합을 모두 구하시오.

《 풀이 》

원소의 개수가 0, 1, 2, 3인 집합 A의 부분집합을 | 각가 구하면 　→ 부분집합을 구할 때에는 원소의 개수에 따라 분류하여 구하면 편리하다.

원소가 하나도 없는 집합은 $\varnothing$

원소의 개수가 1인 집합은 $\{-1\}$, $\{0\}$, $\{1\}$

원소의 개수가 2인 집합은 $\{-1,\ 0\}$, $\{-1,\ 1\}$, $\{0,\ 1\}$

원소의 개수가 3인 집합은 $\{-1,\ 0,\ 1\}$

따라서 집합 $A=\{-1,\ 0,\ 1\}$의 부분집합은 $\varnothing$, $\{-1\}$, $\{0\}$, $\{1\}$, $\{-1,\ 0\}$, $\{-1,\ 1\}$, $\{0,\ 1\}$, $\{-1,\ 0,\ 1\}$이다.

🗒 풀이 참조

유제

▶ 242015-0282

9. 집합 $A=\{x\,|\,|x-1|<3,\ x$는 정수$\}$에 대하여 $n(A)$의 값을 구하시오.

▶ 242015-0283

10. 집합 $A=\{1,\ 4,\ 7,\ 10\}$에 대하여 다음을 구하시오.
　(1) 집합 A의 부분집합의 개수　　　　　　(2) 집합 A의 진부분집합의 개수

[집합과 원소의 기호]   ▶ 242015-0284

01 두 집합 $A=\{1,\ 2,\ 3\}$, $B=\{1,\ 5,\ a\}$에 대하여 $x{\in}A$, $x+1{\in}B$를 만족시키는 x가 존재하도록 하는 모든 자연수 a의 값의 합은?

① 6   ② 7   ③ 8   ④ 9   ⑤ 10

[집합을 나타내는 방법]   ▶ 242015-0285

02 두 집합 $A=\{0,\ 1\}$, $B=\{x\,|\,x\text{는 4의 양의 약수}\}$에 대하여 집합 $C=\{a+b\,|\,a{\in}A,\ b{\in}B\}$의 원소의 개수는?

① 3   ② 4   ③ 5   ④ 6   ⑤ 7

[집합 사이의 포함 관계]   ▶ 242015-0286

03 세 집합 $A=\{1,\ 2,\ 8\}$, $B=\{x\,|\,x\text{는 5 이하의 짝수인 자연수}\}$, $C=\{x\,|\,x\text{는 8의 양의 약수}\}$에 대하여 다음 중 옳은 것은?

① $A{\subset}B$ ② $B{\subset}A$ ③ $B{\subset}C$ ④ $C{\subset}B$ ⑤ $C{\subset}A$

[서로 같은 집합]   ▶ 242015-0287

04 두 집합 $A=\{a^2,\ a^2-3a+4\}$, $B=\{4,\ 9\}$에 대하여 $A{\subset}B$, $B{\subset}A$를 만족시키는 상수 a의 값을 구하시오.

[부분집합의 개수]   ▶ 242015-0288

05 두 집합 $A=\{x\,|\,x^2-1=0\}$, $B=\{x\,|\,|x|{\leq}2,\ x\text{는 정수}\}$에 대하여 $A{\subset}X{\subset}B$를 만족시키는 집합 X의 개수는?

① 2   ② 4   ③ 8   ④ 16   ⑤ 32

17 집합(2)

1 합집합과 교집합

(1) **합집합** : 두 집합 A, B에 대하여 집합 A에 속하거나 집합 B에 속하는 모든 원소로 이루어진 집합을 A와 B의 합집합이라 하고, 기호로 $A\cup B$와 같이 나타낸다.

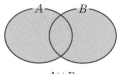

(2) **교집합** : 두 집합 A, B에 대하여 집합 A에도 속하고 집합 B에도 속하는 모든 원소로 이루어진 집합을 A와 B의 교집합이라 하고, 기호로 $A\cap B$와 같이 나타낸다.

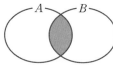

(3) **서로소** : 두 집합 A, B에서 공통된 원소가 하나도 없을 때, 즉 $A\cap B=\varnothing$일 때, 두 집합 A와 B는 서로소라고 한다.

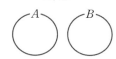

+ Plus Note

❶ $A\cup B$
$=\{x\,|\,x\in A$ 또는 $x\in B\}$

❷ 집합 A와 집합 B는 집합 $A\cup B$의 부분집합이다.

❸ $A\cap B$
$=\{x\,|\,x\in A$ 그리고 $x\in B\}$

❹ 집합 $A\cap B$는 집합 A의 부분집합이고, 집합 B의 부분집합이다.

예제

1. 두 집합 $A=\{x\,|\,x$는 6의 양의 약수$\}$, $B=\{x\,|\,x$는 10의 양의 약수$\}$에 대하여 $A\cup B$와 $A\cap B$를 각각 구하시오.

《 풀이 》

두 집합 A, B를 원소를 나열하는 방법으로 나타내면

$A=\{1,\ 2,\ 3,\ 6\}$, $B=\{1,\ 2,\ 5,\ 10\}$이므로

$A\cup B=\{1,\ 2,\ 3,\ 5,\ 6,\ 10\}$ 집합 A의 원소이거나 집합 B의 원소인 모든 원소로 이루어진 집합이다.

$A\cap B=\{1,\ 2\}$

이다.   집합 A의 원소이면서 집합 B의 원소인 모든 원소로 이루어진 집합이다.

답 $A\cup B=\{1,\ 2,\ 3,\ 5,\ 6,\ 10\}$, $A\cap B=\{1,\ 2\}$

유제

▶ 242015-0289

1. 집합 $A=\{x\,|\,x$는 4 이하의 자연수$\}$와 집합 B에 대하여

$\quad A\cup B=\{x\,|\,x$는 12의 양의 약수$\}$, $A\cap B=\{x\,|\,x$는 4의 양의 약수$\}$

일 때, 집합 B를 구하시오.

▶ 242015-0290

2. 세 집합 $A=\{0,\ a\}$, $B=\{2,\ 4,\ 6,\ 8,\ 10\}$, $C=\{3,\ 6,\ 9\}$에 대하여 두 집합 A와 B가 서로소이고, 두 집합 A와 C도 서로소가 되도록 하는 10 이하의 자연수 a의 개수를 구하시오.

② 여집합과 차집합

+ Plus Note

(1) **전체집합** : 어떤 집합에 대하여 그 부분집합을 생각할 때, 처음에 주어진 집합을 전체집합이라 하고, 기호로 $\underset{\text{⑤}}{U}$와 같이 나타낸다.

❺ U는 전체집합을 뜻하는 Universal set의 첫 글자이다.

(2) **여집합** : 전체집합 U의 원소 중에서 집합 A에 속하지 않는 모든 원소로 이루어진 집합을 U에 대한 A의 여집합이라 하고, 기호로 $\underset{\text{⑦}}{A^C}$과 같이 나타낸다.

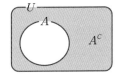

❻ A^C
$= \{x \mid x \in U$ 그리고 $x \notin A\}$

    ◧ 전체집합 $U = \{a, b, c, d\}$의 부분집합 $A = \{a, c\}$에 대하여 $A^C = \{b, d\}$이다.

❼ A^C에서 C는 여집합을 뜻하는 Complement의 첫 글자이다.

(3) **차집합** : 두 집합 A, B에 대하여 집합 A에는 속하지만 집합 B에는 속하지 않는 모든 원소로 이루어진 집합을 A에 대한 B의 차집합이라 하고, 기호로 $\underset{\text{⑨}}{A-B}$와 같이 나타낸다.

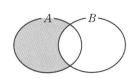

❽ $A-B$
$= \{x \mid x \in A$ 그리고 $x \notin B\}$

❾ 집합 A의 여집합 A^C는 전체집합 U에 대한 집합 A의 차집합으로 생각할 수 있다. 즉 $A^C = U - A$이다.

    ◧ 두 집합 $A = \{a, b, c\}$, $B = \{b, d\}$에 대하여
    $A - B = \{a, c\}$, $B - A = \{d\}$이다.

예제

2. 전체집합 $U = \{x \mid x$는 10 이하의 자연수$\}$의 두 부분집합 $A = \{x \mid x$는 짝수$\}$, $B = \{x \mid x$는 6의 약수$\}$에 대하여 다음을 구하시오.

(1) A^C (2) $A - B$ (3) $(A \cap B)^C$

《 풀이 》

전체집합 U와 두 부분집합 A, B를 원소를 나열하는 방법으로 나타내면

$U = \{1, 2, 3, 4, 5, 6, 7, 8, 9, 10\}$이고, $A = \{2, 4, 6, 8, 10\}$, $B = \{1, 2, 3, 6\}$이다.

(1) A^C은 전체집합 U의 원소 중에서 집합 A에 속하지 않는 모든 원소로 이루어진 집합이므로

    $A^C = \{1, 3, 5, 7, 9\}$ → 집합 A의 원소 중 집합 B에 속하는 원소를 제외시킨다.

(2) $A - B$는 집합 A에 속하지만 집합 B에는 속하지 않는 모든 원소로 이루어진 집합이므로 $A - B = \{4, 8, 10\}$

(3) $A \cap B = \{2, 6\}$이므로 $(A \cap B)^C = \{1, 3, 4, 5, 7, 8, 9, 10\}$

                                 답 (1) $\{1, 3, 5, 7, 9\}$ (2) $\{4, 8, 10\}$ (3) $\{1, 3, 4, 5, 7, 8, 9, 10\}$

유제

▸ 242015-0291

3. 전체집합 $U = \{a, b, c, d, e\}$의 두 부분집합 A, B에 대하여 $A - B = \{a, c\}$, $B - A = \{d\}$, $(A \cup B)^C = \varnothing$일 때, $A \cap B$를 구하시오.

▸ 242015-0292

4. 두 집합 $A = \{1, 2, 3, 4, a\}$, $B = \{1, 2, 5\}$에 대하여 집합 $A - B$의 모든 원소의 합이 15일 때, 상수 a의 값을 구하시오. (단, $n(A) = 5$)

3 집합의 연산에 대한 성질

전체집합 U의 두 부분집합 A, B에 대하여

(1) $A \cup A = A$, $A \cap A = A$

(2) $A \cup U = U$, $A \cap U = A$

(3) $A \cup \varnothing = A$, $A \cap \varnothing = \varnothing$

(4) $U^C = \varnothing$, $\varnothing^C = U$

(5) $A \cup A^C = U$, $A \cap A^C = \varnothing$

(6) $(A^C)^C = A$

(7) $A - B = A \cap B^C$

+ Plus Note

⑩ 집합 $A - B$는
집합 $(A \cup B) - B$와 같고,
집합 $A - (A \cap B)$와도 같다.

예제

3. 전체집합 U의 두 부분집합 A, B에 대하여 다음이 성립함을 벤 다이어그램을 이용하여 확인하시오.

$$A - B = A \cap B^C$$

《 풀이 》

집합 $A \cap B^C$을 벤 다이어그램으로 나타내면 다음과 같다.

└──→ 집합의 관계를 파악할 때 벤 다이어그램을 이용하면 편리하다.

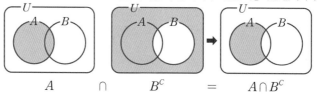

$$A \qquad \cap \qquad B^C \qquad = \qquad A \cap B^C$$

따라서 $A - B = A \cap B^C$이 성립한다.

🔁 풀이 참조

유제

▶ 242015-0293

5. 전체집합 $U = \{x \mid x$는 7 이하의 자연수$\}$의 두 부분집합 $A = \{2, 4, 6\}$, $B = \{4, 5, 6, 7\}$에 대하여 다음을 구하시오.

(1) $A \cap B$　　　　　　　　　　　　(2) $A - B^C$

▶ 242015-0294

6. 전체집합 U의 두 부분집합 A, B에 대하여 다음이 성립함을 벤 다이어그램을 이용하여 확인하시오.

$$(A \cup B) - B = A - (A \cap B)$$

4 집합의 연산 법칙

세 집합 A, B, C에 대하여

(1) **교환법칙** : $A \cup B = B \cup A$, $A \cap B = B \cap A$

(2) **결합법칙** : $(A \cup B) \cup C = A \cup (B \cup C)$ ⓫
$(A \cap B) \cap C = A \cap (B \cap C)$

(3) **분배법칙** : $A \cup (B \cap C) = (A \cup B) \cap (A \cup C)$
$A \cap (B \cup C) = (A \cap B) \cup (A \cap C)$

(4) **드모르간의 법칙** : 전체집합 U의 두 부분집합 A, B에 대하여

  ① $(A \cup B)^C = A^C \cap B^C$ ② $(A \cap B)^C = A^C \cup B^C$

+ **Plus Note**

⓫ 결합법칙이 성립하므로 괄호를 생략하여
$A \cup B \cup C$ 또는 $A \cap B \cap C$와 같이 나타내기도 한다.

예제

4. 세 집합 A, B, C에 대하여 다음 분배법칙이 성립함을 벤 다이어그램을 이용하여 확인하시오.
$$A \cup (B \cap C) = (A \cup B) \cap (A \cup C)$$

《 풀이 》

$A \cup (B \cap C)$와 $(A \cup B) \cap (A \cup C)$를 각각 벤 다이어그램으로 나타내면 다음과 같다.

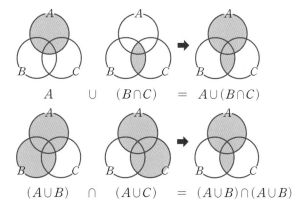

$$\quad A \qquad \cup \qquad (B \cap C) \qquad = \qquad A \cup (B \cap C)$$

$$(A \cup B) \qquad \cap \qquad (A \cup C) \qquad = \qquad (A \cup B) \cap (A \cup B)$$

따라서 $A \cup (B \cap C) = (A \cup B) \cap (A \cup C)$가 성립한다.

🔲 풀이 참조

유제

▶ 242015-0295

7. 전체집합 U의 두 부분집합 A, B에 대하여 다음 드모르간 법칙이 성립함을 벤 다이어그램을 이용하여 확인하시오.
$$(A \cap B)^C = A^C \cup B^C$$

▶ 242015-0296

8. 세 집합 A, B, C에 대하여 $A \cap B = \{2,\ 3,\ 4\}$, $A \cap C = \{3,\ 5,\ 7\}$일 때, $A \cap (B \cup C)$를 구하시오.

⑤ 유한집합의 원소의 개수

두 유한집합 A, B에 대하여

(1) $n(A \cup B) = n(A) + n(B) - n(A \cap B)$
  예 두 집합 $A = \{1, 2, 3, 4, 5\}$, $B = \{2, 4, 6\}$에 대하여
  $A \cap B = \{2, 4\}$이므로
  $n(A) = 5$, $n(B) = 3$, $n(A \cap B) = 2$이고,
  $n(A \cup B) = n(A) + n(B) - n(A \cap B)$
  $\qquad = 5 + 3 - 2 = 6$

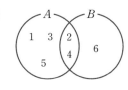

(2) **두 집합 A, B가 서로소인 경우** : $n(A \cup B) = n(A) + n(B)$
(3) $n(A - B) = n(A \cup B) - n(B) = n(A) - n(A \cap B)$

+ Plus Note

⑫ $n(A) + n(B)$에는 교집합 $A \cap B$의 원소의 개수가 두 번 더해지므로 $n(A \cap B)$를 한 번 빼주어야 한다.
또한 식을 변형하여
$n(A \cap B)$
$= n(A) + n(B) - n(A \cup B)$
를 사용하기도 한다.

⑬ 두 집합 A, B가 서로소이면 $A \cap B = \varnothing$이므로 $n(A \cap B) = 0$이다.

 예제

5. 어느 반 학생 중에서 경제 관련 책을 읽은 학생은 17명, 경영 관련 책을 읽은 학생은 12명, 경제 관련 책과 경영 관련 책을 모두 읽은 학생은 8명이다. 이때 경제 관련 책 또는 경영 관련 책을 읽은 학생의 수는?

① 21　　② 22　　③ 23　　④ 24　　⑤ 25

《 풀이 》

경제 관련 책을 읽은 학생들의 집합을 A, 경영 관련 책을 읽은 학생들의 집합을 B라 하면
$n(A) = 17$, $n(B) = 12$, $n(A \cap B) = 8$
경제 관련 책 또는 경영 관련 책을 읽은 학생들의 집합은 $A \cup B$이므로
$n(A \cup B) = n(A) + n(B) - n(A \cap B)$
$\qquad = 17 + 12 - 8 = 21$

답 ①

유제

▶ 242015-0297

9. 두 집합 A, B에 대하여 $n(A) = 20$, $n(B) = 15$, $n(A \cup B) = 28$일 때, $n(A \cap B)$를 구하시오.

▶ 242015-0298

10. 어느 반 32명의 학생 중에서 수학 여행 장소로 강원도 일대를 희망하는 학생은 23명, 제주도 일대를 희망하는 학생은 26명, 강원도 일대와 제주도 일대를 모두 희망하는 학생은 19명이었다. 이때 강원도 일대와 제주도 일대 중 어느 한 곳도 희망하지 않는 학생의 수를 구하시오.

[합집합과 교집합]   ▶ 242015-0299

01 전체집합 $U=\{x\,|\,x$는 7 이하의 자연수$\}$의 두 부분집합 $A=\{1,\,3,\,5,\,7\}$, B에 대하여 $A\cup B=U$이고 $n(A\cap B)=1$일 때, 집합 B의 모든 원소의 합의 최댓값은?

① 15   ② 17   ③ 19   ④ 21   ⑤ 23

[서로소]   ▶ 242015-0300

02 다음 중 집합 $\{x\,|\,x$는 6의 양의 약수$\}$와 서로소인 집합은?

① $\{3,\,4,\,5\}$

② $\{x\,|\,x^2-6x+8=0\}$

③ $\{x\,|\,x^3-x=0\}$

④ $\{x\,|\,6\leq x\leq 10,\ x$는 자연수$\}$

⑤ $\{x\,|\,x$는 20 이하의 4의 배수인 자연수$\}$

[여집합과 차집합]   ▶ 242015-0301

03 두 집합 $A=\{x\,|\,x$는 8의 양의 약수$\}$, $B=\{x\,|\,x$는 12의 양의 약수$\}$에 대하여 집합 $(A\cup B)-(A\cap B)$의 원소의 개수는?

① 1   ② 2   ③ 3   ④ 4   ⑤ 5

[여집합과 차집합]   ▶ 242015-0302

04 두 집합 $A=\{1,\,a^2-a\}$, $B=\{a+1,\,2a\}$에 대하여 6이 집합 $A-B$의 원소일 때, 집합 B의 모든 원소의 합은?

① -5 ② -3 ③ -1 ④ 1   ⑤ 3

[합집합의 원소의 개수]   ▶ 242015-0303

05 두 집합 $A=\{2,\,4\}$, $B=\{a,\,a^2+3\}$에 대하여 $n(A\cup B)=3$이 되도록 하는 정수 a의 개수는?

① 1   ② 2   ③ 3   ④ 4   ⑤ 5

18 명제(1)

1 명제와 조건, 진리집합

(1) **명제** : 참 또는 거짓을 명확하게 판별할 수 있는 문장이나 식을 명제라 한다.

(2) **조건** : 변수를 포함하는 문장이나 식이 변수의 값에 따라 참, 거짓이 정해질 때, 이 문장이나 식을 조건이라 한다.

(3) **진리집합**
  ① 전체집합 U의 원소 중에서 조건 p가 참이 되도록 하는 모든 원소로 이루어진 집합을 조건 p의 진리집합이라 한다.
  ② 두 조건 p, q의 진리집합을 각각 P, Q라 하면
    조건 'p 그리고 q'의 진리집합은 $P \cap Q$이고,
    조건 'p 또는 q'의 진리집합은 $P \cup Q$이다.

+ Plus Note

❶ 문장이나 식이 참이면 참인 명제라 하고, 문장이나 식이 거짓이면 거짓인 명제라 한다.

❷ 일반적으로 조건을 알파벳 소문자 p, q, r 등으로 나타낸다.

❸ 특별한 언급이 없으면 전체집합은 실수 전체의 집합이다.

예제

1. 다음 |보기|에서 명제인 것을 모두 찾고, 각 명제의 참, 거짓을 판별하시오.

| 보기 |
ㄱ. 1은 작은 수이다.　　　　　　　　　ㄴ. 21은 3의 배수이다.
ㄷ. 평행사변형은 마름모이다.　　　　　ㄹ. $x+1=5$

《 풀이 》

ㄱ. 참인지 거짓인지를 판별할 수 없으므로 명제가 아니다.

ㄴ. $21=3 \times 7$이므로 21은 3의 배수이다. 그러므로 참인 명제이다.

ㄷ. 네 변의 길이가 같지 않은 평행사변형이 존재한다. 그러므로 거짓인 명제이다.

ㄹ. x의 값에 따라 참, 거짓이 달라지므로 참인지 거짓인지를 판단할 수 없다. 그러므로 명제가 아니다.

└─→ 이를 조건이라고 한다.

답 ㄴ(참인 명제), ㄷ(거짓인 명제)

유제

▶ 242015-0304

1. 다음 명제 중 거짓인 것은?

① $3\sqrt{3} < 2\sqrt{7}$　　　　　　　　② $x^2-4x+4=0$이면 $x=2$이다.

③ 6의 양의 약수의 개수는 4이다.　　④ 10 이하의 소수의 개수는 4이다.

⑤ 두 삼각형의 넓이가 서로 같으면 두 삼각형은 합동이다.

▶ 242015-0305

2. 전체집합 U가 자연수 전체의 집합일 때, 두 조건 p, q가

　　$p : x$는 10 이하의 짝수　　$q : x$는 20의 약수

이다. 조건 'p 그리고 q'의 진리집합을 구하시오.

② 명제와 조건의 부정

(1) **명제와 조건의 부정** : 명제 또는 조건 p에 대하여 'p가 아니다.'를 p의 부정이라 하고, 이것을 기호로 $\sim p$와 같이 나타낸다.

(2) 명제 p가 참이면 $\sim p$는 거짓이고, 명제 p가 거짓이면 $\sim p$는 참이다.

(3) 전체집합 U에 대하여 조건 p의 진리집합을 P라 하면 $\sim p$의 진리집합은 P^C이다.

(4) 조건 p에 대하여 $\sim p$의 부정 $\sim(\sim p)$는 p이고, $(P^C)^C = P$이므로 $\sim(\sim p)$의 진리집합은 P이다.

(5) 두 조건 p, q에 대하여 'p 또는 q'의 부정은 '$\sim p$ 그리고 $\sim q$'이고, 'p 그리고 q'의 부정은 '$\sim p$ 또는 $\sim q$'이다.

+ Plus Note

❹ 'p의 부정' 또는 'not p'라고 읽는다.

❺

❻ 두 조건 p, q의 진리집합을 각각 P, Q라 하면 'p 또는 q'의 진리집합이 $P \cup Q$이므로 'p 또는 q'의 부정의 진리집합은 $(P \cup Q)^C = P^C \cap Q^C$이다. 이는 '$\sim p$ 그리고 $\sim q$'의 진리집합과 같다.

예제

2. 전체집합 $U = \{x \mid x$는 6 이하의 자연수$\}$에 대하여 다음 조건의 부정을 말하고, 그것의 진리집합을 구하시오.

(1) $x < 5$　　　　　　　　　　　　　　(2) $x^2 - 7x + 10 = 0$

《 풀이 》

전체집합 U는 $U = \{1, 2, 3, 4, 5, 6\}$이다.

(1) 조건 '$x < 5$'의 부정은 '$x \geq 5$'이고, 진리집합은 $\{5, 6\}$이다. → $a < b$의 부정은 $a \geq b$이고, $a \leq b$의 부정은 $a > b$이다.

(2) 조건 '$x^2 - 7x + 10 = 0$'의 부정은 '$x^2 - 7x + 10 \neq 0$'이다.

　　또한 $x^2 - 7x - 10 = (x-2)(x-5) = 0$에서 $x = 2$ 또는 $x = 5$이므로

　　조건 '$x^2 - 7x + 10 \neq 0$'의 진리집합은 $\{1, 3, 4, 6\}$이다.

🔲 풀이 참조

유제

▶ 242015-0306

3. 다음 명제 또는 조건의 부정을 말하시오.

(1) x는 3의 배수이다.　　　　　　　　(2) 6은 8의 양의 약수이다.

(3) $x \geq 4$　　　　　　　　　　　　　　(4) $x^2 = 1$

▶ 242015-0307

4. 전체집합 $U = \{x \mid x$는 실수$\}$에 대하여 조건 '$x < -1$ 또는 $x \geq 4$'의 부정의 진리집합의 부분집합은?

① $\{-4, -1, 2\}$　　　　② $\{-3, -1, 1\}$　　　　③ $\{-2, -1, 0\}$

④ $\{-1, 1, 3\}$　　　　　⑤ $\{0, 2, 4\}$

3 명제 $p \longrightarrow q$의 참, 거짓

(1) **명제 $p \longrightarrow q$** : 두 조건 p, q에 대하여 'p이면 q이다.'의 꼴로 되어 있는 명제를 기호로 $p \longrightarrow q$와 같이 나타내고, 조건 p를 가정, 조건 q를 결론이라 한다.

(2) **명제 $p \longrightarrow q$의 참, 거짓** : 명제 $p \longrightarrow q$에 대하여 두 조건 p, q의 진리집합을 각각 P, Q라 할 때

① 명제 $p \longrightarrow q$가 참이면 $P \subset Q$이다. 또 $P \subset Q$이면 명제 $p \longrightarrow q$가 참이다.

② 명제 $p \longrightarrow q$가 거짓이면 $P \not\subset Q$이다. 또 $P \not\subset Q$이면 명제 $p \longrightarrow q$가 거짓이다.

+ Plus Note

❼ 명제 $p \to q$의 참, 거짓을 판별할 때, 두 조건 p, q의 진리집합 사이의 포함 관계를 이용한다.

❽ 명제 $p \to q$가 거짓임을 확인할 때, 가정 p는 만족시키지만 결론 q는 만족시키지 않는 예를 찾으면 된다. 이러한 예를 반례라 한다.

예제

3. 다음 명제의 참, 거짓을 판별하시오.

(1) $x^2 = 1$이면 $x = 1$이다.

(2) 4의 양의 약수이면 12의 양의 약수이다.

《 풀이 》

주어진 명제의 가정을 p, 결론을 q라 하고, 각각의 진리집합을 P, Q라 하자.

(1) '$p : x^2 = 1$', '$q : x = 1$'이고, $x^2 - 1 = (x+1)(x-1) = 0$이므로

$P = \{-1, 1\}$, $Q = \{1\}$이다.

> 반례를 찾아 거짓임을 판단해도 된다. 즉, $x = -1$은 조건 p는 만족시키지만 조건 q는 만족시키지 않으므로 주어진 명제는 거짓이다.

따라서 $P \not\subset Q$이므로 주어진 명제는 거짓이다.

(2) '$p : x$는 4의 양의 약수이다.', '$q : x$는 12의 양의 약수이다.'이므로

$P = \{1, 2, 4\}$, $Q = \{1, 2, 3, 4, 6, 12\}$이다.

따라서 $P \subset Q$이므로 주어진 명제는 참이다.

탑 (1) 거짓 (2) 참

유제

▸ 242015-0308

5. 다음 명제의 가정과 결론을 말하시오.

(1) $2x + 3 = 7$이면 $x^2 = 4$이다.

(2) x가 6의 배수이면 x는 3의 배수이다.

(3) 두 삼각형이 합동이면 두 삼각형의 넓이가 서로 같다.

▸ 242015-0309

6. x에 대한 두 조건 '$p : a - 1 < x < a + 2$', '$q : -3 < x < 4$'에 대하여 명제 $p \longrightarrow q$가 참이 되도록 하는 정수 a의 개수를 구하시오.

4 '모든'이나 '어떤'을 포함하는 명제

+ Plus Note

(1) '모든'이나 '어떤'을 포함하는 명제의 참, 거짓 ❾

전체집합 U에 대하여 조건 p의 진리집합을 P라 할 때

① '모든 x에 대하여 p이다.'는 $P=U$이면 참이고, $P \neq U$이면 거짓이다.

② '어떤 x에 대하여 p이다.'는 $P \neq \varnothing$이면 참이고, $P=\varnothing$이면 거짓이다.

(2) '모든'이나 '어떤'이 있는 명제의 부정

① '모든 x에 대하여 p이다.'의 부정은 '어떤 x에 대하여 $\sim p$이다.'이다.

② '어떤 x에 대하여 p이다.'의 부정은 '모든 x에 대하여 $\sim p$이다.'이다.

❾ '모든'이 있는 명제는 진리집합이 전체집합인지 아닌지를 판단하고, '어떤'이 있는 명제는 진리집합이 공집합인지 아닌지를 판단한다.

❿ $P=U$의 부정은 $P \neq U$, 즉 $P^C \neq \varnothing$이다.

⓫ $P \neq \varnothing$의 부정은 $P=\varnothing$, 즉 $P^C = U$이다.

예제

4. 전체집합 U가 자연수 전체의 집합일 때, 다음 명제의 참, 거짓을 판별하시오.

(1) 모든 x에 대하여 $x^2+2x+2>0$이다.

(2) 모든 x에 대하여 $x^2-x>0$이다.

(3) 어떤 x에 대하여 $4x^2-4x+1=0$이다.

(4) 어떤 x에 대하여 $5<x^2<10$이다.

《 풀이 》

(1) $x^2+2x+2=(x+1)^2+1>0$이므로 조건 '$p : x^2+2x+2>0$'의 진리집합을 P라 하면

$P=\{x | x$는 자연수$\}$이다. 따라서 $P=U$이므로 주어진 명제는 참이다.

(2) $x^2-x>0$에서 $x<0$ 또는 $x>1$이므로 조건 '$p : x^2-x>0$'의 진리집합을 P라 하면

$P=\{x | x$는 2 이상의 자연수$\}$이다. 따라서 $P \neq U$이므로 주어진 명제는 거짓이다.

(3) $4x^2-4x+1=4\left(x-\dfrac{1}{2}\right)^2=0$이므로 조건 '$p : 4x^2-4x+1=0$'의 진리집합을 P라 하면

집합 P의 원소는 존재하지 않는다. ───▶ 주어진 방정식을 만족시키는 x는 $x=\dfrac{1}{2}$인데 이는

따라서 $P=\varnothing$이므로 주어진 명제는 거짓이다. 자연수가 아니므로 집합 P의 원소는 존재하지 않는다.

(4) $5<3^2<10$이므로 조건 '$p : 5<x^2<10$'의 진리집합을 P라 하면 $P=\{3\}$이다.

따라서 $P \neq \varnothing$이므로 주어진 명제는 참이다.

🄐 (1) 참 (2) 거짓 (3) 거짓 (4) 참

유제

▶ 242015-0310

7. 다음 |보기|에서 참인 명제만을 있는 대로 고르시오.

┌ 보기 ┐

ㄱ. 모든 실수 x, y에 대하여 $x^2+y^2>0$이다.

ㄴ. 모든 자연수 x, y에 대하여 $x^2+y^2>0$이다.

ㄷ. 어떤 유리수 x, y에 대하여 $x+y$는 정수이다.

ㄹ. 어떤 자연수 x, y에 대하여 $x+y<2$이다.

▶ 242015-0311

8. 다음 명제의 부정을 말하시오.

(1) 모든 정수는 유리수이다.

(2) 어떤 실수 x에 대하여 $|x| \leq 0$이다.

⑤ 명제 $p \longrightarrow q$의 역과 대우

(1) **역** : 명제 $p \longrightarrow q$에서 가정과 결론을 서로 바꾸어 놓은 명제 $q \longrightarrow p$를 명제
$p \longrightarrow q$의 역이라 한다. ⑫

(2) **대우** ⑬ : 명제 $p \longrightarrow q$에서 가정 p와 결론 q를 각각 부정하여 서로 바꾸어 놓은 명
제 $\sim q \longrightarrow \sim p$를 명제 $p \longrightarrow q$의 대우라 한다.

(3) **명제와 그 대우의 참 거짓**

① 명제 $p \longrightarrow q$가 참이면 그 대우 $\sim q \longrightarrow \sim p$도 참이다. ⑭

② 명제 $p \longrightarrow q$가 거짓이면 그 대우 $\sim q \longrightarrow \sim p$도 거짓이다.

＋ Plus Note

⑫ 명제 $p \to q$가 참일 때, 그 명제의 역 $q \to p$가 반드시 참인 것은 아니다.

⑬ 명제와 그 대우 사이의 관계

⑭ 전체집합 U에 대하여 두 조건 p, q의 진리집합을 각각 P, Q라 하면 두 조건 $\sim p$, $\sim q$의 진리집합은 각각 P^c, Q^c이다. 이때 $P \subset Q$이면 $Q^c \subset P^c$이다.

예제

5. 다음 명제의 역과 대우를 말하고, 각각의 참 거짓을 판별하시오.

　　‘두 실수 a, b에 대하여 $a+b>0$이면 $a>0$ 또는 $b>0$이다.’

《 풀이 》

주어진 명제의 가정은 ‘$a+b>0$이다.’이고, 결론은 ‘$a>0$ 또는 $b>0$이다.’이다.

명제의 역 : ‘두 실수 a, b에 대하여 $a>0$ 또는 $b>0$이면 $a+b>0$이다.’

　　　(반례) $a=1$, $b=-2$라 하면 이 명제의 가정이 성립한다.

　　　그런데 $a+b=-1<0$이므로 결론은 성립하지 않는다.

따라서 이 명제는 거짓이다.

명제의 대우 : ‘두 실수 a, b에 대하여 $a \leq 0$이고 $b \leq 0$이면 $a+b \leq 0$이다.’

　　　0 이하의 두 실수의 합은 항상 0 이하이므로 이 명제는 참이다.

　두 조건 p, q에 대하여 조건 ‘p 또는 q’의 부정은 ‘$\sim p$ 그리고 $\sim q$’이다.

圖 풀이 참조

유제

▶ 242015-0312

9. 두 조건 p, q에 대하여 $p \longrightarrow \sim q$의 역이 참일 때, 다음 중 항상 참인 명제는?

① $p \longrightarrow q$　　　② $\sim p \longrightarrow q$　　　③ $\sim p \longrightarrow \sim q$　　　④ $q \longrightarrow p$　　　⑤ $\sim q \longrightarrow \sim p$

▶ 242015-0313

10. 명제

　　　‘$x^3-4x^2+3x \neq 0$이면 $x \neq a$이다.’

　　가 참이 되도록 하는 실수 a의 최댓값을 구하시오.

▶ 242015-0314

[진리집합]

01 x에 대한 조건

$p : 2 \leq |x-1| < 5$

가 참이 되도록 하는 모든 정수 x의 값의 합은?

① 6 ② 7 ③ 8 ④ 9 ⑤ 10

▶ 242015-0315

[명제와 조건의 부정]

02 조건 '$x < -3$ 또는 $x > 1$'의 부정이 참이 되도록 하는 정수 x의 개수는?

① 5 ② 6 ③ 7 ④ 8 ⑤ 9

▶ 242015-0316

[명제 $p \to q$의 참, 거짓]

03 세 조건 p, q, r의 진리집합을 각각 P, Q, R이라 할 때, 세 집합 P, Q, R 사이의 포함 관계가 그림과 같다. 다음 중 항상 참인 명제는? (단, U는 전체집합이다.)

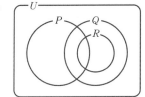

① $p \longrightarrow q$ ② $p \longrightarrow \sim r$
③ $q \longrightarrow \sim p$ ④ $\sim q \longrightarrow \sim r$
⑤ $r \longrightarrow \sim q$

▶ 242015-0317

['모든'이나 '어떤'을 포함하는 명제]

04 명제

'어떤 실수 x에 대하여 $x^2 - kx + 3 < 0$이다.'

가 거짓이 되도록 하는 정수 k의 개수는?

① 6 ② 7 ③ 8 ④ 9 ⑤ 10

▶ 242015-0318

[명제 $p \to q$의 역과 대우]

05 x에 대한 두 조건

$p : |x-2| < k,\ q : |x+1| \geq 7$

에 대하여 명제 $q \longrightarrow \sim p$가 참이 되도록 하는 자연수 k의 최댓값은?

① 3 ② 4 ③ 5 ④ 6 ⑤ 7

① 충분조건과 필요조건

(1) **충분조건과 필요조건** : 명제 $p \longrightarrow q$가 참일 때, 이것을 기호로 $p \Longrightarrow q$와 같이
나타내고, p는 q이기 위한 충분조건, q는 p이기 위한 필요조건이라고 한다.

예 두 조건 '$p : x=1$', '$q : x^2=1$'에 대하여 $p \Longrightarrow q$이므로 p는 q이기 위한 충분조
건, q는 p이기 위한 필요조건이다.

(2) 두 조건 p, q의 진리집합을 각각 P, Q라 할 때,
① $P \subset Q$이면 $p \Longrightarrow q$이므로 p는 q이기 위한 충분조건이다.
② $Q \subset P$이면 $q \Longrightarrow p$이므로 p는 q이기 위한 필요조건이다.

+ Plus Note

❶
p는 q이기 위한 충분조건

$p \Longrightarrow q$

q는 p이기 위한 필요조건

예제

1. 다음 두 조건 p, q에 대하여 p는 q이기 위한 어떤 조건인지 구하시오.

(1) $p : |x| \leq 1$, $q : x \leq 1$　　　　　　　　(2) $p : x^3=x$, $q : |x|=1$

《 풀이 》

두 조건 p, q의 진리집합을 각각 P, Q라 하면

(1) $P=\{x \mid -1 \leq x \leq 1\}$, $Q=\{x \mid x \leq 1\}$에서 $P \subset Q$이므로 $p \Longrightarrow q$이다.

그러므로 p는 q이기 위한 충분조건이다.

그러나 $Q \not\subset P$이므로 p는 q이기 위한 필요조건은 아니다.

(2) $p : x^3=x$에서 $x^3-x=0$, $x(x+1)(x-1)=0$에서 $x=-1$ 또는 $x=0$ 또는 $x=1$이므로 $P=\{-1, 0, 1\}$

$q : |x|=1$에서 $x=-1$ 또는 $x=1$이므로 $Q=\{-1, 1\}$

$Q \subset P$이므로 $q \Longrightarrow p$이다.

그러므로 p는 q이기 위한 필요조건이다.

그러나 $P \not\subset Q$이므로 p는 q이기 위한 충분조건은 아니다.

답 (1) 충분조건　(2) 필요조건

유제

▶ 242015-0319

1. 두 조건

$$p : -1 < x < 5, \ q : a < x < a+2$$

에 대하여 p가 q이기 위한 필요조건이 되도록 하는 모든 정수 a의 값의 합을 구하시오.

▶ 242015-0320

2. 전체집합 U에 대하여 두 조건 p, q의 진리집합이 각각 P, Q이고, $\sim p$가 q이기 위한 충분조건일
때, 다음 중 조건 'p 또는 q'의 진리집합과 항상 같은 집합은?

① P　　　　② Q　　　　③ P^C　　　　④ Q^C　　　　⑤ U

2 필요충분조건

(1) **필요충분조건** : 명제 $p \longrightarrow q$에 대하여 $p \Longrightarrow q$이고 $q \Longrightarrow p$일 때, 즉 p는 q이기 위한 충분조건인 동시에 필요조건일 때 기호로 $p \Longleftrightarrow q$와 같이 나타내고 p는 q이기 위한 필요충분조건이라 한다. ②

(2) 두 조건 p, q의 진리집합을 각각 P, Q라고 할 때, $P=Q$, 즉 $P \subset Q$이고 $Q \subset P$이면 $p \Longrightarrow q$이고 $q \Longrightarrow p$이므로 p는 q이기 위한 필요충분조건이다. ③

+ Plus Note

② p가 q이기 위한 필요충분조건이면 q도 p이기 위한 필요충분조건이다.

③ p가 q이기 위한 필요충분조건임을 보이려면 명제 $p \longrightarrow q$와 그 역 $q \longrightarrow p$가 모두 참임을 보여야 한다.

예제

2. 다음 |보기|의 두 조건 p, q에 대하여 p는 q이기 위한 필요충분조건인 것만을 있는 대로 고르시오.

|보기|
ㄱ. $p : x-1 \leq 0$, $q : x^2-2x+1 \leq 0$
ㄴ. $p : x^2 < 1$, $q : |x| < 1$
ㄷ. $p : x>0$이고 $y<0$, $q : xy<0$

《 풀이 》

두 조건 p, q의 진리집합을 각각 P, Q라 하면 → $x^2 \geq 0$이면 x는 모든 실수이고, $x^2 \leq 0$이면 $x=0$이다.

ㄱ. $P=\{x | x \leq 1\}$이고 $x^2-2x+1=(x-1)^2 \leq 0$에서 $x=1$이므로 $Q=\{1\}$이다.

이때 $P \not\subset Q$이고 $Q \subset P$이므로 p는 q이기 위한 필요조건이지만 충분조건은 아니다.

ㄴ. $x^2-1=(x+1)(x-1)<0$에서 $-1<x<1$이므로 $P=\{x | -1<x<1\}$이고,

$|x|<1$에서 $-1<x<1$이므로 $Q=\{x | -1<x<1\}$이다.

이때 $P \subset Q$이고 $Q \subset P$, 즉 $P=Q$이므로 p는 q이기 위한 필요충분조건이다.

ㄷ. $P=\{(x, y) | x>0$이고 $y<0\}$, $Q=\{(x, y) | x>0$이고 $y<0$ 또는 $x<0$이고 $y>0\}$

이때 $P \subset Q$이고 $Q \not\subset P$이므로 p는 q이기 위한 충분조건이지만 필요조건은 아니다.

답 ㄴ

유제

▶ 242015-0321

3. 두 조건

$$p : a<x<4, \quad q : x^2-(b+1)x+b<0$$

에 대하여 p가 q이기 위한 충분조건이고, q도 p이기 위한 충분조건일 때, 두 상수 a, b의 합 $a+b$의 값을 구하시오. (단, $a<4$, $b \neq 1$)

▶ 242015-0322

4. 두 조건

$$p : x는 20 \text{ 이하의 3의 배수인 자연수}, \quad q : x는 n \text{ 미만의 3의 배수인 자연수}$$

에 대하여 p가 q이기 위한 필요충분조건이 되도록 하는 모든 자연수 n의 값의 합을 구하시오.

③ 정의, 증명, 정리

(1) **정의** : 용어의 뜻을 명확하게 정한 문장을 그 용어의 정의라 한다.

(2) **증명** : 정의 또는 이미 옳다고 밝혀진 성질을 이용하여 어떤 명제가 참임을 설명하는 것을 증명이라 한다.

(3) **정리** : 참임이 증명된 명제 중에서 기본이 되는 것이나 다른 명제를 증명할 때 이용할 수 있는 것을 정리라 한다.

④ 대우를 이용한 증명

명제 $p \longrightarrow q$가 참이면 그 대우 $\sim q \longrightarrow \sim p$도 참이므로 명제 $p \longrightarrow q$가 참임을 증명할 때, 그 대우 $\sim q \longrightarrow \sim p$가 참임을 증명해도 된다.

➕ Plus Note

❹ 정사각형의 정의는 '네 변의 길이가 모두 같고 네 내각의 크기가 모두 같은 사각형'이다.

❺ '피타고라스 정리' 등이 있다.

❻ 명제 $p \longrightarrow q$가 참임을 증명하기 어렵고, 그 대우 $\sim q \longrightarrow \sim p$가 참임을 증명하기 쉬울 때 사용한다.

예제

3. 다음 명제가 참임을 그 대우를 이용하여 증명하시오.

'자연수 n에 대하여 n^2이 4의 배수가 아니면 n은 홀수이다.'

《 풀이 》

→ 주어진 명제의 가정은 'n^2이 4의 배수가 아니다.'이고 결론은 'n이 홀수이다.'이다.

주어진 명제의 대우 '자연수 n에 대하여 n이 짝수이면 n^2은 4의 배수이다.'가 참임을 보이면 된다.

n이 짝수이면 $n=2k$ (k는 자연수)로 나타낼 수 있으므로

→ 자연수 에 대하여 'n이 홀수이다.'의 부정은 'n이 짝수이다.'이다.

$$n^2 = (2k)^2 = 4k^2$$

이때 k^2은 자연수이므로 n^2은 4의 배수이다.

따라서 주어진 명제의 대우가 참이므로 주어진 명제도 참이다.

🔖 풀이 참조

유제

▶ 242015-0323

5. 다음 |보기|에서 용어의 정의로 옳은 것만을 있는 대로 고르시오.

┌ **보기** ┐

ㄱ. 사다리꼴의 정의는 마주 보는 두 쌍의 변이 서로 평행한 사각형이다.

ㄴ. 마름모의 정의는 네 변의 길이가 모두 같은 사각형이다.

ㄷ. 직사각형의 정의는 네 각의 크기가 모두 같은 사각형이다.

▶ 242015-0324

6. 다음 명제가 참임을 그 대우를 이용하여 증명하시오.

'두 실수 x, y에 대하여 $xy < 4$이면 $x < 2$ 또는 $y < 2$이다.'

5 귀류법 ⑦

어떤 명제가 참임을 증명할 때, 주어진 명제의 결론을 부정한 다음 가정 또는 이미 알려진 수학적 사실 등에 모순됨을 보여 원래의 명제가 참임을 증명하는 방법을 귀류법이라 한다.

+ Plus Note

⑦ 귀류법은 어떤 명제가 참임을 증명할 때, 직접 증명하는 것이 복잡한 경우에 사용한다.

예제

4. 명제 '$\sqrt{2}$는 유리수가 아니다.'가 참임을 귀류법을 이용하여 증명하시오.

《 **풀이** 》

$\sqrt{2}$가 유리수라 가정하면 서로소인 두 자연수 m, n에 대하여 ⟶ m과 n의 공약수가 1뿐이다.

$\sqrt{2} = \dfrac{n}{m}$ ⟶ 주어진 명제 '$\sqrt{2}$가 유리수가 아니다.'의 부정은

으로 나타낼 수 있다. '$\sqrt{2}$가 유리수이다.'이다.

이 식의 양변을 제곱하면 $2 = \dfrac{n^2}{m^2}$, 즉 $2m^2 = n^2$ …… ㉠

이때 n^2이 2의 배수이므로 n도 2의 배수이다.

그러므로 $n = 2k$ (k는 자연수)라 하고, 이를 ㉠에 대입하면 $2m^2 = 4k^2$, 즉 $m^2 = 2k^2$

마찬가지로 m^2이 2의 배수이므로 m도 2의 배수이다.

즉 m, n이 모두 2의 배수가 되어 m, n이 서로소라는 가정에 모순이다.

따라서 $\sqrt{2}$는 유리수가 아니다.

🖪 풀이 참조

유제

▶ 242015-0325

7. 명제 '$\sqrt{3}$은 유리수가 아니다.'가 참임을 귀류법을 이용하여 증명하시오.

▶ 242015-0326

8. 명제 '$\sqrt{2} - 1$은 유리수가 아니다.'가 참임을 귀류법을 이용하여 증명하시오.

6 절대부등식

(1) **절대부등식** : 주어진 집합의 모든 원소에 대하여 항상 성립하는 부등식을 절대부등식이라 한다.

(2) **여러 가지 절대부등식**⑧

① 두 실수 a, b에 대하여 $a^2+ab+b^2\geq0$ (단, 등호는 $a=b=0$일 때 성립한다.)

② 두 양수 a, b에 대하여 $\dfrac{a+b}{2}\geq\sqrt{ab}$ (단, 등호는 $a=b$일 때 성립한다.)

③ 두 실수 a, b에 대하여 $|a|+|b|\geq|a+b|$ (단, 등호는 $ab\geq0$일 때 성립한다.)

+ Plus Note

⑧ 절대부등식을 증명할 때 사용하는 실수의 성질

a, b가 실수일 때

① $a>b\Longleftrightarrow a-b>0$

② $a^2\geq0$, $a^2+b^2\geq0$

③ $a^2+b^2=0\Longleftrightarrow a=b=0$

④ $|a|^2=a^2$, $|ab|=|a||b|$

⑤ $a>0$, $b>0$일 때,
  $a>b\Longleftrightarrow a^2>b^2$

⑨ $\dfrac{a+b}{2}$는 산술평균, $\sqrt{ab}$는 기하평균이라 한다. 또한 이 절대부등식은 합이 일정한 두 양수의 곱의 최댓값을 찾거나 곱이 일정한 두 양수의 합의 최솟값을 찾을 때 이용한다.

예제

5. a, b가 실수일 때, 부등식 $|a|+|b|\geq|a+b|$이 성립함을 증명하시오.

《 풀이 》

$|a|+|b|\geq0$, $|a+b|\geq0$이므로 주어진 부등식의 양변을 제곱하여

$(|a|+|b|)^2\geq|a+b|^2$ ▶ 부등식 $A\geq B$가 성립함을 증명할 때, $A\geq0$, $B\geq0$이면 $A^2\geq B^2$이 성립함을 증명해도 된다.

이 성립함을 증명하면 된다.

$(|a|+|b|)^2-|a+b|^2=|a|^2+2|a||b|+|b|^2-(a+b)^2$

$\qquad\qquad\qquad\qquad\quad=a^2+2|ab|+b^2-a^2-2ab-b^2$

$\qquad\qquad\qquad\qquad\quad=2(|ab|-ab)$ ▶ 등호가 포함된 부등식이 성립함을 증명할 때에는 특별한 말이 없더라도 등호가 성립하는 조건을 찾는다.

이때 $|ab|\geq ab$이므로 $2(|ab|-ab)\geq0$ (단, 등호는 $|ab|=ab$, 즉 $ab\geq0$일 때 성립한다.)

따라서 $(|a|+|b|)^2\geq|a+b|^2$이므로 $|a|+|b|\geq|a+b|$이다.

🗐 풀이 참조

유제

▶ 242015-0327

9. a, b가 실수일 때, 부등식 $a^2-2ab+3b^2\geq0$이 성립함을 증명하시오.

▶ 242015-0328

10. a, b가 실수일 때, 부등식 $|a-b|\geq|a|-|b|$이 성립함을 증명하시오.

[충분조건과 필요조건] ▶ 242015-0329

01 x에 대한 두 조건 $p : -3<x\leq4$, $q : |x|<k$에 대하여 p가 q이기 위한 필요조건이 되도록 하는 자연수 k의 최댓값을 M, p가 q이기 위한 충분조건이 되도록 하는 자연수 k의 최솟값을 m이라 하자. $M+m$의 값은?

① 6　　　　② 7　　　　③ 8　　　　④ 9　　　　⑤ 10

[필요충분조건] ▶ 242015-0330

02 세 조건 p, q, r에 대하여 p는 $\sim q$이기 위한 필요조건이고, q는 $\sim r$이기 위한 필요충분조건이다. 다음 명제 중 항상 참인 명제는?

① $p \longrightarrow q$　　② $p \longrightarrow r$　　③ $q \longrightarrow p$　　④ $q \longrightarrow r$　　⑤ $r \longrightarrow p$

[대우를 이용한 증명] ▶ 242015-0331

03 다음은 명제 '두 자연수 m, n에 대하여 m^2+n^3이 홀수이면 $m+n$은 홀수이다.'가 참임을 증명하는 과정이다.

주어진 명제의 대우는
'두 자연수 m, n에 대하여 $m+n$이 짝수이면 m^2+n^3은 짝수이다.'
이다.
(ⅰ) m, n이 모두 짝수인 경우
　　두 자연수 a, b에 대하여 $m=2a$, $n=2b$라 하면
　　$m^2+n^3=2(\boxed{\text{(가)}}+4b^3)$이므로 m^2+n^3은 짝수이다.
(ⅱ) m, n이 모두 홀수인 경우
　　두 자연수 c, d에 대하여 $m=2c-1$, $n=2d-1$이라 하면
　　$m^2+n^3=2(2c^2-2c+\boxed{\text{(나)}})$이므로 m^2+n^3은 짝수이다.
(ⅰ), (ⅱ)에서 대우가 참이므로 주어진 명제도 참이다.

위의 (가), (나)에 알맞은 식을 각각 $f(a)$, $g(d)$라 할 때, $f(3)+g(2)$의 값은?

① 32　　　　② 34　　　　③ 36　　　　④ 38　　　　⑤ 40

[절대부등식] ▶ 242015-0332

04 두 양수 a, b에 대하여 $a^2b^2=36$일 때, $2a+3b$의 최솟값을 구하시오.

01

▶ 242015-0333

집합 $\{x \mid x^2 - kx + 2k + 5 = 0,\ x$는 실수$\}$가 공집합이 되도록 하는 정수 k의 개수는?

① 8   ② 9   ③ 10

④ 11   ⑤ 12

02

▶ 242015-0334

두 집합 $A = \{1, 2, 3\}$, $B = \{-1, 1, 2\}$에 대하여 집합 C를 $C = \{x + y \mid x \in A,\ y \in B\}$라 할 때, $n(C)$의 값은?

① 3   ② 4   ③ 5

④ 6   ⑤ 7

03

▶ 242015-0335

두 집합

$$A = \{-1, 2\},\ B = \{x \mid x^3 + ax^2 + 4x + b = 0\}$$

에 대하여 $A \subset B$일 때, 집합 B의 모든 원소의 합은?

(단, a, b는 상수이다.)

① -5 ② -2 ③ 1

④ 4   ⑤ 7

04

▶ 242015-0336

두 집합

$$A = \{x \mid x$는 10 이하의 자연수$\},$$
$$B = \{x \mid (x - 2a)(x - 3a) \le 0,\ x$는 자연수$\}$$

에 대하여 $n(A \cap B) = 3$이 되도록 하는 모든 자연수 a의 값의 합은?

① 2   ② 4   ③ 6

④ 8   ⑤ 10

05

▶ 242015-0337

전체집합 $U = \{x \mid x$는 10 이하의 자연수$\}$의 두 부분집합 $A = \{1, a\}$, $B = \{3, 4, 5, 6, b\}$에 대하여 $n(A \cap B) = 1$일 때, $a + b$의 최댓값과 최솟값의 합은?

(단, $n(A) = 2$, $n(B) = 5$)

① 21   ② 23   ③ 25

④ 27   ⑤ 29

06

▶ 242015-0338

집합 $A=\{a, b, c, d, e\}$의 부분집합 중에서 집합 $\{a, b\}$와 서로소가 아닌 집합의 개수는?

① 20   ② 22   ③ 24

④ 26   ⑤ 28

07

▶ 242015-0339

두 집합 A, B에 대하여
$n(B)=2 \times n(A)=6 \times n(A-B)$이고,
$n(A \cap B)=6$일 때, $n(A \cup B)$의 값은?

① 18   ② 21   ③ 24

④ 27   ⑤ 30

08

▶ 242015-0340

전체집합 $U=\{1, 2, 3, 4, 5, 6\}$의 두 부분집합 A, B가
$A^C \cup B^C = \{x \,|\, x는 6의 약수\}$,
$A-B = \{x \,|\, x는 3의 약수\}$
를 만족시킬 때, 집합 A의 모든 원소의 합은?

① 11   ② 13   ③ 15

④ 17   ⑤ 19

09

▶ 242015-0341

전체집합 $U=\{x \,|\, x는 n 이하의 짝수인 자연수\}$에 대하여 조건 p의 진리집합의 원소의 개수와 조건 $\sim p$의 진리집합의 원소의 개수가 모두 3일 때, 모든 자연수 n의 값의 합은?

① 17   ② 19   ③ 21

④ 23   ⑤ 25

10

▶ 242015-0342

x에 대한 두 조건 p, q가
$$p : x=k, \quad q : x^2-2x-8 \leq 0$$
일 때, 명제 $p \longrightarrow \sim q$가 참이 되도록 하는 자연수 k의 최솟값은?

① 1   ② 3   ③ 5

④ 7   ⑤ 9

11

▶ 242015-0343

두 실수 a, b에 대한 세 조건 p, q, r이

$$p : a+b=0,\ q : |a|+|b|=0,\ r : |a|-|b|=0$$

일 때, |보기|에서 참인 명제만을 있는 대로 고른 것은?

┌ **보기** ┐

ㄱ. $p \longrightarrow q$　　　　ㄴ. $p \longrightarrow r$

ㄷ. $r \longrightarrow \sim p$　　　　ㄹ. $\sim r \longrightarrow \sim q$

① ㄱ, ㄴ　　　② ㄱ, ㄷ　　　③ ㄱ, ㄹ

④ ㄴ, ㄷ　　　⑤ ㄴ, ㄹ

12

▶ 242015-0344

명제

'4 이하의 모든 자연수 n에 대하여 $n^2-4n+k \geq 0$이다.'

가 거짓이 되도록 하는 정수 k의 최댓값은?

① -3　　　② -1　　　③ 1

④ 3　　　⑤ 5

13

▶ 242015-0345

세 조건 p, q, r에 대하여 명제 $\sim p \longrightarrow q$와 명제 $p \longrightarrow r$이 모두 참일 때, 다음 중 항상 참인 명제인 것은?

① $p \longrightarrow q$　　② $\sim p \longrightarrow \sim r$　③ $q \longrightarrow p$

④ $r \longrightarrow q$　　　⑤ $\sim r \longrightarrow q$

14

▶ 242015-0346

x에 대한 세 조건

$$p : x^2-8x+12=0,\ q : x^2-x-k=0,\ r : x=k$$

에 대하여 다음 조건을 만족시키는 실수 k의 값을 구하시오.

┌──────────────────────────┐
(개) p는 r이기 위한 필요조건이다.

(내) r은 q이기 위한 충분조건이다.
└──────────────────────────┘

15

▶ 242015-0347

두 조건 p, q의 진리집합이 각각

$$P=\{a,\ b^2+b\},\ Q=\{2,\ 6\}$$

이다. p가 q이기 위한 필요충분조건일 때, $a+b$의 최댓값과 최솟값을 각각 M, m이라 하자. $M-m$의 값은?

① 6　　　　　② 7　　　　　③ 8

④ 9　　　　　⑤ 10

서술형으로 단원 마무리

전체집합 $U=\{x\,|\,x$는 24의 양의 약수$\}$에 대하여 두 조건 p, q가

p : x는 3의 배수이다.　q : $x>7$

이다. 조건 'p 그리고 $\sim q$'의 진리집합의 모든 원소의 합을 구하시오.

○ 출제의도

주어진 조건의 진리집합을 구할 수 있는지 묻는 문제이다.

○ 풀이

1단계　전체집합 U의 원소 나열하기

24의 양의 약수는 1, 2, 3, 4, 6, 8, 12, 24이므로

$U=\{1,\ 2,\ 3,\ 4,\ 6,\ 8,\ 12,\ 24\}$

2단계　조건 p의 진리집합 P, 조건 q의 진리집합 Q와 Q^C을 구하기

두 조건 p, q의 진리집합을 각각 P, Q라 하자.

집합 U의 원소 중에서 3의 배수는 3, 6, 12, 24이므로

$P=\{3,\ 6,\ 12,\ 24\}$

집합 U의 원소 중에서 7보다 큰 원소는 8, 12, 24이므로

$Q=\{8,\ 12,\ 24\}$이고, $Q^C=\{1,\ 2,\ 3,\ 4,\ 6\}$

3단계　집합 $P\cap Q^C$의 모든 원소의 합 구하기

조건 'p 그리고 $\sim q$'의 진리집합은 $P\cap Q^C=\{3,\ 6\}$이다.

따라서 구하는 모든 원소의 합은 $3+6=9$

답 9

유제

▶ 242015-0348

전체집합 $U=\{x\,|\,x$는 30의 양의 약수$\}$와 자연수 n에 대하여 x에 대한 두 조건 p, q가

p : x는 6의 배수　q : $x<n$

이다. 조건 '$\sim p$ 그리고 q'의 진리집합의 원소의 개수가 4가 되도록 하는 모든 n의 값의 합을 구하시오.

1 함수

(1) **대응** : 공집합이 아닌 두 집합 X, Y에 대하여 집합 X의 원소에 집합 Y의 원소를 짝짓는 것을 집합 X에서 집합 Y로의 대응이라 한다. 집합 X의 원소 x에 집합 Y의 원소 y가 짝지어지면 x에 y가 대응한다고 하며, 이것을 기호로 $x \longrightarrow y$와 같이 나타낸다.

(2) **함수** : 공집합이 아닌 두 집합 X, Y에 대하여 집합 X의 각 원소에 집합 Y의 원소가 오직 하나씩 대응할 때, 이 대응을 X에서 Y로의 함수라 하고, 이를 기호로
$$f : X \longrightarrow Y$$
와 같이 나타낸다. 이때 집합 X를 함수 f의 정의역, 집합 Y를 함수 f의 공역이라 한다.

➕ Plus Note

❶ 집합 X의 원소 중에서 집합 Y의 원소와 대응하지 않는 원소가 있거나 집합 X의 원소 1개에 집합 Y의 원소가 2개 이상 대응하는 경우 함수가 아니다.

예제

1. 다음 |보기|의 대응 중에서 집합 X에서 집합 Y로의 함수인 것만을 있는 대로 고르시오.

| 보기 |

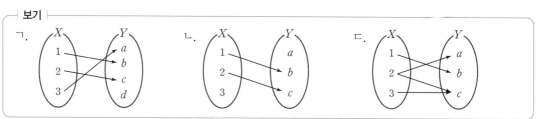

《 풀이 》

정의역의 원소에 대응되지 않는 공역의 원소가 존재해도 함수이다.

ㄱ. 집합 X의 원소 1, 2, 3은 각각 집합 Y의 원소 b, c, a와 하나씩만 대응하므로 함수이다.

ㄴ. 집합 X의 원소 3에 대응히는 집합 Y의 원소가 존재하지 않으므로 함수가 아니다.

ㄷ. 집합 X의 원소 2에 대응하는 집합 Y의 원소가 a와 c 두 개이므로 함수가 아니다.

따라서 집합 X에서 집합 Y로의 함수인 것은 ㄱ이다.

답 ㄱ

유제

▶ 242015-0349

1. 집합 $X=\{-1, 0, 1\}$에 대하여 다음 중 X에서 X로의 함수가 **아닌** 것은?

① $y=x$ ② $y=-x$ ③ $y=x^2$ ④ $y=|x|-1$ ⑤ $y=|x|+1$

▶ 242015-0350

2. 두 집합 $X=\{3, 4, 5, 6\}$, $Y=\{2, 3, a\}$에 대하여 X의 원소 x에 Y의 원소 y가 'y는 x의 양의 약수의 개수이다.'의 관계로 대응할 때, 이 대응이 함수가 되도록 하기 위한 상수 a의 값을 구하시오.

② 함수의 치역과 두 함수가 서로 같을 조건

＋ Plus Note

(1) **함수의 치역** : 함수 $f:X \longrightarrow Y$에서 정의역의 원소 x에 공역의 원소 y가 대응할 때, 이것을 기호로 $y=f(x)$와 같이 나타내고, $f(x)$를 함수 f의 x에서의 함숫값이라 한다. 이때 함수 f의 함숫값 전체의 집합 $\{f(x)|x \in X\}$를 함수 f의 치역이라 한다.

② 함수 $f:X \longrightarrow Y$의 치역은 공역 Y의 부분집합이다.

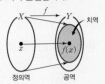

(2) **두 함수가 서로 같을 조건** : 두 함수 f, g에 대하여 정의역과 공역이 각각 서로 같고, 정의역의 모든 원소 x에 대하여 $f(x)=g(x)$일 때, 두 함수 f와 g는 서로 같다고 하며, 이것을 기호로 $f=g$와 같이 나타낸다.

③ 등식 $f(x)=g(x)$는 함숫값이 같다는 뜻이고, 등식 $f=g$는 두 함수가 같다는 뜻이다. 또한 두 함수 f, g가 서로 같지 않을 때, $f \neq g$와 같이 나타낸다.

예제

2. 정의역이 $\{-2, 0, 2\}$인 두 함수 $f(x)=2|x|$, $g(x)=x^2$에 대하여 $f=g$임을 설명하시오.

《 **풀이** 》

└── 함수 $y=f(x)$의 정의역이나 공역이 주어지지 않을 때에는 정의역은 $f(x)$가 정의되는 모든 실수 x의 집합으로, 공역은 실수 전체의 집합으로 한다.

정의역 $\{-2, 0, 2\}$의 모든 원소에 대하여

$f(-2)=g(-2)=4$, $f(0)=g(0)=0$, $f(2)=g(2)=4$

이므로 두 함수 $f(x)=2|x|$와 $g(x)=x^2$은 서로 같은 함수이다.

🗎 풀이 참조

유제

▶ 242015-0351

3. 집합 $X=\{1, 2, 3, 4\}$에 대하여 정의역이 X인 |보기|의 함수 중에서 치역이 X인 함수를 있는 대로 고르시오.

┌ **보기** ├─────────────────────────
ㄱ. $f(x)=x$ ㄴ. $f(x)=|x|$
ㄷ. $f(x)=-x$ ㄹ. $f(x)=-x+5$
└─────────────────────────────

▶ 242015-0352

4. 정의역이 $X=\{-1, a\}$인 두 함수

$f(x)=x^2-2$, $g(x)=3x+b$

에 대하여 $f=g$일 때, $a+b$의 값을 구하시오. (단, a, b는 상수이고, $a \neq -1$이다.)

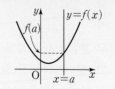

20 함수

3 함수의 그래프

(1) 함수 $f : X \longrightarrow Y$에서 정의역 X의 원소 x와 이에 대응하는 함숫값 $f(x)$의 순서쌍 $(x, f(x))$ 전체의 집합 $\{(x, f(x)) \mid x \in X\}$를 함수 f의 그래프라 한다.

(2) 함수 $y = f(x)$의 정의역과 공역이 모두 실수의 부분집합이면 함수의 그래프는 순서쌍 $(x, f(x))$를 좌표로 하는 점을 좌표평면에 나타내어 그릴 수 있다. ❹

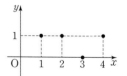

+ Plus Note

❹ 함수의 그래프는 정의역의 각 원소 a에 대하여 y축에 평행한 직선 $x = a$와 오직 한 점에서 만난다.

예제

3. 두 집합 $X = \{1, 2, 3, 4\}$, $Y = \{0, 1, 2\}$에 대하여 함수 $f : X \longrightarrow Y$가

'f의 함숫값 $f(x)$는 x^2을 3으로 나눈 나머지이다.'

로 정의된다. 다음 물음에 답하시오.

(1) 함수 f의 그래프를 집합으로 나타내시오.

(2) 함수 f의 그래프를 좌표평면 위에 나타내시오.

《 풀이 》

(1) $1^2 = 1 = 0 \times 3 + 1$이므로 $f(1) = 1$

$2^2 = 4 = 1 \times 3 + 1$이므로 $f(2) = 1$

$3^2 = 9 = 3 \times 3$이므로 $f(3) = 0$

$4^2 = 16 = 3 \times 5 + 1$이므로 $f(4) = 1$

그러므로 함수 f의 그래프를 집합으로 나타내면

$\{(1, 1), (2, 1), (3, 0), (4, 1)\}$이다. → $\{(x, f(x)) \mid x \in X\}$

(2) (1)에서 구한 함수 f의 그래프를 좌표평면 위에 나타내면 오른쪽 그림과 같다.

📋 풀이 참조

유제

▶ 242015-0353

5. 정의역이 $X = \{-1, 0, 2\}$인 함수 $f(x) = x^2 + ax + b$의 그래프가 $\{(-1, 2), (0, 4), (2, k)\}$일 때, $a + b + k$의 값을 구하시오. (단, a, b는 상수이다.)

▶ 242015-0354

6. 정의역이 집합 $X = \{2, 3\}$인 함수 $f(x) = ax + b$의 그래프가 오른쪽 그림과 같을 때, $a + b$의 값을 구하시오. (단, a, b는 상수이다.)

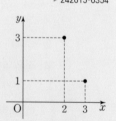

4 일대일함수와 일대일대응

(1) **일대일함수** : 함수 $f : X \longrightarrow Y$에서 정의역 X의 임의의 두 원소 x_1, x_2에 대하여 $x_1 \neq x_2$이면 $f(x_1) \neq f(x_2)$일 때, 함수 f를 일대일함수라 한다.❺

(2) **일대일대응** : 함수 $f : X \longrightarrow Y$가 일대일함수이고 치역과 공역이 같을 때, 함수❼ f를 일대일대응이라고 한다.❻ 즉, 함수 $f : X \longrightarrow Y$가 다음 두 조건을 만족시키면 일대일대응이다.
  ① 정의역 X의 임의의 두 원소 x_1, x_2에 대하여 $x_1 \neq x_2$이면 $f(x_1) \neq f(x_2)$이다.
  ② 치역과 공역이 같다.

＋ Plus Note

❺ '$x_1 \neq x_2$이면 $f(x_1) \neq f(x_2)$이다.'의 대우 '$f(x_1) = f(x_2)$이면 $x_1 = x_2$이다.'를 이용하여 일대일함수임을 확인할 수 있다.

❻ 일대일대응인 함수의 그래프는 x축에 평행한 모든 직선이 함수의 그래프와 한 점에서만 만나야 한다.

❼ 일대일대응이면 일대일함수이다. 하지만 일대일함수이지만 일대일대응은 아닐 수 있다.

예제

4. 다음 세 함수 f, g, h의 대응을 보고, 물음에 답하시오.

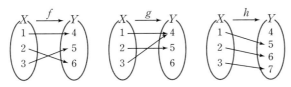

(1) 일대일함수인 것을 있는 대로 고르시오.
(2) 일대일대응인 것을 있는 대로 고르시오.

《 풀이 》

(1) 두 함수 f, h는 정의역에 속하는 서로 다른 두 원소의 함숫값이 서로 다르다. 하지만 함수 g는 정의역에 속하는 두 원소 1, 3에 대하여 $g(1) = g(3) = 4$로 함숫값이 서로 같으므로 일대일함수가 아니다.
  따라서 일대일함수인 것은 f, h이다.

(2) 함수 f는 일대일함수이고, 공역과 치역이 {4, 5, 6}으로 같으므로 일대일대응이다.
  함수 g는 일대일함수가 아니므로 일대일대응이 아니다. ──→ 일대일함수가 아니면 일대일대응이 될 수 없다.
  함수 h는 일대일함수이지만 공역 {4, 5, 6, 7}과 치역 {5, 6, 7}이 같지 않으므로 일대일대응이 아니다.
  따라서 일대일대응인 것은 f이다.

目 (1) f, h (2) f

유제

▶ 242015-0355

7. 집합 $X = \{1, 2, 3\}$에서 집합 $Y = \{1, 2, 3, 4, 5\}$로의 함수 f가 $f(1) = 4$이고 일대일함수일 때, $f(2) + f(3)$의 최댓값을 구하시오.

▶ 242015-0356

8. 실수 전체의 집합을 정의역과 공역으로 하는 |보기|의 함수 중 일대일대응인 것만을 있는 대로 고르시오.

| 보기 |
ㄱ. $f(x) = 2x - 3$　　　　ㄴ. $g(x) = x^2 - 1$　　　　ㄷ. $h(x) = x + |x|$

5 항등함수와 상수함수

(1) **항등함수** : 함수 $f : X \longrightarrow X$에서 정의역 X의 각 원소 x에 그 자신 x가 대응할 때, 즉 $f(x)=x$일 때, 함수 f를 집합 X에서의 항등함수라 한다.
_❽

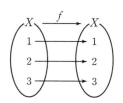

(2) **상수함수** : 함수 $f : X \longrightarrow Y$에서 정의역 X의 모든 원소 x에 공역 Y의 단 하나의 원소 c가 대응할 때, 즉 $f(x)=c$일 때, 함수 f를 상수함수라 한다.
_❾

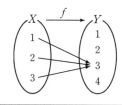

+ Plus Note

❽ 항등함수는 정의역, 공역, 치역이 모두 같으며 일대일대응이다. 또한 정의역과 공역이 모두 실수 전체의 집합일 때, 항등함수는 $y=x$이다.

❾ 상수함수의 치역의 원소의 개수는 1이다. 또한 정의역과 공역이 모두 실수 전체의 집합일 때, 상수함수는 $y=c$(c는 상수)이다.

예제

5. 집합 $X=\{-2,\ 1\}$에 대하여 X에서 X로의 항등함수인 것을 |보기|에서 있는 대로 고르시오.

| 보기 |

ㄱ. $f(x)=x$　　　　　　ㄴ. $g(x)=x^2+2x-2$　　　　　ㄷ. $h(x)=-x^2+2$

《 풀이 》

ㄱ. $f(x)=x$에서 $f(-2)=-2$, $f(1)=1$
　　이므로 $f(x)$는 항등함수이다.

ㄴ. $g(x)=x^2+2x-2$에서 $g(-2)=4-4-2=-2$, $g(1)=1+2-2=1$
　　이므로 $g(x)$는 항등함수이다.

ㄷ. $h(x)=-x^2+2$에서 $h(-2)=-4+2=-2$, $h(1)=-1+2=1$
　　이므로 $h(x)$는 항등함수이다.

따라서 항등함수인 것은 ㄱ, ㄴ, ㄷ이다.

답 ㄱ, ㄴ, ㄷ

유제

▶ 242015-0357

9. 집합 $X=\{-3,\ 2\}$에 대하여 X에서 X로의 함수 $f(x)=a|x|+b$가 항등함수일 때, $a+b$의 값을 구하시오. (단, a, b는 상수이다.)

▶ 242015-0358

10. 실수 전체의 집합에서 정의된 두 함수 f, g는 모두 상수함수이다. $f(1)=2g(2)$이고 $f(3)+4g(4)=6$일 때, $f(5)+6g(6)$의 값을 구하시오.

[함수]

▶ 242015-0359

01 집합 $A=\{6, 9, 12, 15, 18\}$의 부분집합 $X=\{a, b\}$에 대하여 집합 X에서 집합
$Y=\{0, 1, 2, 3\}$으로의 함수 f가
　　'f의 함숫값 $f(x)$는 x를 4로 나눈 나머지이다.'
이다. $f(a)+f(b)=5$가 되도록 하는 $a+b$의 최솟값을 구하시오. (단, $a<b$)

[함수의 치역]

▶ 242015-0360

02 정의역이 $X=\{x \mid x$는 6의 양의 약수$\}$인 함수 $f(x)=-x+a$에 대하여 치역의 모든 원소의
합이 0이 되도록 하는 상수 a의 값은?

① 1　　　　　② 2　　　　　③ 3　　　　　④ 4　　　　　⑤ 5

[두 함수가 서로 같을 조건]

▶ 242015-0361

03 원소의 개수가 2 이상인 집합 X를 정의역으로 하는 두 함수 $f(x)=x^3+3$, $g(x)=3x^2+x$에
대하여 $f=g$가 되도록 하는 집합 X의 모든 원소의 합의 최댓값은?

① 2　　　　　② 4　　　　　③ 6　　　　　④ 8　　　　　⑤ 10

[일대일대응]

▶ 242015-0362

04 전체집합 $U=\{x \mid |x| \leq 10\}$의 두 부분집합 $X=\{x \mid -1 \leq x \leq 3\}$, $Y=\{y \mid -4 \leq y \leq a\}$에
대하여 X에서 Y로의 함수 $f(x)=bx+5$가 일대일대응일 때, $a+b$의 값은?

(단, a, b는 상수이다.)

① 1　　　　　② 3　　　　　③ 5　　　　　④ 7　　　　　⑤ 9

[항등함수와 상수함수]

▶ 242015-0363

05 실수 전체의 집합에서 정의된 두 함수 f, g에 대하여 함수 f는 항등함수이고 함수 g는 상수함수
이다. $f(12)=3g(1)$일 때, $af(a)=9g(3)$을 만족시키는 양수 a의 값을 구하시오.

1 합성함수

두 함수 $f : X \longrightarrow Y$, $g : Y \longrightarrow Z$가 주어졌을 때, 집합 X의 임의의 원소 x에 대하여 함숫값 $f(x)$는 집합 Y의 원소이고, 집합 Y의 원소 $f(x)$에 대하여 함숫값 $g(f(x))$는 집합 Z의 원소이다.

그러므로 집합 X의 각 원소 x에 집합 Z의 원소 $g(f(x))$를 대응시키면 X를 정의역, Z를 공역으로 하는 새로운 함수를 정의할 수 있다.

이 함수를 f와 g의 합성함수라 하고, 이것을 기호로 $g \circ f$와 같이 나타낸다.

또한 함수 $g \circ f : X \longrightarrow Z$에서 함숫값을 기호로 $(g \circ f)(x)$와 같이 나타낸다.

이때 X의 원소 x에 Z의 원소 $g(f(x))$가 대응하므로 $(g \circ f)(x) = g(f(x))$이다.

그러므로 f와 g의 합성함수를 $y = g(f(x))$와 같이 나타낼 수 있다.

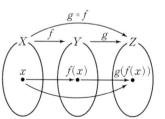

＋ Plus Note

❶ 집합 X의 각 원소 x에 집합 Z의 원소 $g(f(x))$가 오직 하나씩만 대응하므로 이 대응은 함수이다.

❷ f의 치역이 g의 정의역의 부분집합일 때, 합성함수 $g \circ f$를 정의할 수 있다.

예제

1. 오른쪽 그림과 같은 두 함수 $f : X \longrightarrow Y$, $g : Y \longrightarrow Z$에 대하여 $f(1) + g(1) + (g \circ f)(1)$의 값은?

① 12   ② 14   ③ 16

④ 18   ⑤ 20

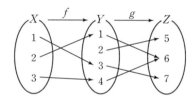

《 풀이 》

$f(1) = 3$, $g(1) = 6$이고

$(g \circ f)(1) = g(f(1)) = g(3) = 7$

따라서 $(g \circ f)(x) = g(f(x))$

$f(1) + g(1) + (g \circ f)(1) = 3 + 6 + 7 = 16$

답 ③

유제

▶ 242015-0364

1. 두 함수 $f(x) = x + 2$, $g(x) = x^2 - 1$에 대하여 $(g \circ f)(2) + (f \circ g)(3)$의 값을 구하시오.

▶ 242015-0365

2. 두 함수 $f(x) = 2x - a$, $g(x) = x^2 + x$에 대하여 $(g \circ f)(a) = (f \circ g)(3)$일 때, 양수 a의 값을 구하시오.

② 합성함수의 성질

합성이 가능한 세 함수 f, g, h에 대하여

(1) 일반적으로 $g \circ f \neq f \circ g$이다. ❸
　　즉, 함수의 합성에 대하여 교환법칙이 성립하지 않는다.

(2) 일반적으로 $(f \circ g) \circ h = f \circ (g \circ h)$이다.
　　즉, 함수의 합성에 대하여 결합법칙이 성립한다.
　　이때 $(f \circ g) \circ h = f \circ (g \circ h)$이므로 괄호 없이 $f \circ g \circ h$로 쓰기도 한다.

(3) 항등함수 I에 대하여
$$f \circ I = I \circ f = f$$

Plus Note

❸ 함수의 합성에서 일반적으로 교환법칙이 성립하지 않지만 $g \circ f = f \circ g$인 경우도 존재한다.
예를 들어
$f(x) = x+1$, $g(x) = x-1$이면
$(g \circ f)(x) = g(x+1) = x$
$(f \circ g)(x) = f(x-1) = x$
이므로 $g \circ f = f \circ g$이다.

예제

2. 세 함수 $f(x) = 2x$, $g(x) = x+1$, $h(x) = x^2$에 대하여 다음 합성함수를 구하시오.

(1) $(g \circ f)(x)$　　　　　　　　　　　　(2) $(f \circ g)(x)$

(3) $(f \circ (g \circ h))(x)$　　　　　　　　(4) $((f \circ g) \circ h)(x)$

《 풀이 》

(1) $(g \circ f)(x) = g(f(x)) = g(2x) = 2x+1$　⟶ $g \circ f \neq f \circ g$임을 확인할 수 있다.

(2) $(f \circ g)(x) = f(g(x)) = f(x+1) = 2(x+1) = 2x+2$

(3) $(g \circ h)(x) = g(h(x)) = g(x^2) = x^2+1$이므로
　　$(f \circ (g \circ h))(x) = f((g \circ h)(x)) = f(x^2+1) = 2(x^2+1) = 2x^2+2$

(4) $(f \circ g)(x) = f(g(x)) = f(x+1) = 2(x+1) = 2x+2$이므로
　　$((f \circ g) \circ h)(x) = (f \circ g)(h(x)) = (f \circ g)(x^2) = 2x^2+2$
　　⟶ $f \circ (g \circ h) = (f \circ g) \circ h$임을 확인할 수 있다.

📋 (1) $2x+1$　(2) $2x+2$　(3) $2x^2+2$　(4) $2x^2+2$

유제

▸ 242015-0366

3. 세 함수 f, g, h에 대하여 $(f \circ g)(x) = x^2-3$, $h(x) = 2x-3$일 때, $(f \circ (g \circ h))(4)$의 값을 구하시오.

▸ 242015-0367

4. 두 함수 $f(x) = ax^2+ax+1$, $g(x) = 2x+1$에 대하여 $(f \circ g)(1) = (g \circ f)(1)$일 때, $f(4)$의 값을 구하시오. (단, a는 상수이다.)

③ 역함수

함수 $f : X \longrightarrow Y$가 일대일대응이면 Y의 각 원소 y에 대하여 $y=f(x)$인 X의 원소 x가 오직 하나씩 존재한다.
그러므로 Y의 각 원소 y에 $y=f(x)$인 X의 원소 x를 대응시키면 Y를 정의역, X를 공역으로 하는 새로운 함수를 정의할 수 있다. 이 함수를 f의 역함수라 하고, 이것을 기호로 f^{-1}와 같이 나타낸다.
즉 $f^{-1} : Y \longrightarrow X$이고 $x=f^{-1}(y)$이다.

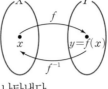

+ Plus Note

❹ 함수 $y=f(x)$의 역함수가 존재하기 위한 필요충분조건은 함수 $y=f(x)$가 일대일대응인 것이다.

❺ f^{-1}를 'f의 역함수' 또는 'f inverse'라고 읽는다.

❻ 역함수가 존재하는 함수 $y=f(x)$에 대하여
$f(a)=b \Longleftrightarrow f^{-1}(b)=a$

예제

3. 다음 세 함수 f, g, h에 대하여 역함수가 존재하는 함수를 있는 대로 고르시오.

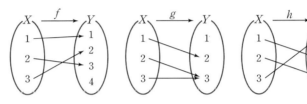

《 풀이 》

함수 f의 반대 방향으로의 대응 관계에서 집합 Y의 원소 4에 대응하는 집합 X의 원소가 존재하지 않는다.
그러므로 함수 f는 역함수가 존재하지 않는다.
함수 g의 반대 방향으로의 대응 관계에서 집합 Y의 원소 1에 대응하는 집합 X의 원소가 존재하지 않고, 집합 Y의 원소 3에 대응하는 집합 X의 원소가 2, 3 두 개이다. 그러므로 함수 g는 역함수가 존재하지 않는다.
함수 h의 반대 방향으로의 대응 관계에서는 집합 Y의 각 원소에 집합 X의 원소가 오직 하나씩 대응하므로 함수 h는 역함수가 존재한다. $\longrightarrow$ 함수 $h : X \longrightarrow Y$는 일대일대응이므로 역함수가 존재한다.
따라서 역함수가 존재하는 함수는 h이다.

답 h

유제

▶ 242015-0368

5. 집합 $X=\{1, 2, 3\}$에서 집합 $Y=\{1, 3, 5\}$로의 함수 f가 역함수가 존재하고, $f(1)=5$, $f(2)=1$일 때, $f(3)+f^{-1}(1)$의 값을 구하시오.

▶ 242015-0369

6. 함수 $f(x)=3x+a$에 대하여 $f^{-1}(5)=-1$일 때, $f(2)+f^{-1}(2)$의 값을 구하시오.

(단, a는 상수이다.)

4 역함수의 성질

(1) 함수 $f : X \longrightarrow Y$가 일대일대응일 때, 집합 X의 원소 x와 집합 Y의 원소 y에 대하여

① f의 역함수 $f^{-1} : Y \longrightarrow X$가 존재한다.

② $y = f(x) \iff x = f^{-1}(y)$

③ $(f^{-1} \circ f)(x) = x,\ (f \circ f^{-1})(y) = y$ ❶

④ $(f^{-1})^{-1}(x) = f(x)$

(2) 두 함수 f, g의 역함수를 각각 f^{-1}, g^{-1}라 할 때,

$$(g \circ f)^{-1} = f^{-1} \circ g^{-1}$$

+ Plus Note

❶ $(f^{-1} \circ f)(x) = f^{-1}(f(x))$
$\qquad = f^{-1}(y) = x$
$(f \circ f^{-1})(y) = f(f^{-1}(y))$
$\qquad = f(x) = y$
이때 합성함수 $f^{-1} \circ f$는 집합 X에서의 항등함수이고 합성함수 $f \circ f^{-1}$는 집합 Y에서의 항등함수이다.

예제

4. 두 함수 $f(x) = 2x + 5$, $g(x) = 3x - 2$에 대하여 다음을 구하시오.

(1) $(f^{-1} \circ f)(1)$ (2) $(g \circ g^{-1})(7)$ (3) $(f^{-1} \circ g^{-1})(7)$

(4) $(g^{-1} \circ f^{-1})(7)$ (5) $(g \circ f)^{-1}(7)$

《 풀이 》

(1) $f(1) = 2 + 5 = 7$이므로 $f^{-1}(7) = 1$

따라서 $\underline{(f^{-1} \circ f)(1) = f^{-1}(f(1)) = f^{-1}(7)} = 1$ → $(f^{-1} \circ f)(x) = x$이다.

(2) $g^{-1}(7) = a$라 하면 $g(a) = 3a - 2 = 7$이므로 $a = 3$이고 $g(3) = 7$, $g^{-1}(7) = 3$

따라서 $\underline{(g \circ g^{-1})(7) = g(g^{-1}(7)) = g(3)} = 7$ → $(g \circ g^{-1})(y) = y$이다.

(3) (2)에서 $g^{-1}(7) = 3$이므로 $(f^{-1} \circ g^{-1})(7) = f^{-1}(g^{-1}(7)) = f^{-1}(3)$ $\cdots\cdots$ ㉠

$f^{-1}(3) = b$라 하면 $f(b) = 2b + 5 = 3$에서 $b = -1$이고 $f(-1) = 3$, $f^{-1}(3) = -1$

따라서 ㉠에서 $(f^{-1} \circ g^{-1})(7) = -1$

(4) (1)에서 $f^{-1}(7) = 1$이므로 $(g^{-1} \circ f^{-1})(7) = g^{-1}(f^{-1}(7)) = g^{-1}(1)$ $\cdots\cdots$ ㉡

$g^{-1}(1) = c$라 하면 $g(c) = 3c - 2 = 1$에서 $c = 1$이고 $g(1) = 1$, $g^{-1}(1) = 1$

따라서 ㉡에서 $(g^{-1} \circ f^{-1})(7) = 1$

(5) $(g \circ f)(x) = g(f(x)) = g(2x + 5) = 3(2x + 5) - 2 = 6x + 13$

$(g \circ f)^{-1}(7) = d$라 하면 $(g \circ f)(d) = 6d + 13 = 7$에서 $d = -1$, $(g \circ f)(-1) = 7$

따라서 $\underline{(g \circ f)^{-1}(7) = -1}$

  → $(g \circ f)^{-1}(7)$의 값은 $(f^{-1} \circ g^{-1})(7)$의 값과 같고, $(g^{-1} \circ f^{-1})(7)$의 값과 같지 않다.

답 (1) 1   (2) 7   (3) -1 (4) 1   (5) -1

유제

▶ 242015-0370

7. 함수 $f(x) = 2x - 1$에 대하여 $(f \circ (f \circ f)^{-1})(7)$의 값을 구하시오.

▶ 242015-0371

8. 두 함수 $f(x) = -2x + 3$, $g(x) = 3x - 2$에 대하여 $(f^{-1} \circ g)^{-1}(-2)$의 값을 구하시오.

⑤ 역함수를 구하는 방법과 역함수의 그래프

(1) 역함수를 구하는 방법

일대일대응인 함수 $y=f(x)$의 역함수 $y=f^{-1}(x)$는 다음과 같이 구할 수 있다.❽

① x를 y에 대한 식으로 나타낸다.

② x와 y를 서로 바꾼다.❾

$$y=f(x) \xrightarrow{\quad① \quad} x=f^{-1}(y) \xrightarrow{\quad② \quad} y=f^{-1}(x)$$

(2) 역함수의 그래프

함수 $y=f(x)$의 그래프와 그 역함수 $y=f^{-1}(x)$의 그래프는 직선 $y=x$에 대하여 대칭이다.

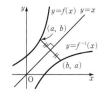

➕ Plus Note

❽ 역함수를 구하기 전에 주어진 함수가 일대일대응인지 먼저 확인한다.

❾ 일반적으로 함수를 나타낼 때 정의역의 원소를 x, 공역의 원소를 y로 나타내므로 함수 $y=f(x)$의 역함수 $x=f^{-1}(y)$도 x와 y를 서로 바꾸어 $y=f^{-1}(x)$와 같이 나타낸다.

예제

5. 함수 $f(x)=3x-6$에 대하여 다음 물음에 답하시오.

⑴ 함수 $y=f(x)$의 그래프와 직선 $y=x$의 교점의 좌표를 구하시오.

⑵ 함수 $y=f(x)$의 역함수를 구하시오.

⑶ 함수 $y=f(x)$의 그래프와 함수 $y=f^{-1}(x)$의 그래프 교점의 좌표를 구하시오.

《 풀이 》

⑴ $3x-6=x$에서 $2x=6$, $x=3$이므로 교점의 좌표는 $(3, 3)$이다.

⑵ 실수 전체의 집합을 R이라 하면 함수 $f(x)=3x-6$은 R에서 R로의 일대일대응이므로 역함수가 존재한다.

$y=3x-6$을 x에 대하여 정리하면 $3x=y+6$, $x=\dfrac{1}{3}y+2$

이때 x와 y를 서로 바꾸면 구하는 역함수는 $y=\dfrac{1}{3}x+2$

⑶ $3x-6=\dfrac{1}{3}x+2$에서 $\dfrac{8}{3}x=8$, $x=3$이고 $y=\dfrac{1}{3}x+2$에 $x=3$을 대입하면 $y=3$이므로

교점의 좌표는 $(3, 3)$이다.

답 ⑴ $(3, 3)$ ⑵ $y=\dfrac{1}{3}x+2$ ⑶ $(3, 3)$

유제

▸ 242015-0372

9. 함수 $f(x)=-\dfrac{1}{2}x+a$의 역함수가 $f^{-1}(x)=bx+8$일 때, $a+b$의 값을 구하시오.

(단, a, b는 상수이다.)

▸ 242015-00373

10. 함수 $f(x)=3x-12$에 대하여 함수 $y=f(x)$의 그래프가 x축과 만나는 점을 A, 함수 $y=f^{-1}(x)$의 그래프가 y축과 만나는 점을 B라 할 때, 삼각형 OAB의 넓이를 구하시오.

(단, O는 원점이다.)

[합성함수]　► 242015-0374

01 함수
$$f(x)=\begin{cases} -2x+3 & (x\leq 0) \\ x-3 & (x>0) \end{cases}$$
에 대하여 $(f\circ f)(-1)+(f\circ f)(1)$의 값은?

① 1　　　　② 3　　　　③ 5　　　　④ 7　　　　⑤ 9

[합성함수의 성질]　► 242015-0375

02 두 함수 $f(x)=ax+a-2$, $g(x)=2x-1$에 대하여 $f\circ g=g\circ f$가 항상 성립할 때, $(f\circ g)(2a)$의 값은? (단, a는 상수이다.)

① 6　　　　② 7　　　　③ 8　　　　④ 9　　　　⑤ 10

[역함수]　► 242015-0376

03 함수 $f(x)=ax+a+b$에 대하여 $f^{-1}(2)=3$, $f^{-1}(6)=1$일 때, $f(ab)$의 값은?

(단, a, b는 상수이다.)

① 24　　　　② 30　　　　③ 36　　　　④ 42　　　　⑤ 48

[역함수의 성질]　► 242015-0377

04 역함수가 존재하는 두 함수 f, g에 대하여 $(f\circ g)(x)=-2x+7$일 때, $((g^{-1}\circ f)\circ(f\circ f)^{-1})(3)$의 값은?

① 2　　　　② 4　　　　③ 6　　　　④ 8　　　　⑤ 10

[역함수의 그래프]　► 242015-0378

05 양수 a에 대하여 함수 $f(x)$를 $f(x)=2x-a$라 하자. 함수 $y=f(x)$의 그래프가 x축과 만나는 점을 A, 함수 $y=f^{-1}(x)$의 그래프가 y축과 만나는 점을 B라 할 때, $\overline{\text{AB}}=4\sqrt{2}$가 되도록 하는 a의 값은?

① 8　　　　② 10　　　　③ 12　　　　④ 14　　　　⑤ 16

1 유리식

(1) **유리식** : 두 다항식 A, $B(B\neq0)$에 대하여 $\dfrac{A}{B}$의 꼴로 나타낼 수 있는 식을 유리

식이라 한다. 특히 B가 0이 아닌 상수이면 $\dfrac{A}{B}$는 다항식이 되므로 다항식도 유리

식이다._❶

(2) **유리식의 성질** : 다항식 A, B, C $(B\neq0, C\neq0)$에 대하여

① $\dfrac{A}{B}=\dfrac{A\times C}{B\times C}$ 　　② $\dfrac{A}{B}=\dfrac{A\div C}{B\div C}$

(3) **유리식의 사칙연산**_❷ : 다항식 A, B, C, D $(C\neq0, D\neq0)$에 대하여

① $\dfrac{A}{C}+\dfrac{B}{C}=\dfrac{A+B}{C}$ 　　② $\dfrac{A}{C}-\dfrac{B}{C}=\dfrac{A-B}{C}$

③ $\dfrac{A}{C}\times\dfrac{B}{D}=\dfrac{A\times B}{C\times D}$ 　　④ $\dfrac{A}{C}\div\dfrac{B}{D}=\dfrac{A}{C}\times\dfrac{D}{B}=\dfrac{A\times D}{B\times C}$ (단, $B\neq0$)

＋ Plus Note

❶

❷ 유리식의 사칙연산은 유리수의 사칙연산과 같은 방법으로 한다. 또한 유리식의 사칙연산은 유리식의 덧셈과 곱셈에 대하여 교환법칙과 결합법칙이 성립한다.

예제

1. 다음 식을 계산하시오.

(1) $\dfrac{1}{x-1}-\dfrac{2}{2x+3}$ 　　(2) $\dfrac{x^2-4}{x-1}\div\dfrac{x+2}{x^2-3x+2}$

《 풀이 》

(1) $\dfrac{1}{x-1}-\dfrac{2}{2x+3}=\dfrac{2x+3}{(x-1)(2x+3)}-\dfrac{2(x-1)}{(x-1)(2x+3)}=\dfrac{(2x+3)-(2x-2)}{(x-1)(2x+3)}=\dfrac{5}{(x-1)(2x+3)}$

(2) $\dfrac{x^2-4}{x-1}\div\dfrac{x+2}{x^2-3x+2}=\dfrac{x^2-4}{x-1}\times\dfrac{x^2-3x+2}{x+2}=\dfrac{(x+2)(x-2)}{x-1}\times\dfrac{(x-1)(x-2)}{x+2}=(x-2)^2$

답 (1) $\dfrac{5}{(x-1)(2x+3)}$ 　(2) $(x-2)^2$

유제

▶ 242015-0379

1. 다음 |보기|에서 다항식이 아닌 유리식을 있는 대로 고르시오.

┌ **보기** ┐

ㄱ. $\dfrac{x+1}{x-1}$ 　　ㄴ. $\dfrac{x-2}{3}$ 　　ㄷ. $\dfrac{x^2-2x+3}{x}$ 　　ㄹ. $\dfrac{1}{x^2}+1$

▶ 242015-0380

2. 다음 식을 계산하시오.

(1) $\dfrac{x-1}{x^2-x-2}+\dfrac{1}{x-2}$ 　　(2) $\dfrac{x+2}{x^2-2x-3}\times\dfrac{x-3}{x^2-4}$

② 유리함수의 뜻과 유리함수 $y=\dfrac{k}{x}\,(k\neq0)$의 그래프

(1) **유리함수** : 함수 $y=f(x)$에서 $f(x)$가 x에 대한 유리식일 때, 이 함수를 유리함수라 한다. 특히 $f(x)$가 x에 대한 다항식일 때, 이 함수를 다항함수라 한다.

일반적으로 유리함수에서 정의역이 주어지지 않을 때에는 분모가 0이 되지 않도록 하는 실수 전체의 집합을 정의역으로 한다. ❸

(2) **유리함수 $y=\dfrac{k}{x}\,(k\neq0)$의 그래프** ❹

① 정의역과 치역은 모두 0이 아닌 실수 전체의 집합이다.

② $k>0$이면 그래프는 제1사분면, 제3사분면에 있고, $k<0$이면 그래프는 제2사분면, 제4사분면에 있다.

③ 원점에 대하여 대칭이다.

④ 점근선은 x축, y축이다. ❺ ❻

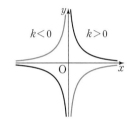

+ Plus Note

❸ 다항함수의 정의역은 실수 전체의 집합이다.

❹ 유리함수 $y=\dfrac{k}{x}\,(k\neq0)$의 그래프는 k의 절댓값이 커질수록 원점으로부터 멀어진다.

❺ 곡선 위의 점이 어떤 직선에 한 없이 가까워질 때, 이 직선을 그 곡선의 점근선이라 한다.

❻ 점근선의 방정식은 $y=0$, $x=0$이다.

예제

2. 유리함수 $y=\dfrac{1}{x}$의 그래프에 대한 다음 설명 중 |보기|에서 옳은 것만을 있는 대로 고르시오.

| 보기 |

ㄱ. 제2사분면과 제4사분면을 지난다.   ㄴ. 원점에 대하여 대칭이다.

ㄷ. 점근선은 두 직선 $x=0$과 $y=0$이다.

❰ 풀이 ❱

ㄱ. $1>0$이므로 유리함수 $y=\dfrac{1}{x}$의 그래프는 제1사분면, 제3사분면을 지난다. (거짓)

ㄴ. $y=\dfrac{1}{x}$에서 x 대신 $-x$, y 대신 $-y$를 대입하면 $-y=-\dfrac{1}{x}$, $y=\dfrac{1}{x}$

그러므로 유리함수 $y=\dfrac{1}{x}$의 그래프는 원점에 대하여 대칭이다. (참)

$\longrightarrow f(x,\,y)=0$과 $f(-x,\,-y)=0$이 서로 같다.

ㄷ. 유리함수 $y=\dfrac{1}{x}$의 그래프의 점근선은 x축과 y축이고, x축의 방정식은 $y=0$, y축의 방정식은 $x=0$이다. (참)

따라서 옳은 것은 ㄴ, ㄷ이다.   답 ㄴ, ㄷ

유제

▶ 242015-0381

3. 다음 함수의 정의역을 구하시오.

(1) $y=\dfrac{x+1}{2}$ (2) $y=\dfrac{1}{x-3}$ (3) $y=\dfrac{x+1}{2x+1}$

▶ 242015-0382

4. 다음 유리함수의 그래프를 그리고 점근선의 방정식을 구하시오.

(1) $y=\dfrac{4}{x}$ (2) $y=-\dfrac{1}{x}$

22 **유리함수**

---

❸ 유리함수 $y=\dfrac{ax+b}{cx+d}$ $(c\neq0,\ ad-bc\neq0)$의 그래프

(1) **유리함수 $y=\dfrac{k}{x-p}+q$ $(k\neq0)$의 그래프**

 ① 함수 $y=\dfrac{k}{x}$의 그래프를 x축의 방향으로 p만큼, y축의 방향으로 q만큼 평행이동
 한 그래프이다. **❼**

 ② 정의역은 $\{x\,|\,x\neq p$인 실수$\}$, 치역은 $\{y\,|\,y\neq q$인 실수$\}$이다.

 ③ 점 $(p,\ q)$에 대하여 대칭이다. **❽**

 ④ 점근선은 두 직선 $x=p$, $y=q$이다.

(2) 유리함수 $y=\dfrac{ax+b}{cx+d}$ $(c\neq0,\ ad-bc\neq0)$의 그래프는 $y=\dfrac{k}{x-p}+q$의 꼴로 변형
 하여 그린다. **❾**

➕ Plus Note

❼ 함수 $y=f(x-p)+q$의 그래프는 함수 $y=f(x)$의 그래프를 x축의 방향으로 p만큼, y축의 방향으로 q만큼 평행이동한 것이다.

❽ 점 $(p,\ q)$는 두 점근선의 교점이다.

❾ $c=0$이면 다항함수이고, $ad-bc=0$이면 상수함수이다.

예제

3. 다음 유리함수의 그래프를 그리고 점근선의 방정식을 구하시오.

(1) $y=\dfrac{2}{x-2}+1$ 　　　　　　　　　　 (2) $y=\dfrac{3x+4}{x+1}$

《 풀이 》

(1) 함수 $y=\dfrac{2}{x-2}+1$의 그래프는 함수 $y=\dfrac{2}{x}$의 그래프를 x축의 방향으로 2만큼,
 y축의 방향으로 1만큼 평행이동한 것이다.
 그러므로 그래프는 오른쪽 그림과 같고 점근선의 방정식은 $x=2$, $y=1$이다.

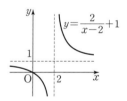

(2) $y=\dfrac{3x+4}{x+1}=\dfrac{3(x+1)+1}{x+1}=\dfrac{1}{x+1}+3$이므로 함수 $y=\dfrac{3x+4}{x+1}$의 그래프는

 　　　　　　 $y=\dfrac{3x+4}{x+1}$의 그래프는 $y=\dfrac{k}{x-p}+q$ $(k\neq0)$의 꼴로 바꾸어서 그린다.

 함수 $y=\dfrac{1}{x}$의 그래프를 x축의 방향으로 -1만큼, y축의 방향으로 3만큼
 평행이동한 것이다.
 그러므로 그래프는 오른쪽 그림과 같고 점근선의 방정식은 $x=-1$, $y=3$이다.

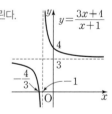

🖹 풀이 참조

유제

▶ 242015-0383

5. 다음 유리함수의 그래프를 그리고 점근선의 방정식을 구하시오.

(1) $y=-\dfrac{2}{x+2}-1$ 　　　　　　　　 (2) $y=\dfrac{-2x-5}{x+1}$

▶ 242015-0384

6. 유리함수 $y=\dfrac{a}{x}$의 그래프를 x축의 방향으로 1만큼, y축의 방향으로 3만큼 평행이동한 그래프가
 점 $(3,\ a)$를 지날 때, 상수 a의 값을 구하시오.

[유리식]

▶ 242015-0385

01 세 유리식

$$A=\frac{1}{x-3},\ B=\frac{1}{x^2-x-6},\ C=\frac{x^2-9}{x+2}$$

에 대하여 $(A+B)\div C$는?

① $\dfrac{1}{(x-3)^2}$ 　　　② $\dfrac{1}{(x-3)(x+2)}$ 　　　③ $\dfrac{x}{(x-3)^2}$

④ $\dfrac{x}{(x-3)(x+2)}$ 　　　⑤ $\dfrac{x+1}{(x-3)^2}$

$[y=\dfrac{k}{x}\ (k\neq0)$의 그래프]

▶ 242015-0386

02 함수 $y=\dfrac{a}{x}$의 그래프가 두 점 $(2,\ 6)$, $(3,\ b)$를 지날 때, $a+b$의 값은? (단, a, b는 상수이다.)

① 16 　　　② 17 　　　③ 18 　　　④ 19 　　　⑤ 20

$[y=\dfrac{k}{x-p}+q\ (k\neq0)$의 그래프]

▶ 242015-0387

03 함수 $y=\dfrac{6}{x-1}-1$의 그래프를 x축의 방향으로 -2만큼, y축의 방향으로 3만큼 평행이동한

그래프의 두 점근선이 $x=a$, $y=b$이다. 함수 $y=\dfrac{6}{x-1}-1$의 그래프와 직선 $y=a+b$가 만나

는 점의 x좌표는? (단, a, b는 상수이다.)

① 2 　　　② $\dfrac{5}{2}$ 　　　③ 3 　　　④ $\dfrac{7}{2}$ 　　　⑤ 4

$[y=\dfrac{ax+b}{cx+d}\ (c\neq0,\ ad-bc\neq0)$의 그래프]

▶ 242015-0388

04 $1\leq x\leq 8$일 때, 함수 $y=\dfrac{2x-1}{x+2}$의 최댓값을 M, 최솟값을 m이라 하자. $M\times m$의 값은?

① $\dfrac{1}{2}$ 　　　② $\dfrac{2}{3}$ 　　　③ $\dfrac{3}{4}$ 　　　④ $\dfrac{4}{5}$ 　　　⑤ $\dfrac{5}{6}$

$[y=\dfrac{ax+b}{cx+d}\ (c\neq0,\ ad-bc\neq0)$의 그래프]

▶ 242015-0389

05 함수 $y=\dfrac{5}{x}$의 그래프를 x축의 방향으로 a만큼, y축의 방향으로 2만큼 평행이동하였더니 함수

$y=\dfrac{bx+c}{x-3}$의 그래프와 일치하였을 때, $a+b+c$의 값은? (단, a, b, c는 상수이다.)

① 2 　　　② 4 　　　③ 6 　　　④ 8 　　　⑤ 10

1 무리식

(1) **무리식** : 근호 안에 문자가 포함된 식 중에서 유리식으로 나타낼 수 없는 식을 무리식이라 한다. 무리식의 값이 실수가 되려면 근호 안의 식의 값이 양수 또는 0이어야 하므로 무리식을 계산할 때에는

근호 안의 식의 값)≥0, 분모≠0

이 되는 문자의 값의 범위에서만 생각한다.❶

(2) **제곱근의 성질**

① $(\sqrt{a})^2=a\ (a\ge 0)$, $\sqrt{(a^2)}=|a|$ ❷

② $a>0$, $b>0$이면 $\sqrt{a}\sqrt{b}=\sqrt{ab}$, $\dfrac{\sqrt{b}}{\sqrt{a}}=\sqrt{\dfrac{b}{a}}$

(3) **분모의 유리화** : $a>0$, $b>0$일 때 ❸

① $\dfrac{b}{\sqrt{a}}=\dfrac{b\sqrt{a}}{\sqrt{a}\sqrt{a}}=\dfrac{b\sqrt{a}}{a}$

② $\dfrac{c}{\sqrt{a}+\sqrt{b}}=\dfrac{c(\sqrt{a}-\sqrt{b})}{(\sqrt{a}+\sqrt{b})(\sqrt{a}-\sqrt{b})}=\dfrac{c(\sqrt{a}-\sqrt{b})}{a-b}$

➕ Plus Note

❶ $\sqrt{A}$가 실수 $\iff A\ge 0$

$\dfrac{1}{\sqrt{A}}$이 실수 $\iff A>0$

❷ $|a|=\begin{cases} -a & (a<0) \\ a & (a\ge 0) \end{cases}$

❸ 분모에 근호가 포함된 식의 분자, 분모에 적당한 수 또는 식을 곱하여 분모에 근호가 포함되지 않도록 변형하는 것을 분모의 유리화라 한다.

예제

1. 다음 식의 분모를 유리화하시오.

(1) $\dfrac{1}{\sqrt{x+2}-\sqrt{x+1}}$

(2) $\dfrac{1}{\sqrt{x+9}+3}$

《 풀이 》

(1) $\sqrt{x+2}+\sqrt{x+1}$을 분자, 분모에 각각 곱하면

$$\dfrac{1}{\sqrt{x+2}-\sqrt{x+1}}=\dfrac{\sqrt{x+2}+\sqrt{x+1}}{(\sqrt{x+2}-\sqrt{x+1})(\sqrt{x+2}+\sqrt{x+1})}=\dfrac{\sqrt{x+2}+\sqrt{x+1}}{(x+2)-(x+1)}=\sqrt{x+2}+\sqrt{x+1}$$

(2) $\sqrt{x+9}-3$을 분자, 분모에 각각 곱하면

$$\dfrac{1}{\sqrt{x+9}+3}=\dfrac{\sqrt{x+9}-3}{(\sqrt{x+9}+3)(\sqrt{x+9}-3)}=\dfrac{\sqrt{x+9}-3}{(x+9)-9}=\dfrac{\sqrt{x+9}-3}{x}$$

📋 (1) $\sqrt{x+2}+\sqrt{x+1}$ (2) $\dfrac{\sqrt{x+9}-3}{x}$

유제

▶ 242015-0390

1. 다음 무리식의 값이 실수가 되도록 하는 실수 x의 값의 범위를 구하시오.

(1) $\sqrt{x+4}$

(2) $\dfrac{1}{\sqrt{6-x}}$

▶ 242015-0391

2. $\dfrac{1}{\sqrt{x+3}+\sqrt{x-1}}+\dfrac{1}{\sqrt{x+3}-\sqrt{x-1}}$을 간단히 하시오.

❷ 무리함수의 뜻과 무리함수 $y=\sqrt{ax}\ (a\neq0)$의 그래프

Plus Note

(1) 무리함수

함수 $y=f(x)$에서 $f(x)$가 x에 대한 무리식일 때, 이 함수를 무리함수라고 한다.
일반적으로 무리함수에서 정의역이 주어지지 않을 때에는 근호 안의 식의 값이
0 이상이 되도록 하는 실수 전체의 집합을 정의역으로 한다.

(2) 무리함수 $y=\sqrt{ax}\ (a\neq0)$의 그래프 ❹

① $a>0$일 때, 정의역은 $\{x\,|\,x\geq0\}$, 치역은 $\{y\,|\,y\geq0\}$이다.
② $a<0$일 때, 정의역은 $\{x\,|\,x\leq0\}$, 치역은 $\{y\,|\,y\geq0\}$이다.

(3) 무리함수 $y=-\sqrt{ax}\ (a\neq0)$의 그래프 ❺

① $a>0$일 때, 정의역은 $\{x\,|\,x\geq0\}$, 치역은 $\{y\,|\,y\leq0\}$이다.
② $a<0$일 때, 정의역은 $\{x\,|\,x\leq0\}$, 치역은 $\{y\,|\,y\leq0\}$이다.

❹ $y=\sqrt{ax}\ (a\neq0)$에서
$x=\dfrac{y^2}{a}\ (y\geq0)$이므로
역함수는 $y=\dfrac{x^2}{a}\ (x\geq0)$이다.

❺ 함수 $y=-\sqrt{ax}\ (a\neq0)$의 그래프는 함수 $y=\sqrt{ax}\ (a\neq0)$의 그래프와 x축에 대하여 대칭이다.

예제

2. 무리함수 $y=\sqrt{2x}$의 그래프를 역함수의 그래프를 이용하여 그리시오.

《 풀이 》

┌──→ 무리함수 $y=\sqrt{2x}$는 정의역 $\{x\,|\,x\geq0\}$에서
      치역 $\{y\,|\,y\geq0\}$으로의 일대일대응이므로 역함수가 존재한다.

함수 $y=\sqrt{2x}\ (x\geq0)$의 역함수를 구하기 위하여 $y=\sqrt{2x}\ (x\geq0)$에서 x를 y에 대한

식으로 나타내면 $x=\dfrac{1}{2}y^2\ (y\geq0)$이다.

이 식에서 x와 y를 서로 바꾸면 역함수 $y=\dfrac{1}{2}x^2\ (x\geq0)$을 얻는다.

따라서 함수 $y=\sqrt{2x}\ (x\geq0)$의 그래프는 역함수 $y=\dfrac{1}{2}x^2\ (x\geq0)$의 그래프와

직선 $y=x$에 대하여 대칭이므로 오른쪽 그림과 같다.

└──→ 함수의 그래프와 그 역함수의 그래프는
      직선 $y=x$에 대하여 대칭이다.

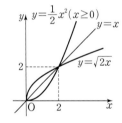

📋 풀이 참조

유제

▶ 242015-0392

3. 함수 $y=\sqrt{2x}$의 그래프를 이용하여 다음 함수의 그래프를 그리고 정의역과 치역을 각각 구하시오.

　(1) $y=\sqrt{-2x}$ 　　　　　(2) $y=-\sqrt{2x}$ 　　　　　(3) $y=-\sqrt{-2x}$

▶ 242015-0393

4. 다음 무리함수의 그래프를 그리고 정의역과 치역을 각각 구하시오.

　(1) $y=\sqrt{4x}$ 　　　　　(2) $y=\sqrt{-x}$ 　　　　　(3) $y=-\sqrt{-3x}$

③ 무리함수 $y=\sqrt{ax+b}+c\ (a\neq0)$의 그래프

(1) **무리함수 $y=\sqrt{a(x-p)}+q\ (a\neq0)$의 그래프**[6]

　① 함수 $y=\sqrt{ax}$의 그래프를 x축의 방향으로 p만큼, y축의 방향으로 q만큼 평행이동한 그래프이다.

　② $a>0$일 때, 정의역은 $\{x|x\geq p\}$, 치역은 $\{y|y\geq q\}$이고,

　　$a<0$일 때, 정의역은 $\{x|x\leq p\}$, 치역은 $\{y|y\geq q\}$이다.

(2) 무리함수 $y=\sqrt{ax+b}+c\ (a\neq0)$의 그래프는 $y=\sqrt{a(x-p)}+q$의 꼴로 변형하여 그린다.

✚ Plus Note

❻ 함수
$y=-\sqrt{a(x-p)}+q\ (a\neq0)$의 그래프는 함수 $y=-\sqrt{ax}$의 그래프를 x축의 방향으로 p만큼, y축의 방향으로 q만큼 평행이동한 그래프이다.
$a>0$일 때 정의역은 $\{x|x\geq p\}$, 치역은 $\{y|y\leq q\}$이고,
$a<0$일 때 정의역은 $\{x|x\leq p\}$, 치역은 $\{y|y\leq q\}$이다.

예제

3. 다음 무리함수의 그래프를 그리고 정의역과 치역을 각각 구하시오.

(1) $y=\sqrt{2(x+1)}+3$ 　　　　　　　　(2) $y=\sqrt{3x-6}-1$

《 풀이 》

(1) 무리함수 $y=\sqrt{2(x+1)}+3$의 그래프는 함수 $y=\sqrt{2x}$의 그래프를 x축의 방향으로 -1만큼, y축의 방향으로 3만큼 평행이동한 것이다.

　따라서 그래프는 오른쪽 그림과 같고, 정의역은 $\{x|x\geq-1\}$, 치역은 $\{y|y\geq3\}$이다.

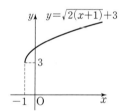

(2) $y=\sqrt{3x-6}-1=\sqrt{3(x-2)}-1$이므로 무리함수 $y=\sqrt{3x-6}-1$의 그래프는 함수 $y=\sqrt{3x}$의 그래프를 x축의 방향으로 2만큼, y축의 방향으로 -1만큼 평행이동한 것이다.

　따라서 그래프는 오른쪽 그림과 같고, 정의역은 $\{x|x\geq2\}$, 치역은 $\{y|y\geq-1\}$이다.

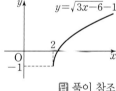

🔳 풀이 참조

유제

▶ 242015-0394

5. 다음 무리함수의 그래프를 그리고 정의역과 치역을 각각 구하시오.

(1) $y=\sqrt{-2(x+3)}-2$ 　　　　　　　　(2) $y=-\sqrt{-x+2}+3$

▶ 242015-0395

6. 무리함수 $y=\sqrt{ax}$의 그래프를 x축의 방향으로 -2만큼, y축의 방향으로 -4만큼 평행이동한 그래프가 원점을 지날 때, 상수 a의 값을 구하시오.

정답과 풀이 75쪽

[무리식]

▶ 242015-0396

01 $\sqrt{-x^2+x+20}$과 $\dfrac{1}{\sqrt{x+1}}$의 값이 모두 실수가 되도록 하는 정수 x의 개수는?

① 2   ② 4   ③ 6   ④ 8   ⑤ 10

[$y=\sqrt{ax}\ (a\neq0)$의 그래프]

▶ 242015-0397

02 함수 $y=\sqrt{2x}$의 그래프와 직선 $y=4$가 만나는 점을 A라 하고, 점 A를 지나고 y축과 평행한 직선이 함수 $y=-\sqrt{2x}$의 그래프와 만나는 점을 B라 하자. 삼각형 OAB의 넓이는?

(단, O는 원점이다.)

① 16   ② 20   ③ 24   ④ 28   ⑤ 32

[$y=\sqrt{a(x-p)}+q\ (a\neq0)$의 그래프]

▶ 242015-0398

03 함수 $y=\sqrt{-2x}$의 그래프를 x축의 방향으로 2만큼, y축의 방향으로 -4만큼 평행이동한 그래프가 x축, y축과 만나는 점을 각각 A, B라 하자. 선분 AB의 길이는?

① $4\sqrt{2}$ ② $\sqrt{34}$ ③ 6   ④ $\sqrt{38}$ ⑤ $2\sqrt{10}$

[$y=\sqrt{ax+b}+c\ (a\neq0)$의 그래프]

▶ 242015-0399

04 함수 $y=\sqrt{3x-6}+3$의 정의역이 $\{x\,|\,x\geq a\}$이고, 치역이 $\{y\,|\,y\geq b\}$일 때, 직선 $x=a+b$가 함수 $y=\sqrt{3x-6}+3$의 그래프와 만나는 점의 y좌표는? (단, a, b는 상수이다.)

① 6   ② 7   ③ 8   ④ 9   ⑤ 10

[$y=\sqrt{ax+b}+c\ (a\neq0)$의 그래프]

▶ 242015-0400

05 함수 $y=\sqrt{2x+7}+a$의 그래프가 제4사분면을 지나도록 하는 정수 a의 최댓값은?

① -5 ② -4 ③ -3 ④ -2 ⑤ -1

01

▶ 242015-0401

집합 $X=\{a, b, c\}$에서 집합 $Y=\{1, 2\}$로의 함수 f 중 공역과 치역이 서로 같은 함수의 개수는?

① 4　　　　② 5　　　　③ 6
④ 7　　　　⑤ 8

02

▶ 242015-0402

다음 |보기|의 그래프 중 함수의 그래프인 것만을 있는 대로 고른 것은?

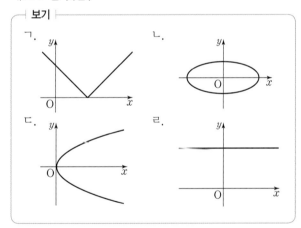

① ㄱ, ㄴ　　② ㄱ, ㄷ　　③ ㄱ, ㄹ
④ ㄴ, ㄷ　　⑤ ㄷ, ㄹ

03

▶ 242015-0403

집합 $X=\{a, b, c\}$에서 집합 $Y=\{3, 4, 5, 6, 7\}$로의 함수 f가 다음 조건을 만족시킬 때, 함수 f의 치역의 모든 원소의 합의 최댓값은?

> (가) f는 일대일함수이다.
> (나) $f(a)$는 짝수이고, $f(b)$는 3의 배수이다.

① 14　　　　② 15　　　　③ 16
④ 17　　　　⑤ 18

04

▶ 242015-0404

집합 $X=\{-2, 3\}$에서 집합 $Y=\{a, b\}$로의 두 함수 $f(x)=x^2$, $g(x)=cx+d$가 모두 일대일대응이고 $f \neq g$일 때, $a+b+c+d$의 값은?

(단, $a<b$이고 c, d는 상수이다.)

① 11　　　　② 13　　　　③ 15
④ 17　　　　⑤ 19

05

▶ 242015-0405

두 함수 f, g에 대하여
$$f(x)=3x-2, \ (g \circ f)(x)=x^2+2x+3$$
일 때, $g(7)$의 값은?

① 12　　　　② 14　　　　③ 16
④ 18　　　　⑤ 20

06

▸ 242015-0406

집합 $X=\{1, 2, 3, 4\}$에 대하여 두 함수
$f \circ g : X \longrightarrow X$, $h : X \longrightarrow X$가 그림과 같다.

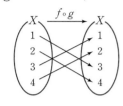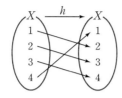

$(f \circ (g \circ h))(1)+((h \circ f) \circ g)(4)$의 값은?

① 3   ② 4   ③ 5

④ 6   ⑤ 7

07

▸ 242015-0407

집합 $X=\{1, 2, 3, 4\}$에 대하여 X에서 X로의 함수 f
의 역함수가 존재하고
$$f(1)+f(2)=4, f(1)+f(3)=7$$
일 때, $f^{-1}(2)+(f^{-1} \circ f^{-1})(3)$의 값을 구하시오.

08

▸ 242015-0408

집합 $\{x \,|\, x \geq 0\}$에서 정의된 함수 $f(x)=ax^2+b$에 대하여 함수 $y=f^{-1}(x)$의 그래프가 두 점 $(1, 1)$, $(7, 4)$를 지난다. 두 함수 $y=f(x)$, $y=f^{-1}(x)$의 그래프가 만나는 두 점 사이의 거리는? (단, a, b는 상수이다.)

① $\dfrac{\sqrt{2}}{4}$ ② $\dfrac{\sqrt{2}}{2}$ ③ $\dfrac{3}{4}\sqrt{2}$

④ $\sqrt{2}$ ⑤ $\dfrac{5}{4}\sqrt{2}$

09

▸ 242015-0409

$x \neq -\dfrac{3}{2}$, $x \neq 1$인 모든 실수 x에 대하여

$$\frac{7x+3}{2x^2+x-3}=\frac{a}{x-1}+\frac{b}{2x+3}$$

이 성립할 때, $a+b$의 값은? (단, a, b는 상수이다.)

① 1   ② 2   ③ 3

④ 4   ⑤ 5

10

▸ 242015-0410

함수 $y=\dfrac{k}{x+3}-4$의 그래프가 제1사분면을 지나도록 하는 자연수 k의 최솟값은?

① 7   ② 9   ③ 11

④ 13   ⑤ 15

11

▶ 242015-0411

두 점근선의 교점의 좌표가 $(2, 3)$인 유리함수 $y = \dfrac{k}{x-p} + q$의 그래프가 두 점 $(3, a)$, $(4, 2a)$를 지날 때, $a+k$의 값은? (단, p, q, k는 상수이고 $k \neq 0$이다.)

① -5 ② -3 ③ -1
④ 1 ⑤ 3

12

▶ 242015-0412

함수 $y = \dfrac{4x-12}{x-6}$의 그래프가 x축, y축과 만나는 점을 각각 A, B라 하고, 함수 $y = \dfrac{4x-12}{x-6}$의 그래프의 두 점근선이 만나는 점을 C라 하자. $\overline{\text{AC}}^2 + \overline{\text{BC}}^2$의 값은?

① 50 ② 55 ③ 60
④ 65 ⑤ 70

13

▶ 242015-0413

$f(x) = \dfrac{1}{\sqrt{x+2} + \sqrt{x}}$일 때, $f(1) + f(3) + f(5) + f(7)$의 값은?

① 1 ② 2 ③ 3
④ 4 ⑤ 5

14

▶ 242015-0414

정의역이 $\{x \mid -2 \leq x \leq 10\}$인 함수 $f(x) = \sqrt{2x+5} + a$의 최댓값과 최솟값의 합이 10일 때, $f(a)$의 값은? (단, a는 상수이다.)

① 3 ② 4 ③ 5
④ 6 ⑤ 7

15

▶ 242015-0415

두 함수
$$f(x) = \frac{2x+a}{x-1}, \ g(x) = \sqrt{3x+1} + a$$
에 대하여 $(f \circ g)(5) = 4$일 때, $(g \circ f)(3)$의 값은?
(단, a는 상수이다.)

① -2 ② -1 ③ 0
④ 1 ⑤ 2

> 두 함수 $f(x)=x+a$, $g(x)=2x-a$에 대하여 $(f^{-1} \circ g^{-1})(12)=a$일 때, $(f \circ g)(a)$의 값을 구하시오. (단, a는 상수이다.)

◯ **출제의도**

역함수의 성질을 알고, 합성함수의 값을 구할 수 있는지를 묻는 문제이다.

◯ **풀이**

1단계 역함수의 성질을 이용하여 식 변형하기

역함수의 성질에 의하여

$(f^{-1} \circ g^{-1})^{-1}=g \circ f$이므로

$(f^{-1} \circ g^{-1})(12)=a$에서 $(g \circ f)(a)=12$

2단계 a의 값 구하기

$(g \circ f)(a)=g(f(a))=g(2a)$

$\qquad =4a-a=3a$

이므로 $3a=12$에서

$a=4$

3단계 $f(x)$, $g(x)$를 구하고 $(f \circ g)(a)$의 값 구하기

따라서 $f(x)=x+4$, $g(x)=2x-4$이므로

$(f \circ g)(4)=f(g(4))$

$\qquad =f(4)$

$\qquad =8$

답 8

유제

▶ 242015-0416

양수 a에 대하여 두 함수 $f(x)$, $g(x)$를

$\qquad f(x)=ax-2$, $g(x)=2x-a$

라 하자. $(f^{-1} \circ g^{-1})(11)=a$일 때, $(f \circ g)(a)$의 값을 구하시오.

MEMO

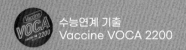
수능연계 기출
Vaccine VOCA 2200

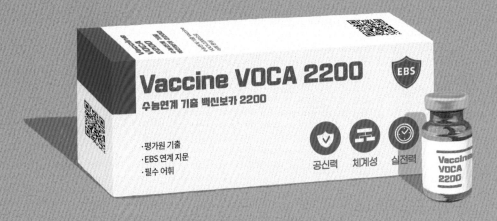

- 평가원 기출
- EBS 연계 지문
- 필수 어휘

공신력   체계성   실전력

○ 수능 영단어장의 끝판왕!
10개년 수능 빈출 어휘 + 7개년 연계교재 핵심 어휘

○ 수능 적중 어휘 자동암기 3종 세트 제공
휴대용 포켓 단어장 / 표제어 & 예문 MP3 파일 / 수능형 어휘 문항 실전 테스트

휴대용 **포켓 단어장** 제공

EBS

고등학교 입문서 NO. 1

고등 예비과정

공통수학

정답과 풀이

고등학교
입문서
NO. 1

고등
예비
과정

공통수학

정답과 풀이

정답과 풀이

01 다항식의 연산

유제

1. $3x^2-xy+2y^2$　　**2.** x^2-4x+8

3. $6x^3+3x^2+9x-6$　　**4.** $2x^3-6x-4$

5. (1) $4x^2+y^2+z^2+4xy-2yz-4zx$

(2) $x^3-9x^2y+27xy^2-27y^3$　(3) x^3-27y^3

6. (1) $x^2+y^2-2xy+2x-2y+1$　(2) $x^3+6x^2+12x+8$

(3) x^3-1

7. -3　　**8.** 2　　**9.** 풀이 참조

10. 풀이 참조

1　$2A-(A-B)=2A-A+B=A+B$
$$=(x^2-2xy+3y^2)+(2x^2+xy-y^2)$$
$$=(1+2)x^2+(-2+1)xy+(3-1)y^2$$
$$=3x^2-xy+2y^2$$

답 $3x^2-xy+2y^2$

2　$(A+B)-(2A-C)$
$$=A+B-2A+C$$
$$=-A+B+C$$
$$=(A+B+C)-2A$$
$$=(3x^2-2x+4)-2(x^2+x-2)$$
$$=(3x^2-2x+4)+(-2x^2-2x+4)$$
$$=(3-2)x^2+(-2-2)x+(4+4)$$
$$=x^2-4x+8$$

답 x^2-4x+8

3　$B(A+B)+(2A-B)B$
$$=AB+B^2+2AB-B^2=3AB$$
$$=3(2x-1)(x^2+x+2)$$
$$=6x(x^2+x+2)-3(x^2+x+2)$$
$$=(6x^3+6x^2+12x)-(3x^2+3x+6)$$
$$=6x^3+3x^2+9x-6$$

답 $6x^3+3x^2+9x-6$

4　$AB(B+C)-B(AB-AC)$
$$=AB^2+ABC-AB^2+ABC=2ABC$$

$$=2(x+1)(x^2-x-2)$$
$$=2x(x^2-x-2)+2(x^2-x-2)$$
$$=(2x^3-2x^2-4x)+(2x^2-2x-4)$$
$$=2x^3-6x-4$$

답 $2x^3-6x-4$

5　(1) $(2x+y-z)^2$
$$=(2x)^2+y^2+(-z)^2+2(2x)y+2y(-z)$$
$$+2(-z)(2x)$$
$$=4x^2+y^2+z^2+4xy-2yz-4zx$$

(2) $(x-3y)^3=x^3-3x^2(3y)+3x(3y)^2-(3y)^3$
$$=x^3-9x^2y+27xy^2-27y^3$$

(3) $(x-3y)(x^2+3xy+9y^2)=x^3-(3y)^3$
$$=x^3-27y^3$$

답 (1) $4x^2+y^2+z^2+4xy-2yz-4zx$

(2) $x^3-9x^2y+27xy^2-27y^3$　(3) x^3-27y^3

6　(1) $(x-y+1)^2$
$$=x^2+(-y)^2+1^2+2x(-y)$$
$$+2(-y)\times1+2\times1\times x$$
$$=x^2+y^2-2xy+2x-2y+1$$

(2) $(x+2)^3=x^3+3x^2\times2+3x\times2^2+2^3$
$$=x^3+6x^2+12x+8$$

(3) $(x-1)(x^2+x+1)=x^3-1^3$
$$=x^3-1$$

답 (1) $x^2+y^2-2xy+2x-2y+1$

(2) $x^3+6x^2+12x+8$　(3) x^3-1

7　$x^2+y^2+z^2=(x+y+z)^2-2(xy+yz+zx)$에서
$$2(xy+yz+zx)=(x+y+z)^2-(x^2+y^2+z^2)$$
$$=2^2-10=-6$$
따라서 $xy+yz+zx=-3$

답 -3

8　$x^3-y^3=(x-y)^3+3xy(x-y)$에서
$$7=1^3+3xy\times1,\ 3xy=6$$
따라서 $xy=2$

답 2

9

$$x^2+1{\overline{\smash{\big)}\,x^3-2x^2+4x-1}}$$

$$\begin{array}{r} x-2 \\ x^2+1{\overline{\smash{\big)}\,x^3-2x^2+4x-1}} \\ \underline{x^3\qquad\ +\ x} \\ -2x^2+3x-1 \\ \underline{-2x^2\qquad\ \ -2} \\ 3x+1 \end{array}$$

따라서 몫은 $x-2$, 나머지는 $3x+1$이므로
$$x^3-2x^2+4x-1=(x^2+1)(x-2)+3x+1$$

답 풀이 참조

10

$$\begin{array}{r} 4x-1 \\ x^2+x+1{\overline{\smash{\big)}\,4x^3+3x^2\qquad\ \ -2}} \\ \underline{4x^3+4x^2+4x} \\ -x^2-4x-2 \\ \underline{-x^2\ -x-1} \\ -3x-1 \end{array}$$

따라서 몫은 $4x-1$, 나머지는 $-3x-1$이므로
$$4x^3+3x^2-2=(x^2+x+1)(4x-1)-3x-1$$

답 풀이 참조

기본 핵심 문제
본문 13쪽

01 ②	02 ②	03 ①	04 ⑤	05 ④

01 $X+A=-X+B$에서
$$2X=B-A=(3x^2+4xy-3y^2)-(x^2-2xy+y^2)$$
$$=2x^2+6xy-4y^2$$
따라서 $X=\dfrac{1}{2}(2x^2+6xy-4y^2)=x^2+3xy-2y^2$

답 ②

02 x^2항은 x^2항과 상수항 또는 x항과 x항의 곱으로 만들어진다.

그러므로 $(x^2+kx+1)(x^2-3x+4)$에서 x^2항은
$$x^2\times4+1\times x^2+kx\times(-3x)=(5-3k)x^2$$
x^2의 계수가 8이므로 $5-3k=8$
따라서 $k=-1$

답 ②

03 $(a+b)(a-b)(a^2+ab+b^2)(a^2-ab+b^2)$
$$=\{(a+b)(a^2-ab+b^2)\}\{(a-b)(a^2+ab+b^2)\}$$

$$=(a^3+b^3)(a^3-b^3)=a^6-b^6$$
$$=3-2=1$$

답 ①

04 $\dfrac{1}{x}+\dfrac{1}{y}=2$에서 $\dfrac{x+y}{xy}=2$
$$xy=\frac{1}{2}(x+y)=\frac{1}{2}\times4=2$$
따라서
$$x^3+y^3=(x+y)^3-3xy(x+y)$$
$$=4^3-3\times2\times4$$
$$=40$$

답 ⑤

05 다항식 x^4+2x^2-3을 다항식 X로 나누었을 때의 몫이 x^2-x+2이고 나머지가 $-x-5$이므로
$$x^4+2x^2-3=X(x^2-x+2)-x-5$$
$$x^4+2x^2+x+2=X(x^2-x+2)$$
즉, x^4+2x^2+x+2는 x^2-x+2로 나누어떨어진다.

$$\begin{array}{r} x^2+x+1 \\ x^2-x+2{\overline{\smash{\big)}\,x^4\qquad\ +2x^2+\ x+2}} \\ \underline{x^4-x^3+2x^2} \\ x^3\qquad\ \ +\ x+2 \\ \underline{x^3\ -x^2+2x} \\ x^2\ -x+2 \\ \underline{x^2\ -x+2} \\ 0 \end{array}$$

따라서 $X=x^2+x+1$

답 ④

02 나머지정리

본문 14~18쪽

유제

1. (1) 항등식 (2) 항등식이 아니다.
2. 항등식이 아니다. 3. $a=2$, $b=-7$, $c=-4$
4. $a=2$, $b=3$, $c=2$ 5. $\dfrac{5}{2}$ 6. 2 7. 3
8. $a=-1$, $b=-1$ 9. 풀이 참조 10. 풀이 참조

1 (1) $x^2-4x-5=(x-5)(x+1)$의 우변을 정리하면
$x^2-4x-5=x^2-4x-5$
위 등식의 양변의 각 항의 계수와 상수항이 각각 같으므로 항등식이다.

(2) $x^2-9=(x-3)^2$의 우변을 정리하면
$x^2-9=x^2-6x+9$
위 등식의 양변의 일차항의 계수와 상수항이 각각 다르므로 항등식이 아니다.

답 (1) 항등식 (2) 항등식이 아니다.

2 $(x+1)(x+2)=x(x+2)+2$의 양변을 정리하면
$x^2+3x+2=x^2+2x+2$
위 등식의 양변의 일차항의 계수가 다르므로 항등식이 아니다.

답 항등식이 아니다.

3 $(2x+1)(x-4)=ax^2+bx+c$의 좌변을 정리하면
$2x^2-7x-4=ax^2+bx+c$
따라서 $a=2$, $b=-7$, $c=-4$

답 $a=2$, $b=-7$, $c=-4$

4 $a(x-1)^2+b(x-1)+c=2x^2-x+1$의 좌변을 정리하면
$ax^2+(-2a+b)x+a-b+c=2x^2-x+1$
그러므로 $a=2$
$-2a+b=-1$에서 $a=2$이므로 $b=3$
$a-b+c=1$에서 $a=2$, $b=3$이므로 $c=2$
따라서 $a=2$, $b=3$, $c=2$

답 $a=2$, $b=3$, $c=2$

5 다항식 $P(x)$를 $2x+1$로 나누었을 때의 나머지는

$P\left(-\dfrac{1}{2}\right)$이다.
따라서 구하는 나머지는
$P\left(-\dfrac{1}{2}\right)=4\left(-\dfrac{1}{2}\right)^3+2\left(-\dfrac{1}{2}\right)^2-\left(-\dfrac{1}{2}\right)+2$
$=-\dfrac{1}{2}+\dfrac{1}{2}+\dfrac{1}{2}+2=\dfrac{5}{2}$

답 $\dfrac{5}{2}$

6 다항식 $P(x)$를 $x-1$로 나누었을 때의 나머지는 $P(1)$이다.
그러므로
$P(1)=1^2+a+3=4+a=6$
따라서 $a=2$

답 2

7 다항식 $P(x)$가 $x-1$을 인수로 가지면 $P(1)=0$이다.
그러므로
$P(1)=1^3+1^2-a\times1+1=3-a=0$
따라서 $a=3$

답 3

8 다항식 $P(x)$가 $x+1$, $x-1$을 인수로 가지므로 $P(-1)=0$, $P(1)=0$이다.
그러므로
$P(-1)=(-1)^3+a\times(-1)^2+b\times(-1)+1$
$=a-b=0$
$a=b$ ······ ㉠
$P(1)=1^3+a\times1^2+b\times1+1=a+b+2=0$
$a+b=-2$ ······ ㉡
따라서 ㉠, ㉡을 연립하여 풀면
$a=-1$, $b=-1$

답 $a=-1$, $b=-1$

9

$$
\begin{array}{r|rrrr}
-2 & 2 & 0 & -1 & 5 \\
   &   & -4 & 8 & -14 \\
\hline
   & 2 & -4 & 7 & -9
\end{array}
$$

위와 같이 조립제법을 이용하면
몫은 $2x^2-4x+7$, 나머지는 -9이다.

답 풀이 참조

10 다항식 $4x^3-x+2$를 일차식 $x-\dfrac{1}{2}$로 나눈 몫과 나머지를 생각해 보자.

$$\begin{array}{c|cccc}
\frac{1}{2} & 4 & 0 & -1 & 2 \\
& & 2 & 1 & 0 \\
\hline
& 4 & 2 & 0 & 2 \\
\end{array}$$

위와 같이 조립제법을 이용하면 몫은 $4x^2+2x$, 나머지는 2이다.

그러므로

$4x^3-x+2=\left(x-\dfrac{1}{2}\right)(4x^2+2x)+2$

$\qquad\qquad\quad=(2x-1)(2x^2+x)+2$

따라서 다항식 $4x^3-x+2$를 일차식 $2x-1$로 나눈 몫은 $2x^2+x$, 나머지는 2이다.

🔲 풀이 참조

기본 핵심 문제
본문 19쪽

01 ③ **02** ② **03** ① **04** ② **05** ⑤

01 $(2x-1)(x+1)+3x-1=P(x)+2x$에서

$P(x)=(2x-1)(x+1)+3x-1-2x$

$\qquad\quad=2x^2+x-1+x-1$

$\qquad\quad=2x^2+2x-2$

위 등식이 x에 대한 항등식이므로 다항식 $P(x)$는 $2x^2+2x-2$이다.

🔲 ③

02 $(ax^2-x+1)(x+b)=2x^3-7x^2+4x-3$의 좌변을 정리하면

$ax^3+(ab-1)x^2+(1-b)x+b=2x^3-7x^2+4x-3$

따라서 $a=2$, $b=-3$이므로

$a+b=2+(-3)=-1$

🔲 ②

|참고|

$(ax^2-x+1)(x+b)=2x^3-7x^2+4x-3$

에서 좌변의 삼차항의 계수는 a, 상수항은 b이므로

$a=2$, $b=-3$

임을 쉽게 구할 수 있다.

03 다항식 $P(x)$를 $x+1$로 나누었을 때의 나머지가 2이므로

$P(-1)=2$　　……　㉠

다항식 $P(x)$를 $x-2$로 나누었을 때의 나머지가 -1이므로

$P(2)=-1$　　……　㉡

한편, $x^2-x-2=(x+1)(x-2)$이고 $P(x)$를 이차식 $(x+1)(x-2)$로 나눈 몫을 $Q(x)$, 나머지를 $ax+b$라 하면

$P(x)=(x+1)(x-2)Q(x)+ax+b$

이때 ㉠, ㉡에서

$P(-1)=-a+b=2$

$P(2)=2a+b=-1$

위의 두 식을 연립하여 풀면

$a=-1$, $b=1$

따라서 $R(x)=-x+1$이므로

$R(1)=-1+1=0$

🔲 ①

04 $P(x)=x^3+kx^2-k^2x-2$라 할 때, $P(x)$가 $x-2$를 인수로 갖기 위해서는 $P(2)=0$이다.

그러므로

$P(2)=2^3+k\times2^2-k^2\times2-2=0$

$k^2-2k-3=0$, $(k-3)(k+1)=0$

$k=3$ 또는 $k=-1$

따라서 모든 실수 k의 값의 합은 $3+(-1)=2$

🔲 ②

05 $P(x)=x^3+ax^2+4x-2$라 하면 나머지정리에 의해 $P(1)=2$이다. 그러므로

$P(1)=1^3+a\times1^2+4\times1-2=a+3=2$

$a=-1$

다음과 같이 조립제법을 이용하면 몫은 x^2+4이므로 $b=0$, $c=4$

$$\begin{array}{c|cccc}
1 & 1 & -1 & 4 & -2 \\
& & 1 & 0 & 4 \\
\hline
& 1 & 0 & 4 & 2 \\
\end{array}$$

따라서 $a+b+c=-1+0+4=3$

🔲 ⑤

03 인수분해

본문 20~22쪽

> **유제**
>
> **1.** (1) $(2x-y+3z)^2$ (2) $(x+2)^3$
>
>   (3) $(x+3)(x^2-3x+9)$
>
> **2.** (1) $(x+y-3)^2$ (2) $(2x-1)^3$ (3) $(x-2)(x^2+2x+4)$
>
> **3.** (1) $(x-3)^3$ (2) $9x^2$
>
> **4.** $(x+1)(x-1)(x+3)(x-3)$
>
> **5.** $(x-1)^2(x+1)(x-2)$
>
> **6.** $(2x-1)(x^2+x+1)$

1

(1) $4x^2+y^2+9z^2-4xy-6yz+12zx$

$\quad =(2x)^2+(-y)^2+(3z)^2+2(2x)(-y)$

$\qquad\qquad\qquad +2(-y)(3z)+2(3z)(2x)$

$\quad =(2x-y+3z)^2$

(2) $x^3+6x^2+12x+8$

$\quad =x^3+3x^2\times2+3x\times2^2+2^3$

$\quad =(x+2)^3$

(3) $x^3+27=x^3+3^3=(x+3)(x^2-3x+9)$

$\qquad\qquad$ 답 (1) $(2x-y+3z)^2$ (2) $(x+2)^3$

$\qquad\qquad\qquad$ (3) $(x+3)(x^2-3x+9)$

2

(1) $x^2+y^2+9+2xy-6x-6y$

$\quad =x^2+y^2+(-3)^2+2xy+2y(-3)+2(-3)x$

$\quad =(x+y-3)^2$

(2) $8x^3-12x^2+6x-1$

$\quad =(2x)^3-3(2x)^2\times1+3(2x)\times1^2-1^3$

$\quad =(2x-1)^3$

(3) $x^3-8=x^3-2^3$

$\qquad =(x-2)(x^2+2x+4)$

$\qquad\qquad$ 답 (1) $(x+y-3)^2$ (2) $(2x-1)^3$

$\qquad\qquad\qquad$ (3) $(x-2)(x^2+2x+4)$

3

(1) $x-1=t$로 놓으면 주어진 식은

$t^3-6t^2+12t-8=t^3-3t^2\times2+3t\times2^2-2^3$

$\qquad\qquad\qquad\qquad =(t-2)^3$

이때 $t=x-1$이므로

$(x-1-2)^3=(x-3)^3$

(2) $x-1=t$, $x+1=s$로 놓으면 주어진 식은

$x^2+t^2+s^2+2xt+2ts+2sx=(x+s+t)^2$

이때 $t=x-1$, $s=x+1$이므로

$(x+x-1+x+1)^2=9x^2$

$\qquad\qquad$ 답 (1) $(x-3)^3$ (2) $9x^2$

4

$x^2=t$로 놓으면 주어진 식은

$t^2-10t+9=(t-1)(t-9)$

이때 $t=x^2$이므로

$(x^2-1)(x^2-9)=(x+1)(x-1)(x+3)(x-3)$

| 다른 풀이 |

$x^4-10x^2+9=x^4-6x^2+9-4x^2$

$\qquad\qquad\quad =(x^2-3)^2-(2x)^2$

$\qquad\qquad\quad =(x^2-3+2x)(x^2-3-2x)$

$\qquad\qquad\quad =(x-1)(x+3)(x+1)(x-3)$

$\qquad\qquad$ 답 $(x+1)(x-1)(x+3)(x-3)$

5

$P(x)=x^4-3x^3+x^2+3x-2$로 놓으면

$P(1)=P(-1)=0$이므로 $P(x)$는 $x-1$, $x+1$을 인수로 갖는다.

다음과 같이 조립제법을 이용하면

1	1	-3	1	3	-2
		1	-2	-1	2
-1	1	-2	-1	2	0
		-1	3	-2	
	1	-3	2	0	

$P(x)=(x-1)(x+1)(x^2-3x+2)$

$\qquad =(x-1)^2(x+1)(x-2)$

$\qquad\qquad$ 답 $(x-1)^2(x+1)(x\ \ 2)$

6

$P(x)=2x^3+x^2+x-1$로 놓으면

$P\left(\dfrac{1}{2}\right)=0$이므로 $P(x)$는 $x-\dfrac{1}{2}$을 인수로 갖는다.

다음과 같이 조립제법을 이용하면

$\dfrac{1}{2}$	2	1	1	-1
		1	1	1
	2	2	2	0

$P(x)=\left(x-\dfrac{1}{2}\right)(2x^2+2x+2)$

$\qquad =(2x-1)(x^2+x+1)$

$\qquad\qquad$ 답 $(2x-1)(x^2+x+1)$

기본 핵심 문제

본문 23쪽

01 ②   **02** ④   **03** ⑤   **04** ⑤   **05** ③

01 $x^3y-6x^2y^2+12xy^3-8y^4$
$=(x^3-6x^2y+12xy^2-8y^3)y$
$=(x-2y)^3y$

답 ②

02 $x^2-x=t$로 놓으면 주어진 식은
$(t+1)t-6=t^2+t-6$
$\qquad\qquad\quad =(t+3)(t-2)$
$t=x^2-x$이므로
$(x^2-x+3)(x^2-x-2)=(x^2-x+3)(x-2)(x+1)$

답 ④

03 $x^4+4=x^4+4x^2+4-4x^2$
$\qquad =(x^2+2)^2-(2x)^2$
$\qquad =(x^2+2x+2)(x^2-2x+2)$
따라서 x^4+4의 인수는 x^2+2x+2 또는 x^2-2x+2이다.

답 ⑤

04 $P(x)=x^3+x^2+x-3$으로 놓으면 $P(1)=0$이므로
인수정리에 의해 $P(x)$는 $x-1$을 인수로 갖는다.
다음과 같이 조립제법을 이용하면

1	1	1	1	−3
		1	2	3
	1	2	3	0

$P(x)=(x-1)(x^2+2x+3)$
그러므로 $x^2+ax+b=x^2+2x+3$이므로 $a=2$, $b=3$
따라서 $a+b=2+3=5$

답 ⑤

05 $P(x)=x^3-5x^2+2x+a$로 놓으면 $P(x)$는 $x+1$을 인수로 가지므로 $P(-1)=0$
$P(-1)=(-1)^3-5\times(-1)^2+2\times(-1)+a$
$\qquad\quad =-8+a=0$
$a=8$

다음과 같이 조립제법을 이용하면

−1	1	−5	2	8
		−1	6	−8
	1	−6	8	0

$P(x)=(x+1)(x^2-6x+8)=(x+1)(x-2)(x-4)$
따라서 $b=-2$, $c=-4$ 또는 $b=-4$, $c=-2$이므로
$a+b+c=8-2-4=2$

답 ③

01 ③	**02** ②	**03** ②	**04** ⑤	**05** ①
06 ⑤	**07** ②	**08** ④	**09** ①	**10** ④
11 ③	**12** ②	**13** ①	**14** ⑤	**15** ④

01
$$2A+4B=2(A+2B)$$
$$=2(-x^2+3x-3)$$
$$=-2x^2+6x-6$$
이고 $2A+B=x^2$이므로 두 식의 양변을 빼서 정리하면
$$4B-B=(-2x^2+6x-6)-x^2$$
$$=-3x^2+6x-6$$
$$B=-x^2+2x-2$$
그러므로
$$A-2B=(A+2B)-4B$$
$$=(-x^2+3x-3)-4(-x^2+2x-2)$$
$$=3x^2-5x+5$$
따라서 모든 항의 계수와 상수항의 합은
$$3+(-5)+5=3$$

답 ③

02
$$(x^2+ax+1)(bx^2-2x+3)$$
$$=bx^4+(ab-2)x^3+(b+3-2a)x^2+(3a-2)x+3$$
에서 $b=2$이고, $3a-2=4$이므로 $a=2$
x^3의 계수는 $ab-2=2\times2-2=2$이므로 $c=2$
따라서 $a+b+c=2+2+2=6$

답 ②

03 $(a+b+c)^2-(a^2+b^2+c^2)=2(ab+bc+ca)$이므로
$2(ab+bc+ca)=3^2-5=4$, $ab+bc+ca=2$
그러므로
$$(a+b)^2+(b+c)^2+(c+a)^2$$
$$=a^2+2ab+b^2+b^2+2bc+c^2+c^2+2ca+a^2$$
$$=2(a^2+b^2+c^2+ab+bc+ca)$$
$$=2(5+2)=14$$

답 ②

04
$$\frac{x^2}{y}+\frac{y^2}{x}=\frac{x^3+y^3}{xy}=\frac{(x+y)^3-3xy(x+y)}{xy}$$
$$=\frac{3^3-3\times1\times3}{1}=18$$

답 ⑤

05
$$\begin{array}{r} x^2+3x+6 \\ x-2\overline{\smash{)}\ x^3\ +x^2\qquad\ -4} \\ \underline{x^3-2x^2\qquad\qquad} \\ 3x^2 \\ \underline{3x^2-6x\qquad} \\ 6x\ -4 \\ \underline{6x-12} \\ 8 \end{array}$$
따라서 $a=3$, $b=3$, $c=8$이므로
$$a+b+c=3+3+8=14$$

답 ①

06 등식 $(x-4)^4=a_4x^4+a_3x^3+a_2x^2+a_1x+a_0$에 $x=1$을 대입하면
$$(1-4)^4=a_4\times1^4+a_3\times1^3+a_2\times1^2+a_1\times1+a_0$$
$$=a_0+a_1+a_2+a_3+a_4$$
따라서
$$a_0+a_1+a_2+a_3+a_4=(-3)^4=81$$

답 ⑤

07 $2a+b+at+2bt-2t+5=0$을 t에 관한 내림차순으로 정리하면
$$(a+2b-2)t+2a+b+5=0$$
t에 관한 항등식이므로
$$a+2b-2=0 \qquad\cdots\cdots\ ㉠$$
$$2a+b+5=0 \qquad\cdots\cdots\ ㉡$$
㉠, ㉡을 연립하여 풀면
$$a=-4,\ b=3$$
따라서 $b-a-3-(-4)-7$

답 ②

08 $P(x)=x^3+2ax^2-a^2x+2$라 할 때 다항식 $P(x)$를 $x-1$로 나누었을 때의 나머지는 $P(1)$, $x-2$로 나누었을 때의 나머지는 $P(2)$이므로 $P(1)=P(2)$이다.
그러므로
$$1^3+2a\times1^2-a^2\times1+2=2^3+2a\times2^2-a^2\times2+2$$
$$a^2-6a-7=0,\ (a-7)(a+1)=0$$
$$a=7\ 또는\ a=-1$$
따라서 모든 실수 a의 값의 합은
$$7+(-1)=6$$

답 ④

09 $P(x)=(x-2)(x^2+4x+a)$라 할 때, 다항식 $P(x)$는 $(x-1)(x+b)$를 인수로 가지므로 $x-1$, $x+b$를 각각 인수로 갖는다.

그러므로 $P(1)=0$에서

$P(1)=(1-2)(1^2+4\times1+a)=0$

$a=-5$

$P(x)=(x-2)(x^2+4x-5)$

$\qquad=(x-2)(x-1)(x+5)$

에서 $P(x)$의 일차항인 인수는 $x-1$, $x-2$, $x+5$이므로 b의 값은 -2 또는 5이다.

$a=-5$이므로 $a+b$의 값이 최대가 되기 위해서는 $b=5$

따라서 $a+b$의 최댓값은 $-5+5=0$

📖 ①

10 다음과 같이 조립제법을 이용하면

$$
\begin{array}{r|cccc}
2 & 1 & a & b & 1 \\
  &   & 2 & 2a+4 & 4a+2b+8 \\
\hline
  & 1 & a+2 & 2a+b+4 & \boxed{4a+2b+9}
\end{array}
$$

그러므로 $2a+4=4$에서 $a=0$

$4a+2b+9=3$에서 $b=-3$

$c=a+2$에서 $c=2$

따라서 $a+b+c=0+(-3)+2=-1$

📖 ④

11 $(x+2)^3+x^3+8$

$=(x+2)^3+(x+2)(x^2-2x+4)$

$=(x+2)\{(x+2)^2+x^2-2x+4\}$

$=(x+2)(2x^2+2x+8)$

그러므로 $P(x)=2x^2+2x+8$이다.

따라서 $P(-2)=2\times(-2)^2+2\times(-2)+8=12$

📖 ③

12 $(x-1)(x-2)(x-3)(x-4)-3$

$=\{(x-2)(x-3)\}\{(x-1)(x-4)\}-3$

$=(x^2-5x+6)(x^2-5x+4)-3$

$x^2-5x+4=t$로 놓으면 주어진 식은

$(t+2)t-3=t^2+2t-3$

$\qquad\qquad\quad=(t-1)(t+3)$

$t=x^2-5x+4$이므로

$(x^2-5x+4-1)(x^2-5x+4+3)$

$=(x^2-5x+3)(x^2-5x+7)$

📖 ②

13 $\dfrac{14^3+1}{13^3-1}=\dfrac{(14+1)(14^2-14+1)}{(13-1)(13^2+13+1)}$

$\qquad\qquad=\dfrac{15\{14(14-1)+1\}}{12\{13(13+1)+1\}}$

$\qquad\qquad=\dfrac{5(13\times14+1)}{4(13\times14+1)}$

$\qquad\qquad=\dfrac{5}{4}$

📖 ①

14 $a^4+a^2b^2+b^4$

$=a^4+2a^2b^2+b^4-a^2b^2$

$=(a^2+b^2)^2-(ab)^2$

$=(a^2+ab+b^2)(a^2-ab+b^2)$

$=\{(a+b)^2-ab\}\{(a+b)^2-3ab\}$

$=(3^2-1)(3^2-3\times1)$

$=8\times6=48$

📖 ⑤

15 $P(x)=x^3-(4+k)x^2+(3+4k)x-3k$라 하면

$P(1)=0$이므로 조립제법을 하면

$$
\begin{array}{r|cccc}
1 & 1 & -(4+k) & 3+4k & -3k \\
  &   & 1 & -3-k & 3k \\
\hline
  & 1 & -3-k & 3k & \boxed{0}
\end{array}
$$

$(x-1)\{x^2+(-3-k)x+3k\}$

$=(x-1)(x-3)(x-k)$

$P(x)$는 $(x-\alpha)^2$을 인수로 가지므로

$k=1$ 또는 $k=3$

이때 $\alpha=1$ 또는 $\alpha=3$이므로 모든 실수 α의 값의 합은

$1+3=4$

📖 ④

정답과 풀이

서술형 유제

본문 27쪽

출제의도

항등식의 성질을 이용하여 a^2+b^2, $a+b$의 값을 구할 수 있고 곱셈 공식의 변형을 이용할 수 있는지를 묻는 문제이다.

풀이

$(x+a+b)^2-2ab$
$=x^2+a^2+b^2+2ax+2ab+2xb-2ab$
$=x^2+2(a+b)x+a^2+b^2$
$=x^2+6x+5$ ❶

이 등식이 항등식이므로
$a+b=3$, $a^2+b^2=5$ ❷

곱셈 공식의 변형을 이용하면
$(a+b)^2-(a^2+b^2)=2ab$에서
$3^2-5=2ab$
$ab=2$ ❸

따라서
$a^3+b^3=(a+b)^3-3ab(a+b)$
$\qquad\quad=3^3-3\times2\times3$
$\qquad\quad=9$ ❹

답 9

	채점 기준	배점
❶	식을 전개한 경우	20%
❷	$a+b$, a^2+b^2의 값을 구한 경우	30%
❸	ab의 값을 구한 경우	20%
❹	a^3+b^3의 값을 구한 경우	30%

04 복소수와 이차방정식

유제
본문 28~32쪽

1. (1) $2-i$ (2) $3i$ (3) -5 (4) $-4-2i$

2. (1) $x=4$, $y=2$ (2) $x=-2$, $y=-1$

3. (1) $-2+2i$ (2) i **4.** $\dfrac{4}{5}+\dfrac{12}{5}i$

5. (1) 6 (2) 10 (3) $\dfrac{3}{5}$ **6.** 3 **7.** $3i$

8. $-5+3\sqrt{3}i$ **9.** 풀이 참조 **10.** 6

---

1 (1) $2+i$의 켤레복소수는
$\overline{2+i}=2-i$

(2) $-3i$의 켤레복소수는
$\overline{-3i}=3i$

(3) -5의 켤레복소수는
$\overline{-5}=-5$

(4) $2i-4=-4+2i$의 켤레복소수는
$\overline{-4+2i}=-4-2i$

답 (1) $2-i$ (2) $3i$ (3) -5 (4) $-4-2i$

2 (1) 두 복소수가 서로 같을 조건에 의해
$2+xi=y+4i$에서 $2=y$, $x=4$
따라서 $x=4$, $y=2$

(2) 두 복소수가 서로 같을 조건에 의해
$-i-2=x+yi$에서 $-2=x$, $-1=y$
따라서 $x=-2$, $y=-1$

답 (1) $x=4$, $y=2$ (2) $x=-2$, $y=-1$

3 (1) $(1+i)2i=2i+2i^2$
$\qquad\qquad\quad=2i+2\times(-1)$
$\qquad\qquad\quad=-2+2i$

(2) $\dfrac{1+i}{1-i}=\dfrac{(1+i)(1+i)}{(1-i)(1+i)}=\dfrac{1+2i+i^2}{1-i^2}$

$\qquad\quad=\dfrac{1+2i-1}{1+1}=\dfrac{2i}{2}=i$

답 (1) $-2+2i$ (2) i

4 $\dfrac{1}{z}=\dfrac{1}{1+2i}=\dfrac{1-2i}{(1+2i)(1-2i)}$

$$=\frac{1-2i}{1-4i^2}=\frac{1-2i}{5}=\frac{1}{5}-\frac{2}{5}i$$

이므로

$$z-\frac{1}{z}=1+2i-\left(\frac{1}{5}-\frac{2}{5}i\right)$$
$$=\left(1-\frac{1}{5}\right)+\left\{2-\left(-\frac{2}{5}\right)\right\}i$$
$$=\frac{4}{5}+\frac{12}{5}i$$

달 $\frac{4}{5}+\frac{12}{5}i$

5 (1) $z+\overline{z}=(3+i)+(3-i)=3+3=6$

(2) $z\overline{z}=(3+i)(3-i)=3^2+1^2=10$

(3) $\frac{1}{z}+\frac{1}{\overline{z}}=\frac{z+\overline{z}}{z\overline{z}}=\frac{6}{10}=\frac{3}{5}$

달 (1) 6 (2) 10 (3) $\frac{3}{5}$

6 $z=\overline{z}$일 때, z는 실수이므로

$a-3=0$, $a=3$

달 3

7 $\sqrt{2}\sqrt{-2}+\frac{\sqrt{-12}}{\sqrt{3}}+\frac{2}{\sqrt{-4}}$

$=\sqrt{2}\sqrt{2}i+\frac{2\sqrt{3}i}{\sqrt{3}}+\frac{2}{2i}$

$=2i+2i-i=3i$

달 $3i$

8 $(1+\sqrt{-12})(1+\sqrt{-3})$

$=(1+2\sqrt{3}i)(1+\sqrt{3}i)$

$=1+2\sqrt{3}i+\sqrt{3}i+2\sqrt{3}\times\sqrt{3}i^2$

$=1+(2\sqrt{3}+\sqrt{3})i-6$

$=-5+3\sqrt{3}i$

달 $-5+3\sqrt{3}i$

9 (1) 이차방정식 $x^2+2x+4=0$을 근의 공식을 이용하여 풀면

$$x=\frac{-1\pm\sqrt{1-4}}{1}$$
$$=-1\pm\sqrt{-3}$$
$$=-1\pm\sqrt{3}i$$

따라서 근은 $x=-1+\sqrt{3}i$ 또는 $x=-1-\sqrt{3}i$이므로

허근이다.

(2) 이차방정식 $x^2-3x+2=0$을 인수분해를 이용하여 풀면

$$x^2-3x+2=(x-1)(x-2)=0$$

따라서 근은 $x=1$ 또는 $x=2$이므로 실근이다.

달 풀이 참조

10 이차방정식 $x^2-4x+6=0$을 근의 공식을 이용하여 풀면

$$x=\frac{-(-2)\pm\sqrt{(-2)^2-6}}{1}=2\pm\sqrt{2}i$$

근은 $x=2+\sqrt{2}i$ 또는 $x=2-\sqrt{2}i$이므로

$a=c=2$이고 $b=\sqrt{2}$, $d=-\sqrt{2}$ 또는 $b=-\sqrt{2}$, $d=\sqrt{2}$

이다.

따라서 $ac-bd=2\times2-\sqrt{2}\times(-\sqrt{2})=6$

달 6

기본 핵심 문제

본문 33쪽

01 ②   **02** ①   **03** ③   **04** ⑤   **05** ④

01 $(2a+b)+(a-2b)i=3-i$에서

$2a+b=3$, $a-2b=-1$

위의 두 식을 연립하여 풀면

$a=1$, $b=1$

따라서 $a+b=1+1=2$

달 ②

02 $(1+i)^2+(1-i)^2+i^2$

$=1+2i+i^2+1-2i+i^2+i^2$

$=2-3=-1$

달 ①

03 $z^2=\left(\frac{1+i}{\sqrt{2}}\right)^2=\frac{1+2i+i^2}{2}=\frac{2i}{2}=i$

이므로

$z^{10}=(z^2)^5=i^5=i^4\times i=i$

달 ③

04 $\frac{\sqrt{-2}-1}{\sqrt{-8}+2}=\frac{\sqrt{2}i-1}{2\sqrt{2}i+2}=\frac{(\sqrt{2}i-1)^2}{2(\sqrt{2}i+1)(\sqrt{2}i-1)}$

$$= \frac{(\sqrt{2}i)^2 - 2\sqrt{2}i + 1}{2\{(\sqrt{2}i)^2 - 1\}} = \frac{-2 - 2\sqrt{2}i + 1}{2(-2-1)}$$

$$= \frac{1 + 2\sqrt{2}i}{6}$$

$$= \frac{1}{6} + \frac{\sqrt{2}}{3}i$$

답 ⑤

05 이차방정식 $x^2 - x + 1 = 0$을 근의 공식을 이용하여 풀면

$$x = \frac{-(-1) \pm \sqrt{(-1)^2 - 4 \times 1 \times 1}}{2} = \frac{1 \pm \sqrt{3}i}{2}$$이므로

$$x = \frac{1 + \sqrt{3}i}{2}$$ 또는 $$x = \frac{1 - \sqrt{3}i}{2}$$이다.

따라서

$$\frac{\frac{1+\sqrt{3}i}{2}}{\frac{1-\sqrt{3}i}{2}} = \frac{(1+\sqrt{3}i)^2}{1^2 + (\sqrt{3})^2} = \frac{-1+\sqrt{3}i}{2},$$

$$\frac{\frac{1-\sqrt{3}i}{2}}{\frac{1+\sqrt{3}i}{2}} = \frac{(1-\sqrt{3}i)^2}{1^2 + (\sqrt{3})^2} = \frac{-1-\sqrt{3}i}{2}$$

이므로 $\alpha = \dfrac{1+\sqrt{3}i}{2}$, $\beta = \dfrac{1-\sqrt{3}i}{2}$이다.

답 ④

---

05 이차방정식의 성질

유제 　　　　　　　　　　　　본문 34~38쪽

1. $k \le 5$　　　**2.** $k=2$ 또는 $k=6$

3. (1) -1　(2) -3　　　**4.** 1

5. $2x^2 + 8x + 10 = 0$　　　**6.** $x^2 - 4x + 8 = 0$

7. (1) $(x - 1 - \sqrt{2}i)(x - 1 + \sqrt{2}i)$

　(2) $2\left(x - \dfrac{1+i}{2}\right)\left(x - \dfrac{1-i}{2}\right)$

8. $(x - \sqrt{2} - 2\sqrt{2}i)(x - \sqrt{2} + 2\sqrt{2}i)$

9. 다른 한 근: $3 + \sqrt{2}$, $a = -6$, $b = 7$　　　**10.** 7

---

1 이차방정식 $x^2 + 4x + k - 1 = 0$의 판별식을 D라 하자. 주어진 이차방정식이 실근을 갖기 위해서는 $D \ge 0$이어야 하므로

$$\frac{D}{4} = 2^2 - (k-1) = 5 - k \ge 0$$

따라서 $k \le 5$

답 $k \le 5$

2 이차방정식 $x^2 - kx + 2k - 3 = 0$의 판별식을 D라 하자. 주어진 이차방정식이 중근을 갖기 위해서는 $D = 0$이어야 한다.

$$D = k^2 - 4(2k - 3)$$
$$= k^2 - 8k + 12$$
$$= (k-2)(k-6) = 0$$

따라서 $k = 2$ 또는 $k = 6$

답 $k = 2$ 또는 $k = 6$

3 이차방정식의 근과 계수의 관계에서

$$\alpha + \beta = 2, \ \alpha\beta = -2$$

(1) $\dfrac{1}{\alpha} + \dfrac{1}{\beta} = \dfrac{\alpha + \beta}{\alpha\beta} = \dfrac{2}{-2} = -1$

(2) $(\alpha - 1)(\beta - 1) = \alpha\beta - \alpha - \beta + 1$
$$= \alpha\beta - (\alpha + \beta) + 1$$
$$= -2 - 2 + 1$$
$$= -3$$

답 (1) -1　(2) -3

4 이차방정식의 근과 계수의 관계에서

$\alpha+\beta=2$, $\alpha\beta=\dfrac{3}{2}$

따라서

$$\alpha^2+\beta^2=(\alpha+\beta)^2-2\alpha\beta$$
$$=2^2-2\times\dfrac{3}{2}$$
$$=4-3=1$$

답 1

5 이차방정식의 두 근의 합과 곱은 각각
$-2+i+(-2-i)=-4$,
$(-2+i)(-2-i)=(-2)^2+1^2=5$
이므로 구하는 이차방정식은
$2(x^2+4x+5)=0$, $2x^2+8x+10=0$

답 $2x^2+8x+10=0$

6 이차방정식의 근과 계수의 관계에서
$\alpha+\beta=2$, $\alpha\beta=2$
두 수 2α, 2β의 합과 곱은 각각
$2\alpha+2\beta=2(\alpha+\beta)=2\times2=4$
$(2\alpha)\times(2\beta)=4\alpha\beta=4\times2=8$
이므로 구하는 이차방정식은
$x^2-4x+8=0$

답 $x^2-4x+8=0$

7 (1) 이차방정식 $x^2-2x+3=0$의 근은
$$x=\dfrac{-(-1)\pm\sqrt{(-1)^2-1\times3}}{1}=1\pm\sqrt{2}i$$

이므로
$x^2-2x+3=(x-1-\sqrt{2}i)(x-1+\sqrt{2}i)$

(2) 이차방정식 $2x^2-2x+1=0$의 근은
$$x=\dfrac{-(-1)\pm\sqrt{(-1)^2-2\times1}}{2}=\dfrac{1\pm i}{2}$$

이므로

$2x^2-2x+1=2\left(x-\dfrac{1+i}{2}\right)\left(x-\dfrac{1-i}{2}\right)$

답 (1) $(x-1-\sqrt{2}i)(x-1+\sqrt{2}i)$

(2) $2\left(x-\dfrac{1+i}{2}\right)\left(x-\dfrac{1-i}{2}\right)$

8 이차방정식 $x^2-2\sqrt{2}x+10=0$의 근은
$$x=\dfrac{-(-\sqrt{2})\pm\sqrt{(-\sqrt{2})^2-1\times10}}{1}=\sqrt{2}\pm2\sqrt{2}i$$

이므로
$x^2-2\sqrt{2}x+10=(x-\sqrt{2}-2\sqrt{2}i)(x-\sqrt{2}+2\sqrt{2}i)$

답 $(x-\sqrt{2}-2\sqrt{2}i)(x-\sqrt{2}+2\sqrt{2}i)$

9 이차방정식 $x^2+ax+b=0$의 한 근이 $3-\sqrt{2}$이고, a, b
가 유리수이므로 다른 한 근은 $3+\sqrt{2}$이다.
이때 이차방정식의 근과 계수의 관계에서
$3+\sqrt{2}+3-\sqrt{2}=-a$
$(3+\sqrt{2})(3-\sqrt{2})=b$
이므로
$a=-6$, $b=7$

|다른 풀이|

$x=3-\sqrt{2}$라 할 때, $x-3=-\sqrt{2}$
$(x-3)^2=(-\sqrt{2})^2$, $x^2-6x+7=0$
이차방정식 $x^2-6x+7=0$의 근을 구하면
$x=3\pm\sqrt{2}$
이므로 다른 한 근은 $3+\sqrt{2}$이다.

답 다른 한 근: $3+\sqrt{2}$, $a=-6$, $b=7$

10 이차방정식 $x^2-4x+a=0$의 한 근이 $b+i$이고 a, b가
실수이므로 다른 한 근은 $\overline{b+i}=b-i$이다.
이때 이차방정식의 근과 계수의 관계에서
$b+i+b-i=-(-4)=4$
$(b+i)(b-i)=a$
따라서 $a=5$, $b=2$이므로 $a+b=5+2=7$

답 7

기본 핵심 문제
본문 39쪽

01 ④ **02** ② **03** ③ **04** ① **05** ⑤

01 이차방정식 $x^2-3x+k-2=0$의 판별식을 D라 하면
$D=(-3)^2-4\times(k-2)=17-4k\geq0$
$k\leq\dfrac{17}{4}$
따라서 자연수 k의 값은 1, 2, 3, 4이므로 그 개수는 4이
다.

답 ④

02 이차방정식의 근과 계수의 관계에서
$\alpha+\beta=2$, $\alpha\beta=4$이므로

$$\frac{\alpha}{\beta}+\frac{\beta}{\alpha}=\frac{\alpha^2+\beta^2}{\alpha\beta}=\frac{(\alpha+\beta)^2-2\alpha\beta}{\alpha\beta}$$
$$=\frac{2^2-2\times4}{4}=-1$$

답 ②

03 이차방정식의 근과 계수의 관계에서
$\alpha+\beta=-2$, $\alpha\beta=3$이므로

$$(\alpha-2)(\beta-2)=\alpha\beta-2\alpha-2\beta+4$$
$$=\alpha\beta-2(\alpha+\beta)+4$$
$$=3-2\times(-2)+4=11$$

답 ③

04 이차방정식 $x^2+ax+4=0$의 두 근이 α, β이므로
$\alpha+\beta=-a$, $\alpha\beta=4$
이차방정식 $x^2+bx+8=0$의 두 근이 $\alpha+\beta$, $\alpha\beta$이므로
$\alpha+\beta+\alpha\beta=-b$, $(\alpha+\beta)\alpha\beta=8$
그러므로 $4(\alpha+\beta)=8$에서 $\alpha+\beta=2$
따라서
$a=-(\alpha+\beta)=-2$,
$b=-(\alpha+\beta)-\alpha\beta=-2-4=-6$
이므로
$a+b=-2+(-6)=-8$

답 ①

05 $1+i+\dfrac{i}{1-i}=1+i+\dfrac{i(1+i)}{(1-i)(1+i)}$

$$=1+i+\frac{-1+i}{2}=\frac{1}{2}+\frac{3}{2}i$$

이차방정식 $x^2+ax+b=0$의 한 근이 $\dfrac{1}{2}+\dfrac{3}{2}i$이고
a, b가 실수이므로 또 다른 근은 $\overline{\dfrac{1}{2}+\dfrac{3}{2}i}=\dfrac{1}{2}-\dfrac{3}{2}i$이다.
이차방정식의 근과 계수의 관계에 의해

$$\left(\frac{1}{2}+\frac{3}{2}i\right)+\left(\frac{1}{2}-\frac{3}{2}i\right)=-a$$
$$\left(\frac{1}{2}+\frac{3}{2}i\right)\left(\frac{1}{2}-\frac{3}{2}i\right)=b$$

따라서 $a=-1$, $b=\dfrac{5}{2}$이므로

$$a+b=-1+\frac{5}{2}=\frac{3}{2}$$

답 ⑤

---

06 이차방정식과 이차함수

유제
본문 40~44쪽

1. -20　　**2.** $a=1$, $b=-2$　　**3.** $k\le6$

4. $k=2$ 또는 $k=-2$　　**5.** $k\ge-4$

6. $k=0$ 또는 $k=-1$

7. (1) 최댓값: 3, 최솟값: -5　(2) 최댓값: 13, 최솟값: -3

8. 80 m　　**9.** 100 m²

1 이차함수 $y=x^2-4x-5$의 그래프와 x축과의 교점의
x좌표가 α, β이므로 α, β는 이차방정식 $x^2-4x-5=0$
의 서로 다른 두 실근이다.
그러므로 이차방정식의 근과 계수의 관계에서
$\alpha+\beta=4$, $\alpha\beta=-5$
따라서
$\alpha^2\beta+\alpha\beta^2=\alpha\beta(\alpha+\beta)$
$\qquad\qquad=(-5)\times4=-20$

답 -20

2 이차함수 $y=x^2+ax+b$의 그래프가 x축과 만나는 교점
의 좌표가 $(1, 0)$, $(-2, 0)$이므로 이차방정식
$x^2+ax+b=0$의 서로 다른 두 실근은 1, -2이다.
그러므로 이차방정식의 근과 계수의 관계에서
$1+(-2)=-a$, $1\times(-2)=b$
따라서 $a=1$, $b=-2$

답 $a=1$, $b=-2$

3 이차방정식 $x^2+4x+k-2=0$의 판별식을 D라 할 때
$$\frac{D}{4}=2^2-(k-2)=6-k$$
이차함수의 그래프가 x축과 만나려면 $D\ge0$이므로
$6-k\ge0$
따라서 $k\le6$

답 $k\le6$

4 이차방정식 $(k^2+12)x^2-4kx+1=0$의 판별식을 D라
할 때
$$\frac{D}{4}=(-2k)^2-(k^2+12)\times1=3k^2-12$$
이차함수의 그래프가 x축에 접하면 $D=0$이므로

$3k^2-12=0$, $k=\pm 2$

따라서 $k=2$ 또는 $k=-2$

目 $k=2$ 또는 $k=-2$

5 이차함수 $y=x^2+5x$의 그래프와 직선 $y=x+k$가 만나기 위해서는 이차방정식 $x^2+5x=x+k$, 즉
$x^2+4x-k=0$의 판별식을 D라 할 때,
$$\frac{D}{4}=2^2-1\times(-k)=k+4$$
$D\geq 0$이므로
$k+4\geq 0$, $k\geq -4$

目 $k\geq -4$

6 이차함수 $y=x^2-2kx+1$의 그래프와 직선 $y=2x+k^2$이 한 점에서 만나기 위해서는 이차방정식
$x^2-2kx+1=2x+k^2$, 즉
$x^2-2(k+1)x+1-k^2=0$의 판별식을 D라 할 때,
$$\frac{D}{4}=(k+1)^2-1\times(1-k^2)=2k^2+2k$$
$D=0$이므로
$2k^2+2k=0$, $k(k+1)=0$
따라서 $k=0$ 또는 $k=-1$

目 $k=0$ 또는 $k=-1$

7 $y=2x^2-8x+3=2(x-2)^2-5$
이다.

(1) $0\leq x\leq 3$일 때,
주어진 함수는 $x=0$일 때 최댓값 3을 갖고 $x=2$일 때 최솟값 -5를 갖는다.

(2) $-1\leq x\leq 1$일 때,
주어진 함수는 $x=-1$일 때 최댓값 13을 갖고 $x=1$일 때 최솟값 -3을 갖는다.

目 (1) 최댓값: 3, 최솟값: -5
(2) 최댓값: 13, 최솟값: -3

8 $h=-5t^2+30t+35$
$\quad =-5(t-3)^2+80$
이므로 이차함수의 그래프는 다음 그림과 같다.

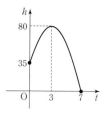

그러므로 $0\leq t\leq 7$에서 이차함수 $h=-5t^2+30t+35$의 최댓값은 $t=3$일 때 80이다.

目 80 m

9 텃밭의 가로의 길이를 x m, 넓이를 y m²이라 하면 세로의 길이는 $(20-x)$ m이므로 $0<x<20$이고 x와 y의 관계식은 $y=x(20-x)$이다.
$$y=x(20-x)=-x^2+20x$$
$$\qquad\qquad\quad =-(x-10)^2+100$$
이므로 이차함수의 그래프는 오른쪽 그림과 같다.

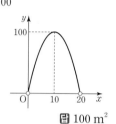

그러므로 $0<x<20$에서 이차함수 $y=x(20-x)$의 최댓값은 $x=10$일 때 100이다.

目 100 m²

기본 핵심 문제
본문 45쪽

01 ⑤　**02** ①　**03** ②　**04** ③　**05** ④

01 A$(a, 0)$, B$(b, 0)$이라 하면 $\overline{AB}=6$이므로
$|b-a|=6$
이차방정식의 근과 계수의 관계에서 $a+b=4$, $ab=k$
$|b-a|=6$에서 $a^2-2ab+b^2=36$ ‥‥‥ ㉠
$a+b=4$에서 $a^2+2ab+b^2=16$ ‥‥‥ ㉡
㉡-㉠을 하면 $4ab=-20$, $ab=-5$
따라서 $k=-5$

目 ⑤

02 $f(x)=x^2+ax+b$ (a, b는 상수)라 하자.
$f(1)=f(5)$이므로
$1^2+a\times 1+b=5^2+5\times a+b$, $a=-6$
이차함수 $y=f(x)$의 그래프는 x축과 한 점에서 만나므로

이차방정식 $x^2-6x+b=0$의 판별식을 D라 할 때,
$D=0$이다.
$\dfrac{D}{4}=(-3)^2-1\times b=9-b=0,\ b=9$
따라서 $f(x)=x^2-6x+9$이므로
$f(2)=2^2-6\times 2+9=1$

답 ①

03 이차함수 $y=-2x^2+6x$의 그래프와 직선 $y=2x+k$가
만나기 위해서는 이차방정식 $-2x^2+6x=2x+k$, 즉
$2x^2-4x+k=0$의 판별식을 D라 할 때,
$\dfrac{D}{4}=(-2)^2-2\times k=4-2k$
이차함수와 직선이 만나야 하므로 $D\geq 0$이고
$4-2k\geq 0$, $k\leq 2$이므로 자연수 k는 1, 2이고 그 개수는
2이다.

답 ②

04 $y=x^2-2x+b=(x-1)^2+b-1$이므로 $2\leq x\leq a$에서
이차함수 $y=x^2-2x+b$의 최댓값은 $x=a$에서 13, 최솟
값은 $x=2$에서 5이다.
$a^2-2a+b=13$, $2^2-2\times 2+b=5$이고 $b=5$
$a^2-2a+5=13$, $a^2-2a-8=0$, $(a-4)(a+2)=0$
$a=4$ 또는 $a=-2$
$a\geq 2$이므로 $a=4$
따라서 $a=4$, $b=5$이므로 $a+b=4+5=9$

답 ③

05 점 A, B의 좌표를 각각 A$(-t, 0)$, B$(t, 0)$이라 하자.
점 C, D의 좌표는 각각
C$(t, -t^2+4)$, D$(-t, -t^2+4)$
이고 점 C는 제1사분면 위의 점이므로 $0<t<2$이다.
$\overline{AB}=\overline{CD}=2t$, $\overline{BC}=\overline{AD}=-t^2+4$이므로 직사각형
ABCD의 둘레의 길이를 y라 하면
$y=2\{2t+(-t^2+4)\}$
$\quad=-2t^2+4t+8$
$\quad=-2(t-1)^2+10$
따라서 $0<t<2$에서 이차함수
$y=-2t^2+4t+8$의 최댓값은 $t=1$
일 때 10이다.

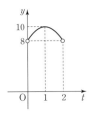

답 ④

유제

본문 46~48쪽

1. (1) $x=-2$ (2) $x=3$ 또는 $x=\dfrac{-3\pm 3\sqrt{3}i}{2}$

2. (1) $x=1$ 또는 $x=\pm i$ (2) $x=1$ 또는 $x=4$ 또는 $x=-2$

3. (1) $x=\pm 1$ 또는 $x=\dfrac{1\pm\sqrt{3}i}{2}$

(2) $x=\pm 1$ 또는 $x=-2$ 또는 $x=4$

4. (1) $x=\pm 1$ 또는 $x=\pm 2$

(2) $x=\dfrac{1\pm\sqrt{7}i}{2}$ 또는 $x=\dfrac{-1\pm\sqrt{7}i}{2}$

5. (1) $\begin{cases}x=1\\y=-1\end{cases}$ (2) $\begin{cases}x=2\\y=2\end{cases}$ 또는 $\begin{cases}x=-2\\y=-2\end{cases}$

또는 $\begin{cases}x=1\\y=-1\end{cases}$ 또는 $\begin{cases}x=-1\\y=1\end{cases}$

1 (1) 인수분해 공식을 이용하여 인수분해하면
$(x+2)^3=0$
따라서 $x=-2$
(2) 인수분해 공식을 이용하여 인수분해하면
$(x-3)(x^2+3x+9)=0$
$x=3$ 또는 $x^2+3x+9=0$
따라서 $x=3$ 또는 $x=\dfrac{-3\pm 3\sqrt{3}i}{2}$

답 (1) $x=-2$ (2) $x=3$ 또는 $x=\dfrac{-3\pm 3\sqrt{3}i}{2}$

2 (1) $x^3-x^2+x-1=0$에서 $x^2(x-1)+(x-1)=0$
$(x^2+1)(x-1)=0$
$x^2+1=0$ 또는 $x=1$
따라서 $x=1$ 또는 $x=\pm i$
(2) $f(x)=x^3-3x^2-6x+8$이라 하면 $f(1)=0$이므로
$x-1$은 $f(x)$의 인수이다.
조립제법을 이용하여 $f(x)$를 인수분해하면

$$\begin{array}{r|rrr|r} 1 & 1 & -3 & -6 & 8 \\ & & 1 & -2 & -8 \\ \hline & 1 & -2 & -8 & 0 \end{array}$$

$f(x)=(x-1)(x^2-2x-8)$이므로 주어진 방정식은
$(x-1)(x^2-2x-8)=0$
$(x-1)(x-4)(x+2)=0$

따라서 $x=1$ 또는 $x=4$ 또는 $x=-2$

답 (1) $x=1$ 또는 $x=\pm i$

　　(2) $x=1$ 또는 $x=4$ 또는 $x=-2$

3 (1) $x^4-x^3+x-1=x^3(x-1)+(x-1)$이므로

공통인수인 $x-1$로 묶어 인수분해하면

$(x-1)(x^3+1)=0$

$(x-1)(x+1)(x^2-x+1)=0$

$x=\pm1$ 또는 $x^2-x+1=0$

따라서 $x=\pm1$ 또는 $x=\dfrac{1\pm\sqrt{3}i}{2}$

(2) $f(x)=x^4-2x^3-9x^2+2x+8$이라 하면

$f(1)=0$, $f(-1)=0$이므로 $x-1$, $x+1$은 $f(x)$의

인수이다.

그러므로 조립제법을 이용하여 $f(x)$를 인수분해하면

	1	-2	-9	2	8
1		1	-1	-10	-8
-1	1	-1	-10	-8	0
		-1	2	8	
	1	-2	-8	0	

$f(x)=(x-1)(x+1)(x^2-2x-8)$이므로 주어진

방정식은

$(x-1)(x+1)(x^2-2x-8)=0$

$(x-1)(x+1)(x+2)(x-4)=0$

따라서 $x=\pm1$ 또는 $x=-2$ 또는 $x=4$

답 (1) $x=\pm1$ 또는 $x=\dfrac{1\pm\sqrt{3}i}{2}$

　　(2) $x=\pm1$ 또는 $x=-2$ 또는 $x=4$

4 (1) $x^2=X$라 하면

$X^2-5X+4=0$, $(X-1)(X-4)=0$

$X=1$ 또는 $X=4$

$X=x^2$이므로

$x^2=1$ 또는 $x^2=4$

따라서 $x=\pm1$ 또는 $x=\pm2$

(2) $x^4+3x^2+4=x^4+4x^2+4-x^2$

　　　　　　　　$=(x^2+2)^2-x^2$

　　　　　　　　$=(x^2-x+2)(x^2+x+2)$

이므로

$(x^2-x+2)(x^2+x+2)=0$

$x^2-x+2=0$ 또는 $x^2+x+2=0$

따라서

$x=\dfrac{1\pm\sqrt{7}i}{2}$ 또는 $x=\dfrac{-1\pm\sqrt{7}i}{2}$

답 (1) $x=\pm1$ 또는 $x=\pm2$

　　(2) $x=\dfrac{1\pm\sqrt{7}i}{2}$ 또는 $x=\dfrac{-1\pm\sqrt{7}i}{2}$

5 (1) $\begin{cases} x-y=2 & \cdots\cdots ㉠ \\ x^2+xy+y^2=1 & \cdots\cdots ㉡ \end{cases}$

㉠을 y에 대하여 정리하면 $y=x-2$ $\cdots\cdots ㉢$

㉢을 ㉡에 대입하면

$x^2+x(x-2)+(x-2)^2=1$

$3x^2-6x+3=0$, $(x-1)^2=0$, $x=1$

$x=1$을 ㉢에 대입하면 $y=-1$

따라서 주어진 연립방정식의 해는

$\begin{cases} x=1 \\ y=-1 \end{cases}$

(2) $\begin{cases} x^2-y^2=0 & \cdots\cdots ㉠ \\ x^2-3xy+4y^2=8 & \cdots\cdots ㉡ \end{cases}$

㉠에서 $(x+y)(x-y)=0$이므로

$x+y=0$ 또는 $x-y=0$

$y=-x$ $\cdots\cdots ㉢$, $y=x$ $\cdots\cdots ㉣$

㉢을 ㉡에 대입하면

$x^2+3x^2+4x^2=8$, $x^2=1$

$x=1$ 또는 $x=-1$이므로

$x=1$을 ㉢에 대입하면 $y=-1$

$x=-1$을 ㉢에 대입하면 $y=1$

㉣을 ㉡에 대입하면

$x^2-3x^2+4x^2=8$, $x^2=4$

$x=2$ 또는 $x=-2$이므로

$x=2$를 ㉣에 대입하면 $y=2$

$x=-2$를 ㉣에 대입하면 $y=-2$

따라서 주어진 연립방정식의 해는

$\begin{cases} x=1 \\ y=-1 \end{cases}$ 또는 $\begin{cases} x=-1 \\ y=1 \end{cases}$ 또는 $\begin{cases} x=2 \\ y=2 \end{cases}$ 또는 $\begin{cases} x=-2 \\ y=-2 \end{cases}$

답 (1) $\begin{cases} x=1 \\ y=-1 \end{cases}$

　　(2) $\begin{cases} x=1 \\ y=-1 \end{cases}$ 또는 $\begin{cases} x=-1 \\ y=1 \end{cases}$ 또는 $\begin{cases} x=2 \\ y=2 \end{cases}$ 또는 $\begin{cases} x=-2 \\ y=-2 \end{cases}$

01 삼차방정식 $x^3+(a+1)x^2-bx+b-1=0$의 두 근이 1, 2이므로 $x=1$을 대입하면

$1^3+(a+1)\times 1^2-b\times 1+b-1=0$

$a+1=0$ ...... ㉠

$x=2$를 대입하면

$2^3+(a+1)\times 2^2-b\times 2+b-1=0$

$4a-b+11=0$ ...... ㉡

㉠, ㉡을 연립하여 풀면

$a=-1$, $b=7$

삼차방정식 $x^3-7x+6=0$에서

$(x-1)(x-2)(x+3)=0$

$x=1$ 또는 $x=2$ 또는 $x=-3$

그러므로 $c=-3$이다.

따라서 $a+b+c=-1+7-3=3$

답 ⑤

02 $f(x)=x^3+3x^2+(k-4)x-k$라 하면

$f(1)=0$이므로 $x-1$을 인수로 갖는다.

조립제법을 이용하여 $f(x)$를 인수분해하면

1	1	3	$k-4$	$-k$
		1	4	k
	1	4	k	0

$f(x)=(x-1)(x^2+4x+k)$이므로 방정식

$(x-1)(x^2+4x+k)=0$이 중근을 갖기 위해서는

$x^2+4x+k=0$이 중근을 갖거나 $x=1$을 근으로 가져야

한다.

그러므로 이차방정식 $x^2+4x+k=0$의 판별식을 D라 할

때,

$\dfrac{D}{4}=2^2-k=4-k=0$, $k=4$

이차방정식 $x^2+4x+k=0$이 $x=1$을 실근으로 갖는다면

$1^2+4\times 1+k=0$, $k=-5$

따라서 $k=4$ 또는 $k=-5$이므로 합은

$4+(-5)=-1$

답 ②

03 $x^4-9x^2+16=x^4-8x^2+16-x^2$

$=(x^2-4)^2-x^2$

$=(x^2+x-4)(x^2-x-4)$

이므로 $(x^2+x-4)(x^2-x-4)=0$에서

$x^2+x-4=0$ 또는 $x^2-x-4=0$

실근은 $x=\dfrac{-1\pm\sqrt{17}}{2}$ 또는 $x=\dfrac{1\pm\sqrt{17}}{2}$

$M=\dfrac{1+\sqrt{17}}{2}$, $m=\dfrac{-1-\sqrt{17}}{2}$

따라서 $\dfrac{M}{m}=\dfrac{\dfrac{1+\sqrt{17}}{2}}{\dfrac{-1-\sqrt{17}}{2}}=-1$

답 ①

04 $\begin{cases} 2x-y=-1 & \cdots\cdots ㉠ \\ x^2-y^2=-1 & \cdots\cdots ㉡ \end{cases}$

㉠을 y에 대하여 정리하면 $y=2x+1$ ...... ㉢

㉢을 ㉡에 대입하면

$x^2-(2x+1)^2=-1$

$3x^2+4x=0$

$x(3x+4)=0$

그러므로 $x=0$ 또는 $x=-\dfrac{4}{3}$이고 ㉢에 대입하여 y의 값

을 구하면 $y=1$, $y=-\dfrac{5}{3}$

$x+y$의 값은 $0+1=1$ 또는 $-\dfrac{4}{3}+\left(-\dfrac{5}{3}\right)=-3$

따라서 $x+y$의 최댓값은 1이다.

답 ⑤

05 $\begin{cases} x+y=k & \cdots\cdots ㉠ \\ x^2+y^2=10 & \cdots\cdots ㉡ \end{cases}$

㉠을 y에 대하여 정리하면 $y=-x+k$ ...... ㉢

㉢을 ㉡에 대입하면

$x^2+(-x+k)^2=10$

$2x^2-2kx+k^2-10=0$

연립방정식의 해가 오직 한 쌍만 존재해야 하므로

이차방정식 $2x^2-2kx+k^2-10=0$의 판별식을 D라 할

때, $D=0$이다.

$\dfrac{D}{4}=(-k)^2-2(k^2-10)=-k^2+20=0$

$k=\pm 2\sqrt{5}$

따라서 모든 실수 k의 값의 곱은

$2\sqrt{5}\times(-2\sqrt{5})=-20$

답 ③

본문 50~54쪽

유제

1. (1) $1<x\leq2$ (2) $-2<x\leq2$

2. (1) $-1<x<\dfrac{11}{3}$ (2) $x\geq0$ 또는 $x\leq-\dfrac{3}{2}$

3. (1) $-\dfrac{1}{2}\leq x\leq\dfrac{3}{2}$ (2) $x>2$

4. (1) $-2\leq x\leq4$ (2) 없다.   (3) 모든 실수

(4) $x\neq1$인 모든 실수

5. $a=-9,\ b=6$ 6. $a=4,\ b=6$

7. $-2\leq x<3$ 8. $-1\leq x\leq1$

---

1 (1) $2x+1<4x-1$에서 $x>1$ ······ ㉠

$2x-5\leq-3x+5$에서 $x\leq2$ ······ ㉡

㉠, ㉡을 수직선 위에 나타내면 다음 그림과 같다.

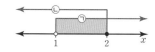

따라서 주어진 연립일차부등식의 해는

$1<x\leq2$

(2) $x+1<2x+3\leq-2x+11$을 두 개의 일차부등식으로 나타내면

$$\begin{cases} x+1<2x+3 \\ 2x+3\leq-2x+11 \end{cases}$$

$x+1<2x+3$에서 $x>-2$ ······ ㉠

$2x+3\leq-2x+11$에서 $x\leq2$ ······ ㉡

㉠, ㉡을 수직선 위에 나타내면 다음 그림과 같다.

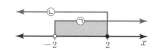

따라서 주어진 연립일차부등식의 해는

$-2<x\leq2$

답 (1) $1<x\leq2$ (2) $-2<x\leq2$

2 (1) $|3x-4|<7$에서 $-7<3x-4<7$

위의 부등식의 각 변에 4를 더하면

$-3<3x<11$

따라서 $-1<x<\dfrac{11}{3}$

(2) $|4x+3|\geq3$에서 $4x+3\geq3$ 또는 $4x+3\leq-3$

따라서 $x\geq0$ 또는 $x\leq-\dfrac{3}{2}$

답 (1) $-1<x<\dfrac{11}{3}$ (2) $x\geq0$ 또는 $x\leq-\dfrac{3}{2}$

3 (1) (i) $x<0$일 때,

$|x|=-x,\ |x-1|=-(x-1)$이므로

$-x-(x-1)\leq2$

$-2x\leq1,\ x\geq-\dfrac{1}{2}$

따라서 $-\dfrac{1}{2}\leq x<0$

(ii) $0\leq x<1$일 때,

$|x|=x,\ |x-1|=-(x-1)$이므로

$x-(x-1)\leq2,\ 1\leq2$

따라서 $0\leq x<1$

(iii) $x\geq1$일 때,

$|x|=x,\ |x-1|=x-1$이므로

$x+(x-1)\leq2$

$2x-1\leq2,\ x\leq\dfrac{3}{2}$

따라서 $1\leq x\leq\dfrac{3}{2}$이다.

(i)~(iii)에 의해 $-\dfrac{1}{2}\leq x\leq\dfrac{3}{2}$

(2) (i) $x<-2$일 때,

$|x+2|=-(x+2),\ |x-4|=-(x-4)$이므로

$-(x+2)+(x-4)>2$

$-6>2$는 모순이므로 조건을 만족시키는 x의 값은 존재하지 않는다.

(ii) $-2\leq x<4$일 때,

$|x+2|=x+2,\ |x-4|=-(x-4)$이므로

$(x+2)+(x-4)>2$

$2x-2>2,\ x>2$

따라서 $2<x<4$

(iii) $x\geq4$일 때,

$|x+2|=x+2,\ |x-4|=x-4$이므로

$(x+2)-(x-4)>2,\ 6>2$

따라서 $x\geq4$

(i)~(iii)에 의해 $x>2$

답 (1) $-\dfrac{1}{2}\leq x\leq\dfrac{3}{2}$ (2) $x>2$

4　(1) 이차함수 $y=x^2-2x-8=(x-4)(x+2)$
의 그래프는 오른쪽 그림과
같이 x축과 두 점 $(-2,\,0)$,
$(4,\,0)$에서 만난다.
따라서 이차부등식
$x^2-2x-8\le0$의 해는
$-2\le x\le4$

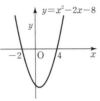

(2) $-x^2+2x-9>0$의 양변에 -1을 곱하면
$x^2-2x+9<0$
이차방정식 $x^2-2x+9=0$의 판별식을 D라 하면
$$\frac{D}{4}=(-1)^2-1\times9$$
$$=-8<0$$
이므로 이차함수
$y=x^2-2x+9$의 그래프는 오
른쪽 그림과 같이 x축과 만나
지 않는다.
따라서 이차부등식
$x^2-2x+9<0$의 해는 없다.

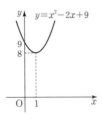

(3) 이차함수
$y=x^2+4x+4$
$=(x+2)^2$
의 그래프는 오른쪽 그림과
같이 x축과 한 점
$(-2,\,0)$에서 만난다.
따라서 이차부등식 $x^2+4x+4\ge0$의 해는 모든 실수
이다.

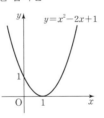

(4) $-x^2+2x-1<0$의 양변에 -1을 곱하면
$x^2-2x+1>0$
이차함수
$y=x^2-2x+1=(x-1)^2$
의 그래프는 오른쪽 그림과
같이 x축에서 한 점 $(1,\,0)$
에서 만난다.
따라서 이차부등식 $x^2-2x+1>0$의 해는 $x\ne1$인 모
든 실수이다.

　　　　답 (1) $-2\le x\le4$　(2) 없다.
　　　　　(3) 모든 실수　(4) $x\ne1$인 모든 실수

5　이차항의 계수가 1이고 해가 $1\le x\le2$인 이차부등식은
$(x-1)(x-2)\le0$, 즉 $x^2-3x+2\le0$
이 부등식과 $3x^2+ax+b\le0$이 같아야 하므로

$x^2-3x+2\le0$의 양변에 3을 곱하면 $3x^2-9x+6\le0$
따라서 $a=-9$, $b=6$

　　　　답 $a=-9$, $b=6$

6　이차항의 계수가 1이고 해가 $x<-1$ 또는 $x>3$인 이차
부등식은 $(x+1)(x-3)>0$, 즉 $x^2-2x-3>0$
이 부등식과 $-2x^2+ax+b<0$이 같아야 하므로
$x^2-2x-3>0$의 양변에 -2를 곱하면
$-2x^2+4x+6<0$
따라서 $a=4$, $b=6$

　　　　답 $a=4$, $b=6$

7　$x^2-2x-8\le0$에서 $(x-4)(x+2)\le0$
$-2\le x\le4$　　　$\cdots\cdots$ ㉠
$x^2-8x+15>0$에서 $(x-3)(x-5)>0$
$x>5$ 또는 $x<3$　　$\cdots\cdots$ ㉡
㉠, ㉡을 수직선 위에 나타내면 다음 그림과 같다.

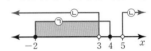

따라서 주어진 연립부등식의 해는 $-2\le x<3$

　　　　답 $-2\le x<3$

8　$x^2+2x-1\le2x^2-4x+4$에서
$x^2-6x+5\ge0$
$(x-1)(x-5)\ge0$
$x\ge5$ 또는 $x\le1$　　$\cdots\cdots$ ㉠
$2x^2-4x+4\le x^2-3x+6$에서
$x^2-x-2\le0$
$(x-2)(x+1)\le0$
$-1\le x\le2$　　$\cdots\cdots$ ㉡
㉠, ㉡을 수직선 위에 나타내면 다음 그림과 같다.

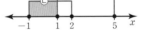

따라서 주어진 연립부등식의 해는 $-1\le x\le1$

　　　　답 $-1\le x\le1$

01 $3x+1<2x+4$에서 $x<3$ …… ㉠

$2x+4<4x+k$에서 $x>\dfrac{4-k}{2}$ …… ㉡

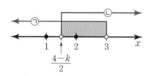

그림과 같이 ㉠, ㉡을 연립하였을 때 주어진 부등식을 만족시키는 정수의 개수가 1이므로 그 정수는 2이어야 한다.

그러므로 $1\le\dfrac{4-k}{2}<2$이고

$1\le\dfrac{4-k}{2}$에서 $k\le2$ …… ㉢

$\dfrac{4-k}{2}<2$에서 $k>0$ …… ㉣

따라서 ㉢, ㉣에서 $0<k\le2$

답 ①

02 $3\le|x-1|$에서

$x-1\ge3$ 또는 $x-1\le-3$

$x\ge4$ 또는 $x\le-2$ …… ㉠

$|x-1|\le4$에서

$-4\le x-1\le4$, $-3\le x\le5$ …… ㉡

㉠, ㉡을 수직선 위에 나타내면 다음 그림과 같다.

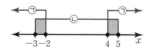

그러므로 주어진 연립부등식의 해는

$-3\le x\le-2$ 또는 $4\le x\le5$

이므로 구하는 정수 x의 값은 -3, -2, 4, 5이고 그 개수는 4이다.

답 ④

03 (i) $x\ge0$일 때

$x^2+x-6\le0$, $(x+3)(x-2)\le0$

$-3\le x\le2$

따라서 $0\le x\le2$

(ii) $x<0$일 때

$x^2-x-6\le0$, $(x+2)(x-3)\le0$

$-2\le x\le3$

따라서 $-2\le x<0$

(i), (ii)에 의해 $-2\le x\le2$이므로 $M=2$, $m=-2$이고

$Mm=2\times(-2)=-4$

|다른 풀이|

$x^2=|x|^2$이므로

$|x|^2+|x|-6\le0$, $(|x|+3)(|x|-2)\le0$

$-3\le|x|\le2$

따라서 $-2\le x\le2$이므로 $M=2$, $m=-2$이고

$Mm=2\times(-2)=-4$

답 ④

04 x에 대한 이차부등식 $x^2+2kx+k^2-3k+6\le0$의 해의 개수가 1이기 위해서는 x에 대한 이차방정식 $x^2+2kx+k^2-3k+6=0$의 판별식을 D라 할 때 $D=0$이어야 한다. 그러므로

$\dfrac{D}{4}=k^2-(k^2-3k+6)=3k-6=0$

따라서 $k=2$

답 ②

05 $x^2-3x-4\ge0$에서

$(x-4)(x+1)\ge0$

$x\ge4$ 또는 $x\le-1$ …… ㉠

$|x-k|<1$에서

$-1<x-k<1$

$k-1<x<k+1$ …… ㉡

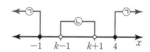

그림과 같이 ㉠, ㉡을 연립하였을 때 해가 존재하지 않기 위해서는

$k+1\le4$ …… ㉢, $k-1\ge-1$ …… ㉣

㉢, ㉣에 의해 $0\le k\le3$

따라서 구하는 정수 k의 값은 0, 1, 2, 3이므로 개수는 4이다.

답 ③

01 ③	**02** ①	**03** ③	**04** ④	**05** ②
06 ③	**07** ⑤	**08** ⑤	**09** ④	**10** ①
11 ②	**12** ④	**13** ③		

01 $z=k-2+(1+i)k-2i$
　　$=(2k-2)+(k-2)i$
이므로
$z^2=\{(2k-2)^2-(k-2)^2\}+2(2k-2)(k-2)i$
그러므로 z^2이 실수가 되기 위해서는
$(2k-2)(k-2)=0$이므로 $k=1$ 또는 $k=2$
따라서 모든 실수 k의 값의 합은 $1+2=3$

답 ③

02 $z=\dfrac{1+\sqrt{3}i}{2}$에서 $2z-1=\sqrt{3}i$
양변을 제곱하여 정리하면
$(2z-1)^2=(\sqrt{3}i)^2$, $z^2-z+1=0$
따라서
$z^3-z^2+z+1=z(z^2-z+1)+1=1$

답 ①

03 $\alpha=\dfrac{3}{\overline{\alpha}}$, $\beta=\dfrac{3}{\overline{\beta}}$이므로
$\alpha-\beta=\dfrac{3}{\overline{\alpha}}-\dfrac{3}{\overline{\beta}}=\dfrac{3(\overline{\beta}-\overline{\alpha})}{\overline{\alpha}\,\overline{\beta}}=\dfrac{3\times2i}{\overline{\alpha}\,\overline{\beta}}=2i$
$\overline{\alpha}\,\overline{\beta}=3$
따라서 $\alpha\beta=\overline{(\overline{\alpha}\,\overline{\beta})}=3$

답 ③

04 이차방정식 $(n+4)x^2+2nx+n-3=0$의 판별식을 D
라 할 때, 이차방정식이 실근을 가지므로 $D\geq0$이다.
그러므로
$\dfrac{D}{4}=n^2-(n+4)(n-3)=-n+12\geq0$
따라서 $n\leq12$이므로 자연수 n의 개수는 12이다.

답 ④

05 이차방정식의 근과 계수의 관계에서
$\alpha+\beta=8$, $\alpha\beta=4$
$(\sqrt{\beta}-\sqrt{\alpha})^2=\alpha+\beta-2\sqrt{\alpha\beta}=8-2\times\sqrt{4}=4$
따라서 $\alpha<\beta$이므로 $\sqrt{\beta}-\sqrt{\alpha}=2$

답 ②

06 이차방정식 $x^2-4x+2=0$의 두 근은 α, β이므로 근과
계수의 관계에서
$\alpha+\beta=4$, $\alpha\beta=2$
이차방정식 $x^2+ax+b=0$의 두 근은 $\dfrac{\alpha^2}{1-\alpha}$, $\dfrac{\beta^2}{1-\beta}$
이므로 근과 계수의 관계에서
$\dfrac{\alpha^2}{1-\alpha}+\dfrac{\beta^2}{1-\beta}=-a$, $\dfrac{\alpha^2}{1-\alpha}\times\dfrac{\beta^2}{1-\beta}=b$
$\dfrac{\alpha^2}{1-\alpha}+\dfrac{\beta^2}{1-\beta}=\dfrac{\alpha^2(1-\beta)+\beta^2(1-\alpha)}{(1-\alpha)(1-\beta)}$
　　　　　　　　$=\dfrac{(\alpha+\beta)^2-2\alpha\beta-\alpha\beta(\alpha+\beta)}{1-(\alpha+\beta)+\alpha\beta}$
　　　　　　　　$=\dfrac{4^2-2\times2-2\times4}{1-4+2}=-4$
$\dfrac{\alpha^2}{1-\alpha}\times\dfrac{\beta^2}{1-\beta}=\dfrac{\alpha^2\beta^2}{(1-\alpha)(1-\beta)}$
　　　　　　　　$=\dfrac{(\alpha\beta)^2}{1-(\alpha+\beta)+\alpha\beta}$
　　　　　　　　$=\dfrac{2^2}{1-4+2}=-4$
따라서 $a=4$, $b=-4$이므로
$a+b=4+(-4)=0$

답 ③

07 이차함수 $y=x^2+ax+b$의 그래프와 x축의 두 교점의 x
좌표가 각각 -1, 5이므로 이차방정식 $x^2+ax+b=0$의
서로 다른 두 실근이 -1, 5이다.
그러므로 이차방정식의 근과 계수의 관계에서
$-1+5=-a$, $(-1)\times5=b$
$a=-4$, $b=-5$
이차함수 $y=x^2-5x+4$의 그래프가 x축과 만나는 두 점
의 x좌표는 이차방정식 $x^2-5x+4=0$의 실근이다.
$x^2-5x+4=0$, $(x-1)(x-4)=0$
$x=1$ 또는 $x=4$
따라서 두 점 사이의 거리는 $4-1=3$

답 ⑤

08 $f(x)=x^2-4x+5=(x-2)^2+1$
이고 $-2\leq x\leq k$에서 함수 $f(x)$의
최솟값은 1이므로 $k\geq2$이어야 한
다.
$-2\leq x\leq k$에서 함수 $f(x)$의 최댓
값은 26이고

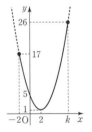

$f(-2)=(-2-2)^2+1=17$

이므로 $f(k)=26$

$f(k)=k^2-4k+5=26$

$k^2-4k-21=0,\ (k-7)(k+3)=0$

따라서 $k\geq2$이므로 $k=7$

답 ⑤

09 $f(x)=x^3-x-6$이라 하면 $f(2)=0$이므로 다항식 $f(x)$는 $x-2$를 인수로 갖는다.

그러므로 조립제법을 이용하여 인수분해하면

$$
\begin{array}{r|rrrr}
2 & 1 & 0 & -1 & -6 \\
  &   & 2 & 4 & 6 \\
\hline
  & 1 & 2 & 3 & 0 \\
\end{array}
$$

$f(x)=(x-2)(x^2+2x+3)$

이고 삼차방정식 $(x-2)(x^2+2x+3)=0$의 두 허근은 이차방정식 $x^2+2x+3=0$의 두 허근이다.

그러므로 이차방정식의 근과 계수의 관계에서

$\alpha+\beta=-2,\ \alpha\beta=3$

따라서

$(\alpha^2+1)(\beta^2+1)=\alpha^2\beta^2+\alpha^2+\beta^2+1$

$\qquad\qquad\qquad\quad =(\alpha\beta)^2+(\alpha+\beta)^2-2\alpha\beta+1$

$\qquad\qquad\qquad\quad =3^2+(-2)^2-2\times3+1=8$

답 ④

10 $x^2-2x=X$라 하면

$X^2+X-6=0$

$(X-2)(X+3)=0$

$(x^2-2x-2)(x^2-2x+3)=0$

$x^2-2x-2=0$ 또는 $x^2-2x+3=0$

이차방정식 $x^2-2x-2=0$의 판별식을 D_1이라 할 때

$\dfrac{D_1}{4}=(-1)^2-1\times(-2)=3>0$

이므로 서로 다른 두 실근을 갖는다.

이차방정식 $x^2-2x+3=0$의 판별식을 D_2라 할 때

$\dfrac{D_2}{4}=(-1)^2-1\times3=-2<0$

이므로 서로 다른 두 허근을 갖는다.

그러므로 $\alpha,\ \beta$는 이차방정식 $x^2-2x-2=0$의 서로 다른 두 실근이다.

이차방정식의 근과 계수의 관계에서

$\alpha+\beta=2,\ \alpha\beta=-2$

따라서

$\dfrac{1}{\alpha}+\dfrac{1}{\beta}=\dfrac{\alpha+\beta}{\alpha\beta}=\dfrac{2}{-2}=-1$

답 ①

11 ω는 방정식 $x^3=1$의 한 허근이므로 ω를 대입하면

$\omega^3=1,\ \omega^3-1=0$

$(\omega-1)(\omega^2+\omega+1)=0$

$\omega\neq1$이므로 $\omega^2+\omega+1=0$

$\omega^3+\omega^4+\omega^5=\omega^3(1+\omega+\omega^2)=0$

이므로 연속된 세 개의 ω의 거듭제곱의 합은 0이 된다.

따라서

$1+\omega+\omega^2+\cdots+\omega^{50}$

$=(1+\omega+\omega^2)+(\omega^3+\omega^4+\omega^5)+\cdots+(\omega^{48}+\omega^{49}+\omega^{50})$

$=0$

답 ②

12 (i) $x<0$일 때,

$\quad$ $|x|=-x,\ |x-2|=-(x-2)$이므로

$\quad$ $-x-(x-2)\leq4,\ x\geq-1$

$\quad$ 따라서 $-1\leq x<0$

(ii) $0\leq x<2$일 때,

$\quad$ $|x|=x,\ |x-2|=-(x-2)$이므로

$\quad$ $x-(x-2)\leq4,\ 2\leq4$

$\quad$ 따라서 $0\leq x<2$

(iii) $x\geq2$일 때,

$\quad$ $|x|=x,\ |x-2|=x-2$이므로

$\quad$ $x+(x-2)\leq4,\ x\leq3$

$\quad$ 따라서 $2\leq x\leq3$

(i)~(iii)에 의해 $-1\leq x\leq3$

이차부등식 $x^2+ax+b\leq0$의 해가 $-1\leq x\leq3$이므로

$-1+3=-a,\ (-1)\times3=b$에서

$a=-2,\ b=-3$

따라서 $ab=(-2)\times(-3)=6$

답 ④

13 (i) $k=1$일 때

$\quad$ $3<0$이므로 부등식을 만족시키는 x의 값은 존재하지 않는다.

(ii) $k\neq1$일 때

$\quad$ 이차부등식 $(k-1)x^2-2(k-1)x+3<0$이 해를 갖지 않기 위해서는 $k-1>0$이어야 하고 이차방정식

$(k-1)x^2-2(k-1)x+3=0$의 판별식을 D라 할 때 $D \leq 0$이어야 한다.

$k-1>0$에서 $k>1$ …… ㉠

$\dfrac{D}{4}=\{-(k-1)\}^2-(k-1)\times 3$

$\quad\quad =k^2-5k+4=(k-1)(k-4) \leq 0$

$1 \leq k \leq 4$ …… ㉡

㉠, ㉡에 의해 $1<k \leq 4$이다.

따라서 (i), (ii)에 의하여 부등식의 해가 존재하지 않도록 하는 k의 값의 범위는 $1 \leq k \leq 4$이므로 정수 k의 값은 1, 2, 3, 4이고 개수는 4이다.

답 ③

서술형 유제
본문 59쪽

출제의도
이차부등식의 해에 관한 조건을 이용할 수 있고, 부등식을 만들어 실수 k의 값의 범위를 구할 수 있다.

풀이
이차부등식 $kx^2-4kx-3<0$의 양변에 -1을 곱하면

$-kx^2+4kx+3>0$

모든 실수 x에 대하여 이차부등식 $-kx^2+4kx+3>0$이 성립하기 위해서는 $-k>0$이고 이차방정식 $-kx^2+4kx+3=0$의 판별식을 D라 할 때, $D<0$이어야 한다. ──────── ❶

$-k>0$에서 $k<0$ …… ㉠

$\dfrac{D}{4}=(2k)^2-(-k)\times 3$

$\quad\quad =4k^2+3k$

$\quad\quad =k(4k+3)<0$

$-\dfrac{3}{4}<k<0$ …… ㉡ ──────── ❷

따라서 ㉠, ㉡에 의해 $-\dfrac{3}{4}<k<0$ ──────── ❸

답 $-\dfrac{3}{4}<k<0$

	채점 기준	배점
❶	모든 실수에 대해 이차부등식이 성립할 조건을 구한 경우	40%
❷	조건에 맞는 부등식을 구한 경우	40%
❸	부등식을 연립하여 해를 구한 경우	20%

09 경우의 수

유제
본문 60~64쪽

1. 8	**2.** 4	**3.** 18	**4.** 6
5. (1) 42 (2) 6 (3) 24		**6.** 504	
7. (1) 240 (2) 1440		**8.** 144	**9.** 56
10. 21			

1 3종류의 샌드위치 중 한 개를 고르는 경우의 수는 3이고 5종류의 삼각김밥 중 한 개를 고르는 경우의 수는 5이다. 샌드위치와 삼각김밥을 고르는 것이 겹치지 않으므로 구하는 경우의 수는 합의 법칙에 의하여

$3+5=8$

답 8

2 4의 약수는 1, 2, 4이고 이 중 두 주사위 눈의 수의 합으로 가능한 경우는 2 또는 4이다.

눈의 수의 합이 2인 경우는 $(1, 1)$로 1가지이고 눈의 수의 합이 4인 경우는 $(1, 3)$, $(2, 2)$, $(3, 1)$의 3가지이다.

눈의 수의 합이 2인 경우와 4인 경우는 겹치지 않으므로 구하는 경우의 수는 합의 법칙에 의하여

$1+3=4$

답 4

3 6종류의 포장지 중 하나를 선택하는 경우의 수는 6이고 그 각각에 대하여 3종류의 끈 중 하나를 선택하는 경우의 수는 3이다.

따라서 구하는 경우의 수는 곱의 법칙에 의하여

$6 \times 3=18$

답 18

4 주사위 A에서 소수의 눈 2, 3, 5 중 하나가 나오는 경우의 수는 3이고 그 각각에 대하여 주사위 B에서 3의 배수의 눈 3, 6 중 하나가 나오는 경우의 수는 2이다.

따라서 구하는 경우의 수는 곱의 법칙에 의하여

$3 \times 2=6$

답 6

5 (1) $_7P_2 = 7 \times 6 = 42$

(2) $_6P_1 = 6$

(3) $_4P_4 = 4 \times 3 \times 2 \times 1 = 24$

답 (1) 42 (2) 6 (3) 24

6 구하는 경우의 수는 9개의 놀이기구 중에서 3개를 선택하여 일렬로 나열하는 경우의 수와 같으므로

$_9P_3 = 9 \times 8 \times 7 = 504$

답 504

7 (1) 모음 e, i를 양 끝에 나열하는 경우의 수는 2!

그 각각에 대하여 자음 n, g, l, s, h를 모음 사이에 나열하는 경우의 수는 5!

따라서 구하는 경우의 수는 곱의 법칙에 의하여

$2! \times 5! = 2 \times 120 = 240$

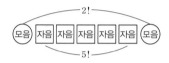

(2) 모음 e, i를 이웃시켜 하나의 그룹으로 생각하면 이 그룹과 나머지 자음 n, g, l, s, h를 나열하는 경우의 수는 6!

그 각각에 대하여 모음을 모아놓은 묶음 안에서 e와 i를 나열하는 경우의 수는 2!

따라서 구하는 경우의 수는 곱의 법칙에 의하여

$6! \times 2! = 720 \times 2 = 1440$

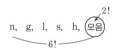

답 (1) 240 (2) 1440

8 서로 다른 국어교재 2권을 하나의 묶음으로 생각하고, 서로 다른 수학교재 2권을 하나의 묶음으로 생각하고, 서로 다른 영어교재 3권을 하나의 묶음으로 생각하면 이 세 묶음을 나열하는 경우의 수는 3!

그 각각에 대하여 국어교재 2권을 나열하는 경우의 수는 2!

또 그 각각에 대하여 수학교재 2권을 나열하는 경우의 수는 2!

또 그 각각에 대하여 영어교재 3권을 나열하는 경우의 수는 3!

따라서 구하는 경우의 수는 곱의 법칙에 의하여

$3! \times 2! \times 2! \times 3! = 6 \times 2 \times 2 \times 6$

$= 144$

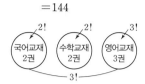

답 144

9 8명 중에서 3명을 뽑는 경우의 수를 구하면 되므로

$_8C_3 = \dfrac{8 \times 7 \times 6}{3 \times 2 \times 1} = 56$

답 56

10 악수는 2명이 서로 하는 것이므로 7명 중에서 2명을 선택해서 그 둘이 악수를 한다고 생각하면 악수의 총 횟수는 7명 중에서 2명을 선택하는 경우의 수와 같다.

따라서 구하는 악수의 총 횟수는

$_7C_2 = \dfrac{7 \times 6}{2 \times 1} = 21$

답 21

|참고|

7명이 서로 악수하는 총 횟수는 원 위의 7개의 점으로 만들 수 있는 선분의 개수와 같다.

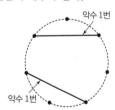

01 ③   **02** ⑤   **03** ⑤   **04** ④   **05** ①

01 눈의 수의 합이 5의 배수가 되는 경우는 5와 10이고 두 주사위의 눈의 수를 순서쌍으로 표현하면

합이 5인 경우 : (1, 4), (2, 3), (3, 2), (4, 1)의 4가지
합이 10인 경우 : (4, 6), (5, 5), (6, 4)의 3가지
따라서 4+3=7   …… ㉠
눈의 수의 합이 7의 배수가 되는 경우는 7뿐이고 두 주사위의 눈의 수를 순서쌍으로 표현하면
합이 7인 경우 : (1, 6), (2, 5), (3, 4), (4, 3),
(5, 2), (6, 1)의 6가지   …… ㉡
㉠, ㉡에서 구하는 경우의 수는 합의 법칙에 의하여
7+6=13

답 ③

02 500원짜리 동전 3개 중 3개, 2개, 1개를 지불하거나 전혀 사용하지 않는 4가지의 각 경우마다 100원짜리 동전 4개 중 4개, 3개, 2개, 1개를 지불하거나 전혀 사용하지 않는 5가지의 경우 지불하는 금액이 서로 다르므로 지불하는 금액이 서로 다른 경우의 수는
4×5=20
이때 500원과 100원을 모두 사용하지 않는 경우는 제외해야 하므로 구하는 경우의 수는
20-1=19

답 ⑤

03 세 자리 자연수가 되어야 하므로 백의 자리에 올 수 있는 숫자는 1, 2, 3, 4 중 하나이어야 하고 그 경우의 수는 4
이때 그 각각의 경우에 대하여 백의 자리에 온 숫자를 제외하고 0 포함 나머지 4개의 숫자 중에서 2개를 택하여 나열하여 순서대로 십의 자리, 일의 자리에 놓으면 그때마다 서로 다른 세 자리 자연수가 만들어지고 그 경우의 수는
$_4P_2=4×3=12$
따라서 구하는 경우의 수는 곱의 법칙에 의하여
4×12=48

답 ⑤

04 3학년이 양 끝에 서는 경우의 수는 2!

그 각각의 경우에 1학년을 모은 그룹과 2학년을 모은 그룹, 이 두 그룹을 나열하는 경우의 수는 2!
또 그 각각의 경우에 1학년 그룹 안에서 1학년 3명을 나열하는 경우의 수는 3!이고 2학년 그룹 안에서 2학년 2명을 나열하는 경우의 수는 2!이므로 구하는 경우의 수는 곱의 법칙에 의하여
$2!×2!×3!×2!=2×2×6×2=48$

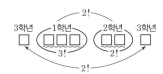

답 ④

05 원 위의 7개의 점 중에서 2개의 점을 선택하여 선분의 양 끝점으로 할 때마다 선분이 결정되고 이 선분들은 모두 서로 다르므로
$$a=_7C_2=\frac{7×6}{2×1}=21$$
원 위의 7개의 점 중에서 3개의 점을 선택하여 삼각형의 꼭짓점으로 할 때마다 삼각형이 결정되고 이 삼각형들은 모두 서로 다르므로
$$b=_7C_3=\frac{7×6×5}{3×2×1}=35$$
원 위의 7개의 점 중에서 4개의 점을 선택하여 사각형의 꼭짓점으로 할 때마다 사각형이 결정되고 이 사각형들은 모두 서로 다르므로
$$c=_7C_4=\frac{7×6×5×4}{4×3×2×1}=35$$
따라서 $a+b+c=21+35+35=91$

답 ①

|참고|
원 위에 있는 n개 점을 꼭짓점으로 하는 서로 다른 k각형의 개수는 $_nC_k$ (단, $3≤k≤n$)

01 ②	02 ②	03 ⑤	04 ④	05 ④
06 ④	07 ④	08 ④	09 ③	10 ②
11 ②	12 ④	13 ①	14 ③	

01 두 자리의 자연수의 십의 자리의 숫자를 a, 일의 자리의 숫자를 b라 하자.

각 자리의 숫자의 합이 5가 되는 경우를 a, b의 순서쌍 (a, b)로 나타내면

$(1, 4)$, $(2, 3)$, $(3, 2)$, $(4, 1)$, $(5, 0)$의 5가지

각 자리의 숫자의 합이 7이 되는 경우를 a, b의 순서쌍 (a, b)로 나타내면

$(1, 6)$, $(2, 5)$, $(3, 4)$, $(4, 3)$, $(5, 2)$, $(6, 1)$, $(7, 0)$의 7가지

따라서 구하는 자연수의 개수는 합의 법칙에 의하여

$5+7=12$

답 ②

02 집-도서관-학교의 순서로 가는 경우의 수는 곱의 법칙에 의하여 $3 \times 2=6$ ······ ㉠

집-마트-학교의 순서로 가는 경우의 수는 곱의 법칙에 의하여 $2 \times 3=6$ ······ ㉡

㉠과 ㉡의 경우는 동시에 일어나지 않으므로 구하는 경우의 수는 합의 법칙에 의하여

$6+6=12$

답 ②

03 앞 줄에 학생 3명을 세우는 경우의 수는 $3!$

그 각각의 경우에 교사 4명을 뒷 줄에 세우는 경우의 수는 $4!$

따라서 구하는 경우의 수는 곱의 법칙에 의하여

$3! \times 4! = 6 \times 24 = 144$

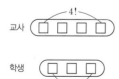

답 ⑤

04 알파벳과 숫자가 교대로 나오도록 배열하는 경우는 '알파벳-숫자-알파벳-숫자-알파벳-숫자'로 배열하거나 '숫자-알파벳-숫자-알파벳-숫자-알파벳'으로 배열하는 경우이다.

(i) '알파벳-숫자-알파벳-숫자-알파벳-숫자' 형태로 나열하기 위해 알파벳을 첫 번째, 세 번째, 다섯 번째 자리에 배열하는 경우의 수는 $3!$이고 그 각각의 경우에 숫자를 두 번째, 네 번째, 여섯 번째 자리에 배열하는 경우의 수는 $3!$이므로 곱의 법칙에 의하여 경우의 수는

$3! \times 3! = 6 \times 6 = 36$

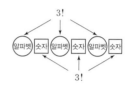

(ii) '숫자-알파벳-숫자-알파벳-숫자-알파벳' 형태로 나열하는 경우도 마찬가지로 하면 경우의 수는 36

(i), (ii)의 경우는 동시에 일어나지 않으므로 구하는 경우의 수는 합의 법칙에 의하여

$36+36=72$

답 ④

|참고|

경우의 수를 구하는 구조가 같을 때에는 마찬가지 방법으로 구하여 풀이의 과정을 줄일 수 있다.

05 30000보다 큰 짝수인 자연수가 되려면 만의 자리의 숫자가 3 또는 4이어야 하고 일의 자리의 숫자는 0 또는 2 또는 4이어야 한다.

(i) 만의 자릿 수가 3인 경우

일의 자리에 0 또는 2 또는 4가 오면 되고 그 경우의 수는 3

그 각각의 경우에 천, 백, 십의 자리에는 일의 자리에 사용된 숫자를 제외하고 나머지 숫자 3개를 배열하면 되고 그 경우의 수는 $3!$

따라서 곱의 법칙에 의하여 경우의 수는

$3 \times 3! = 3 \times 6 = 18$

(ii) 만의 자릿 수가 4인 경우

일의 자리에 0 또는 2가 오면 되고 그 경우의 수는 2

그 각각의 경우에 천, 백, 십의 자리에는 일의 자리에 사용된 숫자를 제외하고 나머지 숫자 3개를 배열하면 되고 그 경우의 수는 $3!$

따라서 곱의 법칙에 의하여 경우의 수는

$2 \times 3! = 2 \times 6 = 12$

(i), (ii)의 경우는 동시에 일어나지 않으므로 구하는 경우의 수는 합의 법칙에 의하여

$18 + 12 = 30$

답 ④

06 A 영역에는 4가지 색 중 하나를 칠하면 되고 그 경우의 수는 4

이때 D 영역에 A 영역과 같은 색을 칠하는 경우와 다른 색을 칠하는 두 가지 경우가 있다.

(i) D 영역에 A 영역과 같은 색을 칠하는 경우

    D 영역에 색을 칠하는 경우의 수는 1

    B 영역에 색을 칠하는 경우의 수는 3

    C 영역에 색을 칠하는 경우의 수는 3

    따라서 곱의 법칙에 의하여 경우의 수는

    $4 \times 1 \times 3 \times 3 = 36$

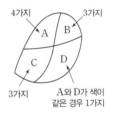

4가지   3가지
3가지   A와 D가 색이 같은 경우 1가지

(ii) D 영역에 A 영역과 다른 색을 칠하는 경우

    D 영역에 색을 칠하는 경우의 수는 A 영역에 칠한 색과 다른 색을 칠해야 하므로 3

    B 영역에 색을 칠하는 경우의 수는 인접한 A 영역, D 영역과 다른 색을 칠해야 하므로 2

    C 영역에 색을 칠하는 경우의 수는 인접한 A 영역, D 영역과 다른 색을 칠해야 하므로 2

    따라서 곱의 법칙에 의하여 경우의 수는

    $4 \times 3 \times 2 \times 2 = 48$

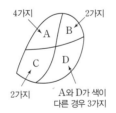

4가지   2가지
2가지   A와 D가 색이 다른 경우 3가지

(i), (ii)의 경우는 동시에 일어나지 않으므로 구하는 경우의 수는 합의 법칙에 의하여

$36 + 48 = 84$

답 ④

07 a로 시작하는 배열의 개수는 2, 3, 4, 5번째 자리에 b, c, d, e를 배열하는 경우의 수와 같으므로

$4! = 4 \times 3 \times 2 \times 1 = 24$

b로 시작하는 배열의 개수도 마찬가지로 하면 24

c로 시작하는 배열의 개수도 마찬가지로 하면 24

d로 시작하는 배열의 개수도 마찬가지로 하면 24

$24 + 24 + 24 + 24 = 96$

이고 d로 시작하는 배열이 끝나고 e로 시작하는 배열이 나오므로 100번째 오는 배열은 e로 시작하는 4번째 배열이다.

97번째 배열 — $eabcd$

98번째 배열 — $eabdc$

99번째 배열 — $eacbd$

100번째 배열 — $eacdb$

답 ④

|참고|

그림처럼 수형도를 이용하면 실수하지 않고 쉽게 순서와 경우의 수를 구할 수 있다.

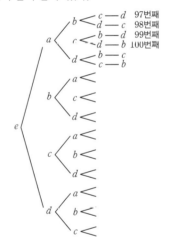

08 남학생 2명과 여학생 2명을 일렬로 먼저 나열하는 경우의 수는

$4! = 4 \times 3 \times 2 \times 1 = 24$

이때 교사끼리 이웃하지 않으려면 남학생과 여학생 사이의 공간 3곳과 양 끝 공간 2곳 중에 교사들은 한 명씩 들어가야 한다.

공간을 정하는 경우의 수는

$_5C_2 = \dfrac{5 \times 4}{2 \times 1} = 10$

정한 공간에 교사를 나열하는 경우의 수는

$2! = 2 \times 1 = 2$

따라서 구하는 경우의 수는 곱의 법칙에 의하여
$$24 \times 10 \times 2 = 480$$

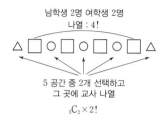

남학생 2명 여학생 2명
나열 : 4!

5 공간 중 2개 선택하고
그 곳에 교사 나열
$_5C_2 \times 2!$

답 ④

09 $_nP_r = {}_nC_r \times r!$이므로 조건 ㈎, ㈏에서
$$210 = 35 \times r!, \ r! = 6$$
$3! = 3 \times 2 \times 1 = 6$에서
$$r = 3$$
$_nP_3 = n(n-1)(n-2) = 210$에서
$210 = 7 \times 6 \times 5$이므로 $n = 7$
따라서 $n + r = 7 + 3 = 10$

답 ③

10 10개의 숫자 중에서 5개의 숫자로 비밀번호를 정할 때, 순서에 상관없이 결정되므로 설정하는 경우의 수는
$$_{10}C_5 = \frac{10 \times 9 \times 8 \times 7 \times 6}{5 \times 4 \times 3 \times 2 \times 1} = 252$$

답 ②

11 키가 모두 다른 6명 중에서 3명을 선택하는 경우의 수는
$$_6C_3 = \frac{6 \times 5 \times 4}{3 \times 2 \times 1} = 20$$
이때 선택된 3명을 키가 큰 순서대로 한 줄로 세우는 경우의 수는 1
따라서 구하는 경우의 수는 곱의 법칙에 의하여
$$20 \times 1 = 20$$

답 ②

|참고|
선택된 3명을 키와 상관없이 나열하는 경우의 수는
$$3! = 3 \times 2 \times 1 = 6$$
이지만 키가 모두 다른 3명을 키가 큰 순서대로 나열하는 경우의 수는 1이다.

12 가로로 놓여있는 4개의 평행선 중에서 2개를 택하는 경우의 수는

$$_4C_2 = \frac{4 \times 3}{2 \times 1} = 6$$
이고 각각의 경우에 사선으로 놓여 있는 5개의 평행선 중에서 2개를 택하는 경우의 수는
$$_5C_2 = \frac{5 \times 4}{2 \times 1} = 10$$
따라서 구하는 평행사변형의 개수는 곱의 법칙에 의하여
$$6 \times 10 = 60$$

답 ④

|참고|
주어진 그림에서 만들어질 수 있는 평행사변형은 가로로 놓여 있는 평행선 중 2개, 사선으로 놓혀 있는 평행선 중 2개로 이루어진다.

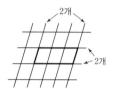

13 8개의 서로 다른 점 중에서 직선 위의 점이 되도록 2개의 점을 선택하는 경우의 수는
$$_8C_2 = \frac{8 \times 7}{2 \times 1} = 28$$
여기서 왼쪽 사선으로 놓인 변 위에 있는 4개의 점 중에서 2개를 선택하는 경우는 모두 같은 직선 위의 점이 되므로 빼 주어야 하고 그 경우의 수는
$$_4C_2 = \frac{4 \times 3}{2 \times 1} = 6$$
마찬가지로 아래 가로로 놓인 변 위에 있는 4개의 점 중에서 2개를 선택하는 경우도 모두 같은 직선 위의 점이 되므로 빼 주어야 하고 그 경우의 수는
$$_4C_2 = \frac{4 \times 3}{2 \times 1} = 6$$
또 오른쪽 사선으로 놓인 변 위에 있는 3개의 점 중에서 2개를 선택하는 경우도 모두 같은 직선 위의 점이 되므로 빼 주어야 하고 그 경우의 수는
$$_3C_2 = \frac{3 \times 2}{2 \times 1} = 3$$
그런데 이렇게 빼면 실제 삼각형을 이루는 변을 포함하는 직선이 모두 빠지게 되므로 세 개의 직선은 더해주어야 한다. 따라서 구하는 경우의 수는
$$28 - (6 + 6 + 3) + 3 = 16$$

답 ①

|다른 풀이|

그림의 1번부터 8번의 각 점에서 그을 수 있는 직선을 모두 센다. 단 중복이 되지 않게 센다.

1번 점에서 그을 수 있는 직선의 수는 4

2번 점에서 그을 수 있는 직선의 수는 4

3번 점에서 그을 수 있는 직선의 수는 4

4번 점에서 그을 수 있는 직선의 수는 2

5번 점에서 그을 수 있는 직선의 수는 1

6번 점에서 그을 수 있는 직선의 수는 1

7번 점에서 그을 수 있는 직선의 수는 0

8번 점에서 그을 수 있는 직선의 수는 0

따라서 합의 법칙에 의하여 구하는 경우의 수는

$4+4+4+2+1+1=16$

14 다섯 곳의 여행지 A, B, C, D, E 중에서 먼저 철수와 영희의 공통 여행지를 한 곳 정하는 경우의 수는

$_5C_1=5$

이 각각의 대하여 공통 여행지를 제외한 나머지 네 곳의 여행지 중 철수가 택할 여행지 두 곳을 정하는 경우의 수는

$_4C_2=\dfrac{4\times3}{2\times1}=6$

이 경우 남아 있는 여행지는 두 곳 뿐이고 이 여행지를 영희가 선택하는 경우의 수는

$_2C_2=1$

따라서 구하는 경우의 수는 곱의 법칙에 의하여

$5\times6\times1=30$

답 ③

서술형 유제　　　　　본문 69쪽

출제의도

조합의 수를 이용하여 경우의 수를 구할 수 있는지 묻는 문제이다.

풀이

(1) 20 이하의 자연수 20개의 수 중에서 세 개의 수를 뽑을 때 가장 큰 수가 10이어야 하므로 10은 뽑은 세 개의 수 중에 포함되어야 한다. ─────────❶

가장 큰 수가 10이므로 1부터 9까지의 9개의 수 중에서 나머지 2개의 수를 뽑으면 된다. 그 경우의 수는

$_9C_2=\dfrac{9\times8}{2\times1}=36$ ─────────❷

(2) 가장 큰 수가 a이므로 a는 뽑아야 하고 ─────❶

1, 2, $\cdots$, $a-1$의 $(a-1)$개의 수 중에서 두 개의 수를 뽑는 경우의 수가 15이어야 하므로

$_{a-1}C_2=\dfrac{(a-1)\times(a-2)}{2\times1}=15$ ─────❷

에서 $(a-1)(a-2)=30$

연속한 두 자연수의 곱이 $30=6\times5$가 되려면

$a-1=6$

즉, $a=7$ ─────────────────❸

답 (1) 36　(2) 7

	채점 기준	배점
❶	10은 이미 뽑은 수 중에 포함되어야 함을 식 또는 글로 표현한 경우	10%
❷	1부터 9까지의 9개의 수 중에서 2개를 뽑는 경우의 수를 구한 경우	30%

	채점 기준	배점
❶	a는 이미 뽑은 수 중에 포함되어야 함을 식 또는 글로 표현한 경우	10%
❷	1부터 $a-1$까지의 $(a-1)$개의 수 중에서 두 개를 뽑는 경우의 수를 구하는 식과 그 값이 15임을 표현한 경우	30%
❸	a의 값을 구한 경우	20%

10 행렬의 덧셈, 뺄셈, 실수배

유제

본문 70~72쪽

1. ②   **2.** $-\dfrac{8}{5}$ **3.** 7   **4.** ⑤

5. (1) -1 (2) -3 **6.** $\begin{pmatrix} -2 & -8 \\ -6 & -13 \end{pmatrix}$

1 ① $\begin{pmatrix} 1 \\ 2 \end{pmatrix}$는 2×1행렬이다.

② $(3 \quad 4)$는 1×2행렬이다.

③ $\begin{pmatrix} a & b \\ c & d \\ e & f \end{pmatrix}$는 3×2행렬이다.

④ $\begin{pmatrix} 2 & -1 & 3 \\ 0 & -2 & 6 \end{pmatrix}$은 2×3행렬이다.

⑤ $\begin{pmatrix} p & q \\ r & s \end{pmatrix}$는 2×2행렬이다.

답 ②

2 $\begin{pmatrix} x+2 & -2 \\ 0 & x-2y \end{pmatrix} = \begin{pmatrix} -x+y & x+2y \\ 0 & -3x-4 \end{pmatrix}$에서

$x+2=-x+y$, 즉

$2x-y=-2$ ...... ㉠

$-2=x+2y$, 즉

$x+2y=-2$ ...... ㉡

$x-2y=-3x-4$, 즉 $4x-2y=-4$

양변을 2로 나누어 정리하면 $2x-y=-2$

이것은 ㉠과 일치한다.

이때 ㉠과 ㉡을 연립하여 풀면

$x=-\dfrac{6}{5}$, $y=-\dfrac{2}{5}$

$\therefore x+y=-\dfrac{8}{5}$

답 $-\dfrac{8}{5}$

3 행렬 A는 3×2행렬이므로

$A = \begin{pmatrix} a_{11} & a_{12} \\ a_{21} & a_{22} \\ a_{31} & a_{32} \end{pmatrix}$라 하면

$a_{11}=1^2-1+1=1$, $a_{12}=1^2-2+1=0$

$a_{21}=2^2-1+1=4$, $a_{22}=2^2-2+1=3$

$a_{31}=3^2-1+1=9$, $a_{32}=3^2-2+1=8$

따라서 $A = \begin{pmatrix} 1 & 0 \\ 4 & 3 \\ 9 & 8 \end{pmatrix}$이고 제2행의 모든 성분의 합은

$4+3=7$

답 7

4 행렬 A는 이차정사각행렬이므로

$A = \begin{pmatrix} a_{11} & a_{12} \\ a_{21} & a_{22} \end{pmatrix}$라 하면

$a_{11}=1 \times 1^2=1$, $a_{12}=1 \times 2^2=4$

$a_{21}=2 \times 1^2=2$, $a_{22}=2 \times 2^2=8$

따라서 $A = \begin{pmatrix} 1 & 4 \\ 2 & 8 \end{pmatrix}$이고 모든 성분의 합은

$1+4+2+8=15$

답 ⑤

5 (1) $A+2B = \begin{pmatrix} -2 & 0 \\ -1 & 2 \end{pmatrix} + 2\begin{pmatrix} 2 & -3 \\ 2 & -1 \end{pmatrix}$

$= \begin{pmatrix} -2 & 0 \\ -1 & 2 \end{pmatrix} + \begin{pmatrix} 4 & -6 \\ 4 & -2 \end{pmatrix}$

$= \begin{pmatrix} 2 & -6 \\ 3 & 0 \end{pmatrix}$

따라서 행렬 $A+2B$의 모든 성분의 합은

$2+(-6)+3+0=-1$

(2) $3A-2B = 3\begin{pmatrix} -2 & 0 \\ -1 & 2 \end{pmatrix} - 2\begin{pmatrix} 2 & -3 \\ 2 & -1 \end{pmatrix}$

$= \begin{pmatrix} -6 & 0 \\ -3 & 6 \end{pmatrix} - \begin{pmatrix} 4 & -6 \\ 4 & -2 \end{pmatrix}$

$= \begin{pmatrix} -10 & 6 \\ -7 & 8 \end{pmatrix}$

따라서 행렬 $3A-2B$의 모든 성분의 합은

$-10+6+(-7)+8=-3$

답 (1) -1 (2) -3

|다른 풀이|

행렬 A의 모든 성분의 합은 -1, 행렬 B의 모든 성분의 합은 0이므로

(1) 행렬 $A+2B$의 모든 성분의 합은

$(-1)+2 \times 0=-1$

(2) 행렬 $3A-2B$의 모든 성분의 합은

$3 \times (-1)-2 \times 0=-3$

정답과 풀이

6 $2(X+A)=X-(A+B)$에서
$2X+2A=X-A-B$
$X=-3A-B$

$\quad=-3\begin{pmatrix}1&2\\3&4\end{pmatrix}-\begin{pmatrix}-1&2\\-3&1\end{pmatrix}$

$\quad=\begin{pmatrix}-3&-6\\-9&-12\end{pmatrix}-\begin{pmatrix}-1&2\\-3&1\end{pmatrix}$

$\quad=\begin{pmatrix}-2&-8\\-6&-13\end{pmatrix}$

답 $\begin{pmatrix}-2&-8\\-6&-13\end{pmatrix}$

기본 핵심 문제

본문 73쪽

01 ③ **02** ⑤ **03** ② **04** ② **05** ③

01 행렬 $(1\ \ 2\ \ 3)$은 1×3행렬이므로 $m=1$, $n=3$

행렬 $\begin{pmatrix}2\\-1\end{pmatrix}$은 2×1행렬이므로 $p=2$, $q=1$

따라서 $mn^2+p^2q=1\times3^2+2^2\times1=13$

답 ③

02 행렬 $A=(a_{ij})$ $(i=1,\ 2,\ 3,\ j=1,\ 2)$에 대하여

$a_{ij}=\begin{cases}ij&(i\neq j)\\i+j&(i=j)\end{cases}$

에서 행렬 A는 3×2행렬이고

$A=\begin{pmatrix}a_{11}&a_{12}\\a_{21}&a_{22}\\a_{31}&a_{32}\end{pmatrix}$라 하면

$a_{11}=1+1=2$, $a_{12}=1\times2=2$
$a_{21}=2\times1=2$, $a_{22}=2+2=4$
$a_{31}=3\times1=3$, $a_{32}=3\times2=6$

따라서 $A=\begin{pmatrix}2&2\\2&4\\3&6\end{pmatrix}$이고 구하는 모든 성분의 합은

$2+2+2+4+3+6=19$

답 ⑤

03 $2A-3B=O$에서

$2\begin{pmatrix}a&-3\\6&3\end{pmatrix}-3\begin{pmatrix}-2&-2\\4&b\end{pmatrix}=\begin{pmatrix}0&0\\0&0\end{pmatrix}$

$\begin{pmatrix}2a+6&0\\0&6-3b\end{pmatrix}=\begin{pmatrix}0&0\\0&0\end{pmatrix}$

$2a+6=0$, $6-3b=0$

따라서 $a=-3$, $b=2$이므로 $a+b=-1$

답 ②

04 $A+X=4X-2B$에서
$-3X=-A-2B$

$X=\frac{1}{3}A+\frac{2}{3}B$

$\quad=\frac{1}{3}\begin{pmatrix}1&3\\1&-3\end{pmatrix}+\frac{2}{3}\begin{pmatrix}1&3\\-2&0\end{pmatrix}$

$\quad=\begin{pmatrix}\frac{1}{3}&1\\\frac{1}{3}&-1\end{pmatrix}+\begin{pmatrix}\frac{2}{3}&2\\-\frac{4}{3}&0\end{pmatrix}$

$\quad=\begin{pmatrix}1&3\\-1&-1\end{pmatrix}$

따라서 구하는 행렬 X의 모든 성분의 합은
$1+3+(-1)+(-1)=2$

답 ②

| 다른 풀이 |

행렬 A의 모든 성분의 합은 2
행렬 B의 모든 성분의 합은 2
행렬 X의 모든 성분의 합을 x라 놓으면
$A+X=4X-2B$에서
$2+x=4x-2\times2$
$-3x=-6$, $x=2$
따라서 구하는 행렬 X의 모든 성분의 합은 2이다.

05 $2A-B=\begin{pmatrix}1&2\\3&4\end{pmatrix}$ $\quad\cdots\cdots$ ㉠

$A+2B=\begin{pmatrix}-1&2\\1&4\end{pmatrix}$ $\quad\cdots\cdots$ ㉡

에 대하여 ㉠의 양변을 2배하면

$4A-2B=\begin{pmatrix}2&4\\6&8\end{pmatrix}$ $\quad\cdots\cdots$ ㉢

㉡+㉢을 하면

$5A=\begin{pmatrix}-1&2\\1&4\end{pmatrix}+\begin{pmatrix}2&4\\6&8\end{pmatrix}=\begin{pmatrix}1&6\\7&12\end{pmatrix}$

$A=\frac{1}{5}\begin{pmatrix}1&6\\7&12\end{pmatrix}$

ⓒ의 양변을 2배하면

$$2A+4B=\begin{pmatrix} -2 & 4 \\ 2 & 8 \end{pmatrix} \qquad \cdots\cdots ㉣$$

㉣-㉠을 하면

$$5B=\begin{pmatrix} -2 & 4 \\ 2 & 8 \end{pmatrix}-\begin{pmatrix} 1 & 2 \\ 3 & 4 \end{pmatrix}=\begin{pmatrix} -3 & 2 \\ -1 & 4 \end{pmatrix}$$

$$B=\frac{1}{5}\begin{pmatrix} -3 & 2 \\ -1 & 4 \end{pmatrix}$$

따라서 $a=\dfrac{1}{5}(1+6+7+12)=\dfrac{26}{5}$

$b=\dfrac{1}{5}\{-3+2+(-1)+4\}=\dfrac{2}{5}$

$\therefore a-3b=\dfrac{26}{5}-3\times\dfrac{2}{5}=4$

답 ③

---

11 행렬의 곱셈

유제

본문 74~76쪽

1. (1) $\begin{pmatrix} -13 & 5 \\ -5 & 3 \end{pmatrix}$ (2) $(-2 \quad 4)$

2. $AB=(11)$, $BA=\begin{pmatrix} 3 & 6 \\ 4 & 8 \end{pmatrix}$ **3.** 1025

4. ① **5.** 2 **6.** 40

---

1 (1) $\begin{pmatrix} 4 & -3 \\ 2 & -1 \end{pmatrix}\begin{pmatrix} -1 & 2 \\ 3 & 1 \end{pmatrix}$

$=\begin{pmatrix} 4\times(-1)+(-3)\times3 & 4\times2+(-3)\times1 \\ 2\times(-1)+(-1)\times3 & 2\times2+(-1)\times1 \end{pmatrix}$

$=\begin{pmatrix} -13 & 5 \\ -5 & 3 \end{pmatrix}$

(2) $(1 \quad 2)\begin{pmatrix} 4 & 2 \\ -3 & 1 \end{pmatrix}$

$=(1\times4+2\times(-3) \quad 1\times2+2\times1)$

$=(-2 \quad 4)$

답 (1) $\begin{pmatrix} -13 & 5 \\ -5 & 3 \end{pmatrix}$ (2) $(-2 \quad 4)$

2 $AB=(1 \quad 2)\begin{pmatrix} 3 \\ 4 \end{pmatrix}=(1\times3+2\times4)=(11)$

$BA=\begin{pmatrix} 3 \\ 4 \end{pmatrix}(1 \quad 2)=\begin{pmatrix} 3\times1 & 3\times2 \\ 4\times1 & 4\times2 \end{pmatrix}=\begin{pmatrix} 3 & 6 \\ 4 & 8 \end{pmatrix}$

답 $AB=(11)$, $BA=\begin{pmatrix} 3 & 6 \\ 4 & 8 \end{pmatrix}$

| 참고 |

행렬 A는 1×2행렬, 행렬 B는 2×1행렬

AB는 1×2행렬과 2×1행렬의 곱이므로 1×1행렬,

BA는 2×1행렬과 1×2행렬의 곱이므로 2×2행렬이 된다.

3 행렬 A는 2×2행렬이므로

$A=\begin{pmatrix} a_{11} & a_{12} \\ a_{21} & a_{22} \end{pmatrix}$라 하면

$a_{11}=1-2\times1=-1$, $a_{12}=0$

$a_{21}=0$, $a_{22}=2-2\times2=-2$

즉, $A=\begin{pmatrix} -1 & 0 \\ 0 & -2 \end{pmatrix}$이고

$A^2=\begin{pmatrix}-1&0\\0&-2\end{pmatrix}\begin{pmatrix}-1&0\\0&-2\end{pmatrix}=\begin{pmatrix}1&0\\0&4\end{pmatrix}$

$A^3=A^2A=\begin{pmatrix}1&0\\0&4\end{pmatrix}\begin{pmatrix}-1&0\\0&-2\end{pmatrix}=\begin{pmatrix}-1&0\\0&-8\end{pmatrix}$

$A^4=A^3A=\begin{pmatrix}-1&0\\0&-8\end{pmatrix}\begin{pmatrix}-1&0\\0&-2\end{pmatrix}=\begin{pmatrix}1&0\\0&16\end{pmatrix}$

...

$A^n=\begin{pmatrix}(-1)^n&0\\0&(-2)^n\end{pmatrix}$임을 추론할 수 있다.

따라서 $A^{10}=\begin{pmatrix}1&0\\0&1024\end{pmatrix}$이고 모든 성분의 합은

$1+0+0+1024=1025$

답 1025

|참고|

이차정사각행렬에서 왼쪽 위에서 오른쪽 아래의 대각선 성분 이외의 성분이 모두 0인 경우 행렬의 거듭제곱을 아래와 같이 쉽게 구할 수 있다.

$\begin{pmatrix}a&0\\0&b\end{pmatrix}^n=\begin{pmatrix}a^n&0\\0&b^n\end{pmatrix}$

4 $A=\begin{pmatrix}0&1\\1&0\end{pmatrix}$이므로

$A^2=AA=\begin{pmatrix}0&1\\1&0\end{pmatrix}\begin{pmatrix}0&1\\1&0\end{pmatrix}=\begin{pmatrix}1&0\\0&1\end{pmatrix}=E$

$A^3=A^2A=EA=A$

$A^4=A^3A=AA=A^2=E$

...

따라서 A^n은 n이 홀수인 경우 A, n이 짝수인 경우 E임을 추론할 수 있다.

$A+A^2+A^3+\cdots+A^{10}$

$=A+E+A+E+\cdots+A+E$

$=5A+5E$

$=5\begin{pmatrix}0&1\\1&0\end{pmatrix}+5\begin{pmatrix}1&0\\0&1\end{pmatrix}=\begin{pmatrix}5&5\\5&5\end{pmatrix}$

따라서 구하는 모든 성분의 합은

$5+5+5+5=20$

답 ①

5 $(A-B)^2=(A-B)(A-B)$

$=A(A-B)-B(A-B)$

$=\begin{pmatrix}-5&8\\-3&4\end{pmatrix}-\begin{pmatrix}-2&4\\1&-1\end{pmatrix}$

$=\begin{pmatrix}-3&4\\-4&5\end{pmatrix}$

따라서 행렬 $(A-B)^2$의 모든 성분의 합은

$-3+4+(-4)+5=2$

답 2

6 $(A+B)^2=(A+B)(A+B)$

$=A(A+B)+B(A+B)$

$=A^2+AB+BA+B^2$ ...... ㉠

$(A-B)^2=(A-B)(A-B)$

$=A(A-B)-B(A-B)$

$=A^2-AB-BA+B^2$ ...... ㉡

㉠-㉡을 하면

$(A+B)^2-(A-B)^2=2AB+2BA$

$\begin{pmatrix}29&36\\45&56\end{pmatrix}-\begin{pmatrix}1&0\\9&4\end{pmatrix}=2\begin{pmatrix}4&8\\8&16\end{pmatrix}+2BA$

$\begin{pmatrix}28&36\\36&52\end{pmatrix}=\begin{pmatrix}8&16\\16&32\end{pmatrix}+2BA$

$\begin{pmatrix}20&20\\20&20\end{pmatrix}=2BA$

따라서 $BA=\begin{pmatrix}10&10\\10&10\end{pmatrix}$이고 구하는 모든 성분의 합은

$10+10+10+10=40$

답 40

01 ④　　**02** ②　　**03** ⑤　　**04** ③　　**05** ④

01 행렬 A는 2×2행렬, 행렬 B는 1×2행렬, 행렬 C는 2×1행렬이므로
① BA는 1×2행렬과 2×2행렬의 곱이므로 정의된다.
② AC는 2×2행렬과 2×1행렬의 곱이므로 정의된다.
③ BC는 1×2행렬과 2×1행렬의 곱이므로 정의된다.
④ CA는 2×1행렬과 2×2행렬의 곱이므로 정의되지 않는다.
⑤ CB는 2×1행렬과 1×2행렬의 곱이므로 정의된다.

답 ④

02 $AB-BA$
$$=\begin{pmatrix}1 & -1\\2 & 3\end{pmatrix}\begin{pmatrix}-1 & 2\\0 & 1\end{pmatrix}-\begin{pmatrix}-1 & 2\\0 & 1\end{pmatrix}\begin{pmatrix}1 & -1\\2 & 3\end{pmatrix}$$
$$=\begin{pmatrix}-1 & 1\\-2 & 7\end{pmatrix}-\begin{pmatrix}3 & 7\\2 & 3\end{pmatrix}$$
$$=\begin{pmatrix}-4 & -6\\-4 & 4\end{pmatrix}$$
따라서 구하는 모든 성분의 합은
$-4+(-6)+(-4)+4=-10$

답 ②

03 $A=\begin{pmatrix}2 & 0\\1 & 2\end{pmatrix}=2\begin{pmatrix}1 & 0\\\frac{1}{2} & 1\end{pmatrix}$이고

$$\begin{pmatrix}1 & 0\\\frac{1}{2} & 1\end{pmatrix}^2=\begin{pmatrix}1 & 0\\\frac{1}{2} & 1\end{pmatrix}\begin{pmatrix}1 & 0\\\frac{1}{2} & 1\end{pmatrix}=\begin{pmatrix}1 & 0\\1 & 1\end{pmatrix}$$

$$\begin{pmatrix}1 & 0\\\frac{1}{2} & 1\end{pmatrix}^3=\begin{pmatrix}1 & 0\\\frac{1}{2} & 1\end{pmatrix}^2\begin{pmatrix}1 & 0\\\frac{1}{2} & 1\end{pmatrix}$$
$$=\begin{pmatrix}1 & 0\\1 & 1\end{pmatrix}\begin{pmatrix}1 & 0\\\frac{1}{2} & 1\end{pmatrix}=\begin{pmatrix}1 & 0\\\frac{3}{2} & 1\end{pmatrix}$$

$$\begin{pmatrix}1 & 0\\\frac{1}{2} & 1\end{pmatrix}^4=\begin{pmatrix}1 & 0\\\frac{1}{2} & 1\end{pmatrix}^3\begin{pmatrix}1 & 0\\\frac{1}{2} & 1\end{pmatrix}$$
$$=\begin{pmatrix}1 & 0\\\frac{3}{2} & 1\end{pmatrix}\begin{pmatrix}1 & 0\\\frac{1}{2} & 1\end{pmatrix}=\begin{pmatrix}1 & 0\\2 & 1\end{pmatrix}$$

...

$$\begin{pmatrix}1 & 0\\\frac{1}{2} & 1\end{pmatrix}^n=\begin{pmatrix}1 & 0\\\frac{n}{2} & 1\end{pmatrix}$$임을 추론할 수 있다.

따라서 $A^n=2^n\begin{pmatrix}1 & 0\\\frac{n}{2} & 1\end{pmatrix}$에서

$A^{10}=2^{10}\begin{pmatrix}1 & 0\\5 & 1\end{pmatrix}$이므로 $a=5$

답 ⑤

| 참고 |
자연수 n에 대하여
$$\begin{pmatrix}1 & 1\\0 & 1\end{pmatrix}^n=\begin{pmatrix}1 & n\\0 & 1\end{pmatrix},\ \begin{pmatrix}1 & 0\\1 & 1\end{pmatrix}^n=\begin{pmatrix}1 & 0\\n & 1\end{pmatrix}$$

04 $A^2=\begin{pmatrix}1 & 1\\-3 & -2\end{pmatrix}\begin{pmatrix}1 & 1\\-3 & -2\end{pmatrix}=\begin{pmatrix}-2 & -1\\3 & 1\end{pmatrix}$

$A^3=A^2A=\begin{pmatrix}-2 & -1\\3 & 1\end{pmatrix}\begin{pmatrix}1 & 1\\-3 & -2\end{pmatrix}=\begin{pmatrix}1 & 0\\0 & 1\end{pmatrix}=E$

$A^4=A^3A=EA=A$
$A^5=A^4A=AA=A^2$
$A^6=A^5A=A^2A=A^3=E$
...

따라서 A^n은 자연수 n이 1씩 커지면서 A, A^2, E가 반복적으로 나오는 것을 추론할 수 있다.
$$A^{100}=A=\begin{pmatrix}1 & 1\\-3 & -2\end{pmatrix}$$
이고 구하는 모든 성분의 합은
$1+1+(-3)+(-2)=-3$

답 ③

| 다른 풀이 |
$A^3=E$이므로
$$A^{100}=(A^3)^{33}A=E^{33}A=EA=A=\begin{pmatrix}1 & 1\\-3 & -2\end{pmatrix}$$
따라서 구하는 모든 성분의 합은
$1+1+(-3)+(-2)=-3$

05 조건 (가)에서
$A^3=A^5=E$이므로
$A^5=A^3A^2=EA^2=A^2=E$이고
$A^3=A^2A=EA=A=E$
이때 조건 (나)에서
$A^2-B^2=O$이므로
$E^2-B^2=O,\ B^2=E$

① $\begin{pmatrix} 1 & 0 \\ 0 & 1 \end{pmatrix}\begin{pmatrix} 1 & 0 \\ 0 & 1 \end{pmatrix} = \begin{pmatrix} 1 & 0 \\ 0 & 1 \end{pmatrix} = E$

이므로 B가 될 수 있다.

② $\begin{pmatrix} -1 & 0 \\ 0 & -1 \end{pmatrix}\begin{pmatrix} -1 & 0 \\ 0 & -1 \end{pmatrix} = \begin{pmatrix} 1 & 0 \\ 0 & 1 \end{pmatrix} = E$

이므로 B가 될 수 있다.

③ $\begin{pmatrix} 0 & 1 \\ 1 & 0 \end{pmatrix}\begin{pmatrix} 0 & 1 \\ 1 & 0 \end{pmatrix} = \begin{pmatrix} 1 & 0 \\ 0 & 1 \end{pmatrix} = E$

이므로 B가 될 수 있다.

④ $\begin{pmatrix} 0 & -1 \\ 1 & 0 \end{pmatrix}\begin{pmatrix} 0 & -1 \\ 1 & 0 \end{pmatrix} = \begin{pmatrix} -1 & 0 \\ 0 & -1 \end{pmatrix} = -E$

이므로 B가 될 수 없다.

⑤ $\begin{pmatrix} -1 & 0 \\ 0 & 1 \end{pmatrix}\begin{pmatrix} -1 & 0 \\ 0 & 1 \end{pmatrix} = \begin{pmatrix} 1 & 0 \\ 0 & 1 \end{pmatrix} = E$

이므로 B가 될 수 있다.

답 ④

| 참고 |

$\begin{pmatrix} 0 & 1 \\ 1 & 0 \end{pmatrix}^2 = E$, $\begin{pmatrix} 0 & -1 \\ 1 & 0 \end{pmatrix}^2 = -E$, $\begin{pmatrix} 0 & 1 \\ -1 & 0 \end{pmatrix}^2 = -E$

단원 종합 문제
본문 78~80쪽

01 ④	**02** ④	**03** ②	**04** ⑤	**05** ④
06 ④	**07** ②	**08** ③	**09** ②	**10** ③
11 ①	**12** ④	**13** ④	**14** ②	

01 $\begin{pmatrix} 2 & x+4 \\ -2 & 2-y \end{pmatrix} = \begin{pmatrix} -x+y & -x+2y \\ x-y & x-4 \end{pmatrix}$에서

$(1, 1)$성분에서 $2 = -x+y$, $x-y = -2$ ...... ㉠

$(1, 2)$성분에서 $x+4 = -x+2y$, $x-y = -2$

$(2, 1)$성분에서 $-2 = x-y$, $x-y = -2$

$(2, 2)$성분에서 $2-y = x-4$, $x+y = 6$ ...... ㉡

㉠, ㉡을 연립하여 풀면

$x = 2$, $y = 4$

따라서 $xy = 8$

답 ④

02 $A = \begin{pmatrix} 1 & 1 \\ 2 & 2 \end{pmatrix}$에서 $nA = \begin{pmatrix} n & n \\ 2n & 2n \end{pmatrix}$이므로

모든 성분의 합은

$n+n+2n+2n = 6n$

$B = \begin{pmatrix} -1 & -2 \\ -3 & -4 \end{pmatrix}$에서 $-10B = \begin{pmatrix} 10 & 20 \\ 30 & 40 \end{pmatrix}$이므로

모든 성분의 합은

$10+20+30+40 = 100$

$6n > 100$, $n > \dfrac{100}{6} = \dfrac{50}{3} = 16\dfrac{2}{3}$이므로

구하는 자연수 n의 최솟값은 17이다.

답 ④

| 다른 풀이 |

행렬 A의 성분의 합은 6이므로 행렬 nA의 성분의 합은 $6n$이고 행렬 B의 성분의 합은 -10이므로 행렬 $-10B$의 성분의 합은 $-10 \times (-10) = 100$

따라서 $6n > 100$에서 만족하는 자연수 n의 최솟값은 17이다.

03 $2(X+A) = X-A+B$에서

$2X+2A = X-A+B$

$X = -3A+B$

$= -3\begin{pmatrix} 1 & -2 \\ 2 & 3 \end{pmatrix} + \begin{pmatrix} 0 & 2 \\ -1 & 3 \end{pmatrix}$

$= \begin{pmatrix} -3 & 6 \\ -6 & -9 \end{pmatrix} + \begin{pmatrix} 0 & 2 \\ -1 & 3 \end{pmatrix}$

$$=\begin{pmatrix} -3 & 8 \\ -7 & -6 \end{pmatrix}$$

따라서 구하는 행렬 X의 모든 성분의 합은

$-3+8+(-7)+(-6)=-8$

답 ②

|다른 풀이|

행렬 A의 모든 성분의 합은 4, 행렬 B의 모든 성분의 합은 4이고 행렬 X의 모든 성분의 합을 x라 하면

$2(X+A)=X-A+B$에서

$2(x+4)=x-4+4$, $x=-8$

따라서 구하는 행렬 X의 모든 성분의 합은 -8이다.

04 이차정사각행렬 A를

$A=\begin{pmatrix} a_{11} & a_{12} \\ a_{21} & a_{22} \end{pmatrix}$라 놓으면

$a_{11}=1+2\times1=3$, $a_{12}=1+2\times2=5$

$a_{21}=2+2\times1=4$, $a_{22}=2+2\times2=6$

에서 $A=\begin{pmatrix} 3 & 5 \\ 4 & 6 \end{pmatrix}$이고 구하는 모든 성분의 합은

$3+5+4+6=18$

답 ⑤

05 2×3행렬 A를

$A=\begin{pmatrix} a_{11} & a_{12} & a_{13} \\ a_{21} & a_{22} & a_{23} \end{pmatrix}$이라 놓으면

$a_{11}=1\times1=1$, $a_{12}=2$, $a_{13}=3$

$a_{21}=2^2=4$, $a_{22}=2\times2=4$, $a_{23}=3$

이므로 $A=\begin{pmatrix} 1 & 2 & 3 \\ 4 & 4 & 3 \end{pmatrix}$

따라서 $2A=\begin{pmatrix} 2 & 4 & 6 \\ 8 & 8 & 6 \end{pmatrix}$이므로 구하는 모든 성분의 합은

$2+4+6+8+8+6=34$

답 ④

06 $A+B=\begin{pmatrix} 1 & -2 \\ 1 & 9 \end{pmatrix}$ ······ ㉠

$A-2B=\begin{pmatrix} -2 & 1 \\ 4 & 0 \end{pmatrix}$ ······ ㉡

㉠−㉡을 하면

$3B=\begin{pmatrix} 1 & -2 \\ 1 & 9 \end{pmatrix}-\begin{pmatrix} -2 & 1 \\ 4 & 0 \end{pmatrix}=\begin{pmatrix} 3 & -3 \\ -3 & 9 \end{pmatrix}$

$B=\begin{pmatrix} 1 & -1 \\ -1 & 3 \end{pmatrix}$

이것을 ㉠에 대입하면

$A+\begin{pmatrix} 1 & -1 \\ -1 & 3 \end{pmatrix}=\begin{pmatrix} 1 & -2 \\ 1 & 9 \end{pmatrix}$

$A=\begin{pmatrix} 1 & -2 \\ 1 & 9 \end{pmatrix}-\begin{pmatrix} 1 & -1 \\ -1 & 3 \end{pmatrix}=\begin{pmatrix} 0 & -1 \\ 2 & 6 \end{pmatrix}$

따라서 $a=0+(-1)+2+6=7$

$b=1+(-1)+(-1)+3=2$

$\therefore ab=14$

답 ④

07 $\begin{pmatrix} 1 & 2 \\ 2 & 4 \end{pmatrix}\begin{pmatrix} -x & x \\ y & y \end{pmatrix}+\begin{pmatrix} 1 & 0 \\ 2 & 0 \end{pmatrix}=O$에서

$\begin{pmatrix} -x+2y & x+2y \\ -2x+4y & 2x+4y \end{pmatrix}=\begin{pmatrix} -1 & 0 \\ -2 & 0 \end{pmatrix}$

$-x+2y=-1$, $x+2y=0$

$-2x+4y=-2$, $2x+4y=0$

위의 네 식을 정리하면

$x-2y=1$ ······ ㉠

$x+2y=0$ ······ ㉡

㉠, ㉡을 연립하여 풀면

$x=\dfrac{1}{2}$, $y=-\dfrac{1}{4}$

따라서 $xy=-\dfrac{1}{8}$

답 ②

08 $ABC=\begin{pmatrix} 1 & -1 \\ 0 & 2 \end{pmatrix}\begin{pmatrix} 0 & 1 \\ 2 & -1 \end{pmatrix}\begin{pmatrix} 2 & 1 \\ -1 & 1 \end{pmatrix}$

$=\begin{pmatrix} -2 & 2 \\ 4 & -2 \end{pmatrix}\begin{pmatrix} 2 & 1 \\ -1 & 1 \end{pmatrix}$

$=\begin{pmatrix} -6 & 0 \\ 10 & 2 \end{pmatrix}$

따라서 구하는 모든 성분의 합은

$-6+0+10+2=6$

답 ③

|참고|

곱셈이 정의되는 세 행렬 A, B, C에 대하여

$(AB)C=A(BC)$

이 항상 성립하므로 괄호를 생략할 수 있다.

즉, $(AB)C=A(BC)=ABC$

09 $A=\begin{pmatrix} 2 & 5 \\ -1 & -2 \end{pmatrix}$이므로

$A^2 = \begin{pmatrix} 2 & 5 \\ -1 & -2 \end{pmatrix}\begin{pmatrix} 2 & 5 \\ -1 & -2 \end{pmatrix} = \begin{pmatrix} -1 & 0 \\ 0 & -1 \end{pmatrix} = -E$

$A^3 = A^2A = (-E)A = -A$

$A^4 = A^3A = (-A)A = -A^2 = -(-E) = E$

$A^5 = A^4A = EA = A$

…

즉, A^n은 자연수 n이 1씩 커지면서 A, $-E$, $-A$, E가 반복적으로 나오는 것을 추론할 수 있다.

따라서 $A^{100} = E = \begin{pmatrix} 1 & 0 \\ 0 & 1 \end{pmatrix}$이고 구하는 모든 성분의 합은

$1 + 0 + 0 + 1 = 2$

답 ②

|다른 풀이|

$A^2 = -E$이므로

$A^{100} = (A^2)^{50} = (-E)^{50} = E$

따라서 구하는 모든 성분의 합은 2이다.

10 $A^2 = \begin{pmatrix} 2 & 1 \\ -4 & -1 \end{pmatrix}\begin{pmatrix} 2 & 1 \\ -4 & -1 \end{pmatrix} = \begin{pmatrix} 0 & 1 \\ -4 & -3 \end{pmatrix}$

$A^3 = A^2A = \begin{pmatrix} 0 & 1 \\ -4 & -3 \end{pmatrix}\begin{pmatrix} 2 & 1 \\ -4 & -1 \end{pmatrix}$

$\qquad = \begin{pmatrix} -4 & -1 \\ 4 & -1 \end{pmatrix}$ ...... ㉠

$pA + qE = p\begin{pmatrix} 2 & 1 \\ -4 & -1 \end{pmatrix} + q\begin{pmatrix} 1 & 0 \\ 0 & 1 \end{pmatrix}$

$\qquad = \begin{pmatrix} 2p+q & p \\ -4p & -p+q \end{pmatrix}$ ...... ㉡

이때 ㉠, ㉡의 각 성분을 비교하면

$p = -1$, $q = -2$

따라서 $p + q = -3$

답 ③

11 행렬 A가 이차정사각행렬이므로

$A = \begin{pmatrix} a_{11} & a_{12} \\ a_{21} & a_{22} \end{pmatrix}$라 놓으면

$a_{11} = 0$, $a_{12} = -1$

$a_{21} = 1$, $a_{22} = 0$

즉, $A = \begin{pmatrix} 0 & -1 \\ 1 & 0 \end{pmatrix}$이고

$A^2 = \begin{pmatrix} 0 & -1 \\ 1 & 0 \end{pmatrix}\begin{pmatrix} 0 & -1 \\ 1 & 0 \end{pmatrix} = \begin{pmatrix} -1 & 0 \\ 0 & -1 \end{pmatrix} = -E$

$A^3 = A^2A = (-E)A = -A$

$A^4 = A^3A = (-A)A = -A^2 = -(-E) = E$

$A^5 = A^4A = EA = A$

…

이때 A^n은 자연수 n이 1씩 커지면서 A, $-E$, $-A$, E가 반복적으로 나오는 것을 추론할 수 있다.

$A + A^2 + A^3 + \cdots + A^{10}$

$= (A - E - A + E) + (A - E - A + E) + A - E$

$= A - E$

$= \begin{pmatrix} 0 & -1 \\ 1 & 0 \end{pmatrix} - \begin{pmatrix} 1 & 0 \\ 0 & 1 \end{pmatrix} = \begin{pmatrix} -1 & -1 \\ 1 & -1 \end{pmatrix}$

따라서 구하는 모든 성분의 합은

$-1 + (-1) + 1 + (-1) = -2$

답 ①

12 ① $(A+B)^2 = (A+B)(A+B)$

$\qquad = A(A+B) + B(A+B)$

$\qquad = A^2 + AB + BA + B^2$

$\qquad \neq A^2 + 2AB + B^2$

따라서 항상 성립하는 것은 아니다.

② $(A-B)^2 = (A-B)(A-B)$

$\qquad = A(A-B) - B(A-B)$

$\qquad = A^2 - AB - BA + B^2$

$\qquad \neq A^2 - 2AB + B^2$

따라서 항상 성립하는 것은 아니다.

③ $(A+B)(A-B) = A(A-B) + B(A-B)$

$\qquad = A^2 - AB + BA - B^2$

$\qquad \neq A^2 - B^2$

따라서 항상 성립하는 것은 아니다.

④ $(A+E)(A^2-A+E)$

$= A(A^2-A+E) + E(A^2-A+E)$

$= A^3 - A^2 + A + A^2 - A + E$

$= A^3 + E$

따라서 항상 성립한다.

⑤ $(AB)^2 = ABAB \neq AABB = A^2B^2$

따라서 항상 성립하는 것은 아니다.

답 ④

13 $A + B = E$의 양변의 왼쪽에 행렬 A를 곱하면

$A^2 + AB = A$ ...... ㉠

$A + B = E$의 양변의 오른쪽에 행렬 A를 곱하면

$A^2 + BA = A$ ...... ㉡

㉠, ㉡을 비교하면 $AB = BA$ ...... (＊)

가 성립함을 알 수 있다.

$BA^3 = BAAA$

$\qquad = ABAA$ ((∗)가 성립하므로)

$\qquad = BAA$ (조건 ㈏)

$\qquad = ABA$ ((∗)가 성립하므로)

$\qquad = BA$ (조건 ㈏)

$\qquad = AB$ ((∗)가 성립하므로)

$\qquad = B$ (조건 ㈏)

답 ④

14 (올해 제품 P의 사용자 수)$\times 0.6$

$\qquad\qquad\qquad$ +(올해 제품 Q의 사용자 수)$\times 0.2$

가 (1년 후 제품 P의 사용자 수)이고

(올해 제품 P의 사용자 수)$\times 0.4$

$\qquad\qquad\qquad$ +(올해 제품 Q의 사용자 수)$\times 0.8$

이 (1년 후 제품 Q의 사용자 수)이므로

위의 식과 같은 곱셈과 덧셈이 나오게 하려면

행렬 CA를 생각해야 한다. 즉

CA

$= (2000 \quad 1000)\begin{pmatrix} 0.6 & 0.4 \\ 0.2 & 0.8 \end{pmatrix}$

$= (2000 \times 0.6 + 1000 \times 0.2 \quad 2000 \times 0.4 + 1000 \times 0.8)$

여기서 행렬 CA의 제1열은 1년 후의 제품 P의 사용자 수, 제2열은 1년 후의 제품 Q의 사용자 수를 나타냄을 알 수 있다.

구하는 것은 2년 후의 제품 Q의 사용자 수이고

$(CA)A = CA^2$이므로 행렬 CA^2의 제2열을 구하면 된다.

답 ②

출제의도

행렬의 성분에 대한 식으로부터 행렬을 구하고 행렬의 거듭제곱에서 규칙성을 찾을 수 있는지를 묻는 문제이다.

풀이

이차정사각행렬 $A = \begin{pmatrix} a_{11} & a_{12} \\ a_{21} & a_{22} \end{pmatrix}$ 라 놓으면 주어진 식으로부터

$a_{11} = 0,\ a_{12} = -1$

$a_{21} = -1,\ a_{22} = 0$

따라서 $A = \begin{pmatrix} 0 & -1 \\ -1 & 0 \end{pmatrix}$ ················· ❶

$A^2 = AA = \begin{pmatrix} 0 & -1 \\ -1 & 0 \end{pmatrix}\begin{pmatrix} 0 & -1 \\ -1 & 0 \end{pmatrix} = \begin{pmatrix} 1 & 0 \\ 0 & 1 \end{pmatrix} = E$

$A^3 = A^2 A = EA = A$

$A^4 = A^3 A = AA = A^2 = E$

...

위의 과정에서 행렬 A^n은 자연수 n이 1씩 커지면서 A, E가 반복적으로 나오는 것을 추론할 수 있다. ········ ❷

$A + A^2 + A^3 + \cdots + A^{10}$

$= A + E + A + E + \cdots + A + E$

$= 5A + 5E$

$= 5\begin{pmatrix} 0 & -1 \\ -1 & 0 \end{pmatrix} + 5\begin{pmatrix} 1 & 0 \\ 0 & 1 \end{pmatrix}$

$= \begin{pmatrix} 5 & -5 \\ -5 & 5 \end{pmatrix}$

따라서 구하는 모든 성분의 합은

$5 + (-5) + (-5) + 5 = 0$ ················· ❸

답 0

	채점 기준	배점
❶	행렬 A의 성분을 구한 경우	30%
❷	행렬 A를 거듭제곱 하여 규칙성을 발견한 경우	30%
❸	주어진 행렬의 성분을 구한 후 성분의 합을 구한 경우	40%

12 평면좌표

본문 84~86쪽

유제

1. ③ **2.** ③ **3.** (1) 10 (2) $(3, -2)$
4. -7 **5.** -2 **6.** 18

1 두 점 $A(a, -1)$, $B(3, 3)$에 대하여 $\overline{AB}=5$이므로
$$\overline{AB}=\sqrt{(3-a)^2+\{3-(-1)\}^2}$$
$$=\sqrt{a^2-6a+25}=5$$
양변을 제곱하면
$$a^2-6a+25=25,\ a^2-6a=0$$
$$a(a-6)=0$$
$a>0$이므로 $a=6$

답 ③

2 두 점 $A(1, -1)$, $B(4, 2)$와 점 $P(0, a)$에 대하여
$\overline{AP}=\overline{BP}$이므로
$$\sqrt{(0-1)^2+\{a-(-1)\}^2}=\sqrt{(0-4)^2+(a-2)^2}$$
양변을 제곱하여 정리하면
$$a^2+2a+2=a^2-4a+20$$
$$6a=18,\ a=3$$

답 ③

3 (1) 구하는 점 P의 좌표를 p라 놓으면
$$p=\frac{2\times18+1\times(-6)}{2+1}=\frac{30}{3}=10$$
따라서 구하는 점 P의 좌표는 10
(2) 구하는 점의 좌표를 (x, y)라 놓으면
$$x=\frac{3\times7+2\times(-3)}{3+2}=\frac{15}{5}=3$$
$$y=\frac{3\times(-4)+2\times1}{3+2}=\frac{-10}{5}=-2$$
따라서 구하는 점의 좌표는 $(3, -2)$

답 (1) 10 (2) $(3, -2)$

4 두 점 $A(-1, -2)$, $B(a, 7)$에 대하여 $\overline{AB}$를 $5:4$로
내분하는 점의 좌표가 $(-6, b)$이므로
$$-6=\frac{5\times a+4\times(-1)}{5+4}=\frac{5a-4}{9}$$에서
$$-54=5a-4,\ 5a=-50$$

$$a=-10$$
$$b=\frac{5\times7+4\times(-2)}{5+4}=\frac{27}{9}=3$$
따라서 $a+b=-7$

답 -7

5 세 점 $A(3, 2)$, $B(4, -1)$, $C(a, 5)$에 대하여 삼각형
ABC의 무게중심 G의 좌표가 $(1, b)$이므로
$$1=\frac{3+4+a}{3}$$에서 $3=7+a$, $a=-4$
$$b=\frac{2+(-1)+5}{3}=\frac{6}{3}=2$$
따라서 $a+b=-2$

답 -2

6 사각형 ABCD가 평행사변형이므로 $\overline{AC}$의 중점과 $\overline{BD}$의
중점이 일치한다.
즉, $\left(\dfrac{0+3}{2}, \dfrac{7+b}{2}\right)=\left(\dfrac{a+6}{2}, \dfrac{2+(-1)}{2}\right)$
$3=a+6$에서 $a=-3$
$7+b=1$에서 $b=-6$
따라서 $ab=18$

답 18

기본 핵심 문제

본문 87쪽

01 ③ **02** ② **03** ③ **04** ② **05** ③

01 점 P는 x축 위에 있으므로 $b=0$이고 $P(a, 0)$
$\overline{AP}=\overline{BP}$이므로
$$\sqrt{(a-4)^2+\{0-(-4)\}^2}=\sqrt{(a-8)^2+(0-8)^2}$$
$$\sqrt{a^2-8a+32}=\sqrt{a^2-16a+128}$$
양변을 제곱하면
$$a^2-8a+32=a^2-16a+128$$
$$8a=96,\ a=12$$
따라서 $a+b=12$

답 ③

02 $\overline{\mathrm{AB}}=\sqrt{(5-0)^2+(-3-2)^2}=\sqrt{50}$

$\overline{\mathrm{BC}}=\sqrt{(4-5)^2+\{4-(-3)\}^2}=\sqrt{50}$

$\overline{\mathrm{CA}}=\sqrt{(0-4)^2+(2-4)^2}=\sqrt{20}$

따라서 삼각형 ABC는 $\overline{\mathrm{AB}}=\overline{\mathrm{BC}}$인 이등변삼각형이다.

답 ②

03 점 P가 $\overline{\mathrm{AB}}$를 $3:2$로 내분하므로

$\mathrm{P}\left(\dfrac{3\times(-1)+2\times a}{3+2},\ \dfrac{3\times(-8)+2\times 2}{3+2}\right)$

$\mathrm{P}\left(\dfrac{2a-3}{5},\ -4\right)$

또한 점 P가 y축 위에 있으므로 $b=0$이고 $\mathrm{P}(0,\ c)$

즉, $2a-3=0$, $c=-4$에서

$a=\dfrac{3}{2}$, $c=-4$

따라서 $ac+b=\dfrac{3}{2}\times(-4)+0=-6$

답 ③

04 삼각형 ABC의 무게중심을 G, 선분 BC의 중점을 M이라 하면 점 $\mathrm{G}(a,\ b)$는 선분 AM을 $2:1$로 내분하는 점이므로

$a=\dfrac{2\times 1+1\times 4}{2+1}=2$

$b=\dfrac{2\times(-2)+1\times 1}{2+1}=-1$

따라서 $ab=-2$

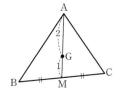

답 ②

05 사각형 OABC가 마름모이므로 $\overline{\mathrm{AC}}$의 중점과 $\overline{\mathrm{BO}}$의 중점은 일치한다.

즉, $\left(\dfrac{4+4}{2},\ \dfrac{3+b}{2}\right)=\left(\dfrac{8+0}{2},\ \dfrac{a+0}{2}\right)$

$a=b+3$ ...... ㉠

마름모는 네 변의 길이가 모두 같으므로

$\overline{\mathrm{OA}}=\overline{\mathrm{AB}}=\overline{\mathrm{BC}}=\overline{\mathrm{CO}}$이므로

$\overline{\mathrm{OA}}=\overline{\mathrm{AB}}$에서

$\sqrt{4^2+3^2}=\sqrt{(8-4)^2+(a-3)^2}$

양변을 제곱하면

$25=16+a^2-6a+9$, $a^2-6a=0$

$a(a-6)=0$

$a=0$ 또는 $a=6$

$\overline{\mathrm{OA}}=\overline{\mathrm{OC}}$에서

$\sqrt{4^2+3^2}=\sqrt{4^2+b^2}$

양변을 제곱하면

$25=16+b^2$, $b^2=9$

$b=3$ 또는 $b=-3$

이때 $b=3$이면 점 A와 점 C가 일치하게 되므로

$b=-3$

㉠에 대입하면 $a=0$

따라서 $a+b=-3$

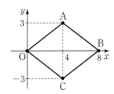

답 ③

13 직선의 방정식

본문 88~90쪽

유제

1. 5 **2.** ①

3. (1) $y=2x+1$ (2) $y=\dfrac{3}{2}x-3$ **4.** -9

5. (1) $\sqrt{10}$ (2) 2 **6.** 1

---

1 $ab=0$에서 $a=0$ 또는 $b=0$

이때 $ac>0$이므로 $a\neq0$이고 $b=0$

$ax+by+c=0$은 $ax+c=0$

$x=-\dfrac{c}{a}$

이때 $ac>0$이므로 직선 $x=-\dfrac{c}{a}$

는 제2사분면과 제3사분면을 지

난다.

따라서 $k=2$ 또는 $k=3$이고 구

하는 모든 k의 값들의 합은 5이다.

답 5

2 $ax+by+c=0$에서 $y=-\dfrac{a}{b}x-\dfrac{c}{b}$ $\quad\cdots\cdots$ (*)

$ab>0$에서 (*)가 나타내는 직선의 기울기는 음수

$\quad\cdots\cdots$ ㉠

$bc<0$에서 (*)가 나타내는 직선의 y절편은 양수

$\quad\cdots\cdots$ ㉡

따라서 ㉠, ㉡에서 직선 $ax+by+c=0$의 개형은 ①과

같다.

답 ①

3 (1) 직선 $y=2x-1$에 평행하므로 기울기는 2이고 점

$(1, 3)$을 지나므로

$y-3=2(x-1)$

이것을 정리하면 $y=2x+1$

(2) $2x+3y-1=0$을 정리하면 $y=-\dfrac{2}{3}x+\dfrac{1}{3}$이고

이 직선에 수직이므로 기울기는 $\dfrac{3}{2}$이고 점 $(2, 0)$을

지나므로

$y=\dfrac{3}{2}(x-2)$

이것은 정리하면 $y=\dfrac{3}{2}x-3$

답 (1) $y=2x+1$ (2) $y=\dfrac{3}{2}x-3$

|참고|

기울기가 m이고 점 (x_1, y_1)을 지나는 직선의 방정식은

$y-y_1=m(x-x_1)$

4 두 점 $(2, 5)$, $(4, -1)$을 지나는 직선의 기울기는

$\dfrac{-1-5}{4-2}=-3$

이고 이 직선에 평행한 직선의 기울기도 -3이므로

직선의 방정식을 $y=-3x+p$라 할 때

x절편이 1이므로 점 $(1, 0)$을 지난다.

즉, $0=-3\times1+p$, $p=3$

따라서 직선의 방정식은 $y=-3x+3$

이것이 $ax-y+b=0$과 일치해야 하므로

$a=-3$, $b=3$

따라서 $ab=-3\times3=-9$

답 -9

5 (1) $y=3x$는 $3x-y=0$이고 이 직선과 점 $(4, 2)$ 사이의

거리는

$\dfrac{|3\times4+(-1)\times2|}{\sqrt{3^2+(-1)^2}}=\dfrac{10}{\sqrt{10}}=\sqrt{10}$

(2) 원점과 직선 $3x-4y+10=0$ 사이의 거리는

$\dfrac{|3\times0+(-4)\times0+10|}{\sqrt{3^2+(-4)^2}}=\dfrac{10}{5}=2$

답 (1) $\sqrt{10}$ (2) 2

6 두 직선 $3x-4y+5=0$, $3x-4y=0$은 서로 평행하고

직선 $3x-4y=0$은 원점을 지나므로 구하는 평행한 두 직

선 사이의 거리는 원점과 직선 $3x-4y+5=0$ 사이의 거

리와 같고 그 거리는

$\dfrac{|3\times0+(-4)\times0+5|}{\sqrt{3^2+(-4)^2}}=\dfrac{5}{5}=1$

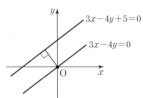

답 1

01 ④ **02** ① **03** ③ **04** ④ **05** ④

01 $ax+by+c=0$에서 $y=-\dfrac{a}{b}x-\dfrac{c}{b}$이고

그림에서 기울기는 양수이므로 $-\dfrac{a}{b}>0$, $ab<0$

또 그림에서 y절편은 양수이므로 $-\dfrac{c}{b}>0$, $bc<0$

$cx+by-a=0$을 정리하면 $y=-\dfrac{c}{b}x+\dfrac{a}{b}$ $\cdots\cdots$ (＊)

따라서 (＊)가 나타내는 직선의 기울기는 양수이고 y절편은 음수이다.

그러므로 이 직선의 개형은 다음과 같고 이 직선은 제1사분면, 제3사분면, 제4사분면을 지난다.

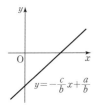

따라서 $k=1$ 또는 $k=3$ 또는 $k=4$이고 구하는 k의 값들의 합은

$1+3+4=8$

답 ④

02 세 직선 $y=2x+1$, $y=-x-2$, $y=mx$ 중 어느 두 직선이 만나는 서로 다른 점의 개수의 총합이 2가 되려면 두 개의 직선은 서로 평행해야하므로

$m=2$ 또는 $m=-1$

따라서 구하는 m의 값의 합은 1

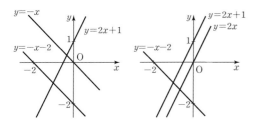

답 ①

03 선분 AB의 중점의 좌표는

$\left(\dfrac{1+5}{2},\ \dfrac{6+(-6)}{2}\right)$, 즉 $(3,\ 0)$이고

직선 AB의 기울기는

$\dfrac{-6-6}{5-1}=-3$

이므로 선분 AB의 수직이등분선의 기울기는 $\dfrac{1}{3}$이고

점 $(3,\ 0)$을 지나므로

$y=\dfrac{1}{3}(x-3)$, $y=\dfrac{1}{3}x-1$

이 직선이 점 $(a,\ 1)$을 지나므로

$1=\dfrac{1}{3}a-1$, $\dfrac{1}{3}a=2$

따라서 $a=6$

답 ③

04 점 $(1,\ -2)$와 직선 $6x-8y+k=0$ 사이의 거리가 3이므로

$3=\dfrac{|6\times1-8\times(-2)+k|}{\sqrt{6^2+(-8)^2}}$

$3=\dfrac{|k+22|}{10}$, $|k+22|=30$

$k+22=\pm30$

따라서 $k=8$ 또는 $k=-52$

이때 k는 양수이므로 $k=8$

답 ④

05 조건 ㈎에서 직선 l'과 직선 $l : 2x+y-3=0$은 서로 평행하므로 직선 l'의 방정식을

$2x+y+k=0$ (k는 상수)

로 놓으면 조건 ㈏에서 점 $(1,\ 2)$를 지나므로

$2\times1+2+k=0$에서 $k=-4$

즉 $l' : 2x+y-4=0$

직선 l'의 y절편을 구하기 위해 $x=0$을 대입하면

$y=4$

따라서 y절편은 4이다.

답 ④

14 원의 방정식

유제

본문 92~96쪽

1. (1) $(x+2)^2+(y-1)^2=2^2$ (2) $x^2+y^2=8$

2. $(x-1)^2+(y-1)^2=10$ **3.** 15   **4.** 19

5. (1) $(x-1)^2+(y+2)^2=2^2$ (2) $(x+2)^2+(y+1)^2=2^2$

6. $(x+3)^2+(y-3)^2=3^2$ **7.** $-3\sqrt{5}<a<3\sqrt{5}$ **8.** 5

9. (1) $y=-x\pm3\sqrt{2}$ (2) $2x-\sqrt{5}y=9$ **10.** 3

---

1 (1) 중심이 $(-2, 1)$이고 반지름의 길이가 2이므로
$$(x+2)^2+(y-1)^2=2^2$$

(2) 중심이 원점이고 반지름의 길이를 r이라 하면
$$x^2+y^2=r^2$$
이 원이 점 $(-2, 2)$를 지나므로
$$(-2)^2+2^2=r^2,\ r^2=8$$
따라서 구하는 원의 방정식은
$$x^2+y^2=8$$

답 (1) $(x+2)^2+(y-1)^2=2^2$ (2) $x^2+y^2=8$

2 두 점 $A(4, 2)$, $B(-2, 0)$에 대하여
선분 AB의 중점을 C라 하면 좌표는
$$C\left(\frac{4+(-2)}{2},\ \frac{2+0}{2}\right),\ 즉\ C(1, 1)$$
구하는 원의 반지름의 길이는 $\overline{AC}$와 같고
$$\overline{AC}=\sqrt{(1-4)^2+(1-2)^2}=\sqrt{10}$$
따라서 구하는 원의 방정식은
$$(x-1)^2+(y-1)^2=10$$

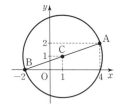

답 $(x-1)^2+(y-1)^2=10$

3 $x^2+y^2-8x+10y+a=0$에서
$$(x^2-8x)+(y^2+10y)=-a$$
$$(x^2-8x+16)+(y^2+10y+25)=-a+16+25$$
$$(x-4)^2+(y+5)^2=41-a$$

따라서 원의 중심의 좌표는 $(4, -5)$이고 반지름의 길이는 $\sqrt{41-a}$이므로
$$p=4,\ q=-5$$
$\sqrt{41-a}=5$에서 $41-a=25$, $a=16$
따라서 $a+p+q=16+4+(-5)=15$

답 15

4 $x^2+y^2-4x+8y+k=0$에서
$$(x^2-4x)+(y^2+8y)=-k$$
$$(x^2-4x+4)+(y^2+8y+16)=-k+4+16$$
$$(x-2)^2+(y+4)^2=20-k$$
따라서 원을 나타내려면 $20-k>0$
$$k<20$$
따라서 구하는 자연수 k의 최댓값은 19이다.

답 19

5 (1) 중심이 $(1, -2)$이고 x축에 접하는 원의 반지름의 길이는 2이므로
$$(x-1)^2+(y+2)^2=2^2$$

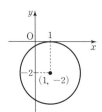

(2) 중심이 $(-2, -1)$이고 y축에 접하는 원의 반지름의 길이는 2이므로
$$(x+2)^2+(y+1)^2=2^2$$

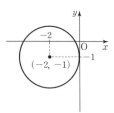

답 (1) $(x-1)^2+(y+2)^2=2^2$ (2) $(x+2)^2+(y+1)^2=2^2$

6 반지름의 길이가 3, 원의 중심이 제2사분면에 있고 x축과 y축에 동시에 접하는 원의 중심은 $(-3, 3)$이므로 원의 방정식은
$$(x+3)^2+(y-3)^2=3^2$$

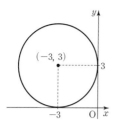

$$(x+3)^2+(y-3)^2=3^2$$

7 원 $x^2+y^2=9$의 중심 $(0,0)$과 직선 $y=2x+a$
즉, $2x-y+a=0$ 사이의 거리는
$$\dfrac{|2\times0+(-1)\times0+a|}{\sqrt{2^2+(-1)^2}}=\dfrac{|a|}{\sqrt5}$$

원의 반지름의 길이가 3이므로 직선과 원이 서로 다른 두 점에서 만나려면
$$\dfrac{|a|}{\sqrt5}<3,\ |a|<3\sqrt5$$
따라서 $-3\sqrt5<a<3\sqrt5$

답 $-3\sqrt5<a<3\sqrt5$

8 원 $(x-1)^2+(y+2)^2=r^2$의 중심 $(1,-2)$와 직선 $3x+4y-25=0$ 사이의 거리는
$$\dfrac{|3\times1+4\times(-2)-25|}{\sqrt{3^2+4^2}}=\dfrac{30}{5}=6$$

원의 반지름의 길이는 r이므로 직선과 원이 만나지 않으려면
$$r<6$$
따라서 자연수 r의 최댓값은 5이다.

답 5

9 (1) 원 $x^2+y^2=9$의 반지름의 길이는 3이고 구하는 접선의 기울기는 -1이므로 접선의 방정식은
$$y=-x\pm3\sqrt{(-1)^2+1}$$
즉, $y=-x\pm3\sqrt2$

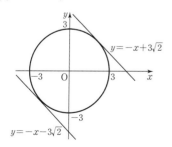

(2) 원 위의 점 $(2,-\sqrt5)$에서의 접선의 방정식은

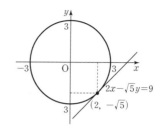

$$2x-\sqrt5y=9$$

답 (1) $y=-x\pm3\sqrt2$ (2) $2x-\sqrt5y=9$

10 원 $x^2+y^2=10$ 위의 점 (a,b)에서의 접선의 방정식은
$$ax+by=10,\ y=-\dfrac{a}{b}x+\dfrac{10}{b}$$

이 접선의 기울기가 $-\dfrac13$이므로
$$-\dfrac{a}{b}=-\dfrac13,\ b=3a\qquad\cdots\cdots\ \text{㉠}$$
점 (a,b)는 $x^2+y^2=10$ 위의 점이므로
$$a^2+b^2=10\qquad\cdots\cdots\ \text{㉡}$$
㉠을 ㉡에 대입하면
$$a^2+9a^2=10,\ 10a^2=10,\ a^2=1$$
따라서 $a=1,\ b=3$ 또는 $a=-1,\ b=-3$이고
$$ab=3$$

답 3

기본 핵심 문제 본문 97쪽

01 ⑤　**02** ②　**03** ③　**04** ⑤　**05** ②

---

01 두 점 $A(-3,0)$, $B(0,6)$에 대하여 $\overline{AB}$를 $2:1$로 내분하는 점을 $P(x,y)$라 하면
$$x=\dfrac{2\times0+1\times(-3)}{2+1}=-1$$
$$y=\dfrac{2\times6+1\times0}{2+1}=4$$
즉, $P(-1,4)$이고
$$\overline{PA}=\sqrt{\{-3-(-1)\}^2+(0-4)^2}=\sqrt{20}$$
따라서 구하는 원의 방정식은
$$(x+1)^2+(y-4)^2=20$$

답 ⑤

02 $x^2+y^2+4ax+(2a-4)y-10=0$에서
$(x^2+4ax)+\{y^2+(2a-4)y\}=10$
$(x^2+4ax+4a^2)+\{y^2+2(a-2)y+(a-2)^2\}$
$\quad =10+4a^2+(a-2)^2$
$(x+2a)^2+(y+a-2)^2=5a^2-4a+14$
따라서 이 원의 중심의 좌표는 $(-2a,\ -a+2)$이고 직선 $y=-2x+4$가 중심을 지나므로
$-a+2=-2\times(-2a)+4$
$5a=-2,\ a=-\dfrac{2}{5}$

답 ②

03 원의 반지름의 길이를 $r\ (r>0)$이라 할 때, x축과 y축에 동시에 접하는 원이 점 $(1,\ -2)$를 지나므로 중심은 제4사분면에 있고 원의 방정식은 다음과 같이 놓을 수 있다.
$(x-r)^2+(y+r)^2=r^2$
이 원이 점 $(1,\ -2)$를 지나므로 원의 방정식에 대입하면
$(1-r)^2+(-2+r)^2=r^2$
$r^2-6r+5=0,\ (r-1)(r-5)=0$
$r=1$ 또는 $r=5$
따라서 구하는 두 원의 반지름의 길이의 합은
$1+5=6$

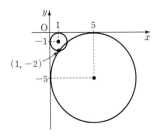

답 ③

04 $x^2+y^2-6x+8y+10=0$에서
$(x^2-6x)+(y^2+8y)=-10$
$(x^2-6x+9)+(y^2+8y+16)=-10+9+16$
$(x-3)^2+(y+4)^2=15$
에서 주어진 원의 중심은 $(3,\ -4)$이고 반지름의 길이는 $\sqrt{15}$이다.
점 $(3,\ -4)$와 직선 $3x-4y-10=0$ 사이의 거리는
$\dfrac{|3\times3-4\times(-4)-10|}{\sqrt{3^2+(-4)^2}}=\dfrac{15}{5}=3$
따라서 그림처럼 원과 직선이 만나서 생기는 현의 길이를 l이라 놓으면 피타고라스 정리에 의해

$\dfrac{l}{2}=\sqrt{(\sqrt{15})^2-3^2}=\sqrt{6}$
따라서 구하는 현의 길이 l은 $2\sqrt{6}$

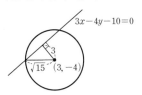

답 ⑤

05 $x^2+y^2-6x-2y=0$에서
$(x^2-6x)+(y^2-2y)=0$
$(x^2-6x+9)+(y^2-2y+1)=9+1$
$(x-3)^2+(y-1)^2=10$
에서 원의 중심은 $(3,\ 1)$이고 반지름의 길이는 $\sqrt{10}$이다.
이 원이 직선 $3x-y+k=0$과 접하므로 점 $(3,\ 1)$과 직선 $3x-y+k=0$ 사이의 거리는 반지름의 길이 $\sqrt{10}$과 같다. 즉,
$\dfrac{|3\times3-1\times1+k|}{\sqrt{3^2+(-1)^2}}=\dfrac{|k+8|}{\sqrt{10}}=\sqrt{10}$
$|k+8|=10$
$k+8=10$ 또는 $k+8=-10$
따라서 $k=2$ 또는 $k=-18$
$k>0$이므로 $k=2$

답 ②

15 도형의 이동

1 (1) $(3+(-1), -2+2)$에서

구하는 점의 좌표는 $(2, 0)$

(2) 평행이동 $(x, y) \longrightarrow (x+a, y+b)$는 x축의 방향으로 a만큼, y축의 방향으로 b만큼 평행이동시키는 것이므로 $(1, 2)$는 $(1+a, 2+b)$로 옮겨진다.

이 점이 $(3, -2)$이므로

$1+a=3, a=2$

$2+b=-2, b=-4$

따라서 $a+b=-2$

目 (1) $(2, 0)$ (2) -2

2 점 $(-1, 3)$을 점 $(-2, 2)$로 옮기는 평행이동은 x축의 방향으로 -1만큼, y축의 방향으로 -1만큼 평행이동하는 것이므로 원점으로 옮겨지는 점의 좌표를 (p, q)라 놓으면 이 평행이동에 의하여 이 점은 $(p-1, q-1)$로 옮겨지고 이 점이 원점이 되어야 하므로

$p=1, q=1$

따라서 구하는 점의 좌표는 $(1, 1)$

目 $(1, 1)$

3 (1) 직선 $2x-y-1=0$을 x축의 방향으로 -2만큼, y축의 방향으로 1만큼 평행이동한 직선의 방정식은

$2(x+2)-(y-1)-1=0$

$2x-y+4=0$

(2) 원 $(x-1)^2+(y+1)^2=4$를 x축의 방향으로 -2만큼, y축의 방향으로 1만큼 평행이동한 원의 방정식은

$\{(x+2)-1\}^2+\{(y-1)+1\}^2=4$

$(x+1)^2+y^2=4$

目 (1) $2x-y+4=0$ (2) $(x+1)^2+y^2=4$

4 도형 $f(x, y)=0$을 도형 $f(x+2, y-1)=0$으로 옮기는 평행이동은 x축의 방향으로 -2만큼, y축의 방향으로 1만큼 평행이동시키는 것이므로 직선 $3x+2y=0$은 $3(x+2)+2(y-1)=0$, 즉 직선 $3x+2y+4=0$으로 옮겨진다.

目 $3x+2y+4=0$

5 (1) 점 $(2, -2)$를

x축에 대하여 대칭이동한 점의 좌표는 $(2, 2)$

y축에 대하여 대칭이동한 점의 좌표는 $(-2, -2)$

원점에 대하여 대칭이동한 점의 좌표는 $(-2, 2)$

(2) 점 $(-3, -1)$을

x축에 대하여 대칭이동한 점의 좌표는 $(-3, 1)$

y축에 대하여 대칭이동한 점의 좌표는 $(3, -1)$

원점에 대하여 대칭이동한 점의 좌표는 $(3, 1)$

目 풀이 참조

6 점 $(2, -1)$을 x축에 대하여 대칭이동한 점의 좌표는 $(2, 1)$이므로 점 A의 좌표는 $(2, 1)$

점 $(2, -1)$을 y축에 대하여 대칭이동한 점의 좌표는 $(-2, -1)$이므로 점 B의 좌표는 $(-2, -1)$

이때 직선 AB의 기울기는

$\dfrac{-1-1}{-2-2}=\dfrac{1}{2}$

그리고 직선 AB는 점 $(2, 1)$을 지나므로

직선 AB의 방정식은

$y-1=\dfrac{1}{2}(x-2), y=\dfrac{1}{2}x$

目 $y=\dfrac{1}{2}x$

7 원 $x^2+(y-1)^2=4$를

(1) x축에 대하여 대칭이동한 도형의 방정식은

$x^2+(-y-1)^2=4$, 즉 $x^2+(y+1)^2=4$

(2) y축에 대하여 대칭이동한 도형의 방정식은

$(-x)^2+(y-1)^2=4$, 즉 $x^2+(y-1)^2=4$

(3) 원점에 대하여 대칭이동한 도형의 방정식은

$(-x)^2+(-y-1)^2=4$, 즉 $x^2+(y+1)^2=4$

目 (1) $x^2+(y+1)^2=4$ (2) $x^2+(y-1)^2=4$

  (3) $x^2+(y+1)^2=4$

8 직선 $ax-y+2=0$을 y축에 대하여 대칭이동한 직선의
방정식은
$$-ax-y+2=0$$
$ax-y+2=0$, $y=ax+2$에서 기울기는 a이고
$-ax-y+2=0$, $y=-ax+2$에서 기울기는 $-a$이고
두 직선이 서로 수직이므로
$$a\times(-a)=-1, a^2=1$$
답 1

9 (1) 직선 $y=2x-2$를 직선 $y=x$에 대하여 대칭이동시킨
   직선의 방정식은
   $$x=2y-2, 즉 y=\frac{1}{2}x+1$$
   (2) 원 $(x-1)^2+y^2=1$을 직선 $y=x$에 대하여 대칭이동
   시킨 원의 방정식은
   $$(y-1)^2+x^2=1, 즉 x^2+(y-1)^2=1$$
   답 (1) $y=\frac{1}{2}x+1$ (2) $x^2+(y-1)^2=1$

10 직선 $x+2y+3=0$을 x축에 대하여 대칭이동한 직선 l_1
의 방정식은
$$x-2y+3=0$$
이고 직선 l_1을 직선 $y=x$에 대하여 대칭이동한 직선 l_2
의 방정식은
$$y-2x+3=0, 즉 2x-y-3=0$$
답 $2x-y-3=0$

기본 핵심 문제
본문 103쪽

01 ① **02** ② **03** ③ **04** ① **05** ④

01 평행이동 $(x, y) \rightarrow (x+2, y-1)$에 의하여
점 $(3, -2)$는 $(3+2, -2-1)$
즉, 점 $(5, -3)$으로 옮겨진다.
이 점을 직선 $y=mx+2$가 지나므로
$$-3=5m+2, m=-1$$
답 ①

02 $y=-2x+3$을 x축의 방향으로 a만큼, y축의 방향으로 b
만큼 평행이동한 직선의 방정식은
$$y-b=-2(x-a)+3$$
이것을 정리하면
$$y=-2x+2a+b+3$$
이것이 $y=-2x+3$과 일치해야하므로
$$2a+b=0$$
양변을 a로 나누면
$$2+\frac{b}{a}=0, \frac{b}{a}=-2$$
답 ②

03 점 (a, b)를 y축에 대하여 대칭이동하면 $(-a, b)$
이 점을 원점에 대하여 대칭이동하면 $(a, -b)$
또 이 점을 직선 $y=x$에 대하여 대칭이동하면 $(-b, a)$
이 점의 좌표가 $(4, -3)$이므로
$$-b=4, a=-3$$
따라서 $ab=12$
답 ③

04 원 $(x+1)^2+(y-2)^2=1$을 원점에 대하여 대칭이동한
원의 방정식은
$$(-x+1)^2+(-y-2)^2=1, (x-1)^2+(y+2)^2=1$$
이 원을 x축에 대하여 대칭이동한 원의 방정식은
$$(x-1)^2+(-y+2)^2=1, (x-1)^2+(y-2)^2=1$$
이 원의 중심은 $(1, 2)$이고 이 점을 직선
$y=mx+2m-1$이 지나므로
$$2=m+2m-1, m=1$$
답 ①

05 직선 $x-2y+a=0$을 직선 $y=x$에 대하여 대칭이동한 직선의 방정식은 $y-2x+a=0$

즉, $2x-y-a=0$이고

원 $(x-1)^2+y^2=5$의 중심은 $(1, 0)$이므로

점 $(1, 0)$과 직선 $2x-y-a=0$ 사이의 거리는

$$\frac{|2\times1-1\times0-a|}{\sqrt{2^2+(-1)^2}}=\frac{|a-2|}{\sqrt{5}}$$

원의 반지름의 길이는 $\sqrt{5}$이고 원과 직선이 만나지 않아야 하므로

$$\frac{|a-2|}{\sqrt{5}}>\sqrt{5},\ |a-2|>5$$

$a-2>5$ 또는 $a-2<-5$

$a>7$ 또는 $a<-3$

따라서 자연수 a의 최솟값은 8이다.

답 ④

01 ③	02 ③	03 ②	04 ③	05 ③
06 ①	07 ⑤	08 ②	09 ⑤	10 ⑤
11 ④	12 ④	13 ②	14 ③	15 ⑤

01 두 점 $A(2a, b)$, $B(2b, a)$에 대하여

$$\overline{AB}=\sqrt{(2b-2a)^2+(a-b)^2}$$
$$=\sqrt{5(a-b)^2}$$
$$=\sqrt{5}\,|a-b|=2\sqrt{10}$$

양변을 $\sqrt{5}$로 나누면

$$|a-b|=2\sqrt{2}$$

답 ③

02 삼각형 OAB의 외심을 $D(a, b)$라 하면

$$\overline{OD}=\overline{AD}=\overline{BD}$$
$$\overline{OD}=\sqrt{a^2+b^2}$$
$$\overline{AD}=\sqrt{\{a-(-4)\}^2+(b-4)^2}$$
$$\overline{BD}=\sqrt{(a-2)^2+(b-2)^2}$$

$\overline{OD}=\overline{AD}$에서

$$\sqrt{a^2+b^2}=\sqrt{\{a-(-4)\}^2+(b-4)^2}$$

양변을 제곱하여 정리하면 $a-b=-4$ ······ ㉠

$\overline{OD}=\overline{BD}$에서 $\sqrt{a^2+b^2}=\sqrt{(a-2)^2+(b-2)^2}$

양변을 제곱하여 정리하면 $a+b=2$ ······ ㉡

㉠, ㉡을 연립하여 풀면 $a=-1$, $b=3$

따라서 $ab=-3$

답 ③

03 두 점 $A(3, -1)$, $B(-3, 5)$에 대하여 $\overline{AB}$를 $2:1$로 내분하는 점의 좌표는

$$\left(\frac{2\times(-3)+1\times3}{2+1},\ \frac{2\times5+1\times(-1)}{2+1}\right)$$

즉, $(-1, 3)$

이 점을 직선 $y=-x+k$가 지나므로

$3=-(-1)+k$, $k=2$

답 ②

04 세 점 $A(1, 2)$, $B(x_1, y_1)$, $C(x_2, y_2)$를 꼭짓점으로 하는 삼각형 ABC의 무게중심의 좌표는

$$\left(\frac{1+x_1+x_2}{3},\ \frac{2+y_1+y_2}{3}\right)$$

이것이 $(3, 2)$이므로

$\dfrac{1+x_1+x_2}{3}=3$에서 $x_1+x_2=8$

$\dfrac{2+y_1+y_2}{3}=2$에서 $y_1+y_2=4$

따라서 $x_1+x_2+y_1+y_2=8+4=12$

답 ③

05 두 직선 $x+(m-1)y+7=0$, $(m+2)x+4y+4=0$이
평행하므로

$\dfrac{1}{m+2}=\dfrac{m-1}{4}\neq\dfrac{7}{4}$

$(m+2)(m-1)=4$에서

$m^2+m-6=0$

$(m+3)(m-2)=0$

$m=-3$ 또는 $m=2$

이때 $m>0$이므로 $m=2$

m의 값을 대입하여 두 직선의 식을 다시 구하면

$x+y+7=0$, $x+y+1=0$

직선 $x+y+1=0$ 위의 점 $(-1, 0)$과 직선

$x+y+7=0$ 사이의 거리는

$\dfrac{|1\times(-1)+1\times0+7|}{\sqrt{1^2+1^2}}=\dfrac{6}{\sqrt{2}}=3\sqrt{2}$

답 ③

|다른 풀이|

$x+(m-1)y+7=0$을 정리하면

$y=-\dfrac{1}{m-1}x-\dfrac{7}{m-1}$

$(m+2)x+4y+4=0$을 정리하면

$y=-\dfrac{m+2}{4}x-1$

두 지선이 평헹하므로

$-\dfrac{1}{m-1}=-\dfrac{m+2}{4}$, $-\dfrac{7}{m-1}\neq-1$

$-\dfrac{1}{m-1}=-\dfrac{m+2}{4}$를 정리하면

$(m+3)(m-2)=0$

$m=-3$ 또는 $m=2$

이때 $m>0$이므로 $m=2$

m의 값을 대입하여 두 직선의 식을 다시 구하면

$x+y+7=0$, $x+y+1=0$

직선 $x+y+1=0$ 위의 점 $(-1, 0)$과 직선

$x+y+7=0$ 사이의 거리는

$\dfrac{|1\times(-1)+1\times0+7|}{\sqrt{1^2+1^2}}=\dfrac{6}{\sqrt{2}}=3\sqrt{2}$

06 세 직선

$2x+y-3=0$, $3x-y+2=0$, $y=mx+2$로 둘러싸인
도형이 직각삼각형이 되려면
두 직선 $2x+y-3=0$, $y=mx+2$가 서로 수직이거나
두 직선 $3x-y+2=0$, $y=mx+2$가 서로 수직이고
세 직선이 한 점에서 만나지 않아야 한다.

$2x+y-3=0$, $y=-2x+3$에서 기울기는 -2이므로

$m=\dfrac{1}{2}$ ······ ㉠

$3x-y+2=0$, $y=3x+2$에서 기울기는 3이므로

$m=-\dfrac{1}{3}$ ······ ㉡

$2x+y-3=0$, $3x-y+2=0$을 연립하여 풀면

$x=\dfrac{1}{5}$, $y=\dfrac{13}{5}$

이것을 $y=mx+2$에 대입하면

$\dfrac{13}{5}=\dfrac{m}{5}+2$, $m=3$

이고 이 값은 ㉠, ㉡에서의 m의 값과 다르다.
따라서 ㉠, ㉡에서 구하는 m의 값들의 합은

$\dfrac{1}{2}+\left(-\dfrac{1}{3}\right)=\dfrac{1}{6}$

답 ①

07 $\dfrac{x}{6}+\dfrac{y}{4}=1$에서 $y=0$을 대입하면 $x=6$이므로

직선 $\dfrac{x}{6}+\dfrac{y}{4}=1$이 x축과 만나는 점 A의 좌표는

$(6, 0)$

$\dfrac{x}{6}+\dfrac{y}{4}=1$에서 $x=0$을 대입하면 $y=4$이므로

직선 $\dfrac{x}{6}+\dfrac{y}{4}=1$이 y축과 만나는 점 B의 좌표는

$(0, 4)$

선분 AB의 중점의 좌표는 $\left(\dfrac{6}{2}, \dfrac{4}{2}\right)$, 즉 $(3, 2)$이고

직선 AB의 기울기는 $\dfrac{4-0}{0-6}=-\dfrac{2}{3}$

따라서 구하는 선분 AB의 수직이등분선의 기울기는 $\dfrac{3}{2}$

이고, 이 수직이등분선이 점 $(3, 2)$를 지나므로

$y-2=\dfrac{3}{2}(x-3)$, $y=\dfrac{3}{2}x-\dfrac{5}{2}$

이 직선이 점 $(a, 5)$를 지나므로

$5=\dfrac{3}{2}a-\dfrac{5}{2}$, $a=5$

답 ⑤

직선 $\dfrac{x}{a}+\dfrac{y}{b}=1$의 x절편은 a이고 y절편은 b이다.

08 A$(4, 6)$, B$(-2, -2)$에 대하여

$\overline{AB}=\sqrt{(-2-4)^2+(-2-6)^2}=10$

직선 AB의 기울기는 $\dfrac{-2-6}{-2-4}=\dfrac{4}{3}$이고

직선 AB는 점 A$(4, 6)$을 지나므로

직선 AB의 방정식은

$y-6=\dfrac{4}{3}(x-4)$, $4x-3y+2=0$

원점과 직선 $4x-3y+2=0$ 사이의 거리는 삼각형 OAB의 높이와 같고 그 높이는

$\dfrac{|4\times 0-3\times 0+2|}{\sqrt{4^2+(-3)^2}}=\dfrac{2}{5}$

따라서 구하는 삼각형 OAB의 넓이는

$\dfrac{1}{2}\times 10\times\dfrac{2}{5}=2$

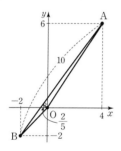

답 ②

09 $x^2+y^2-4y=0$에서

$x^2+(y^2-4y+4)=4$

$x^2+(y-2)^2=2^2$

이 원의 반지름의 길이는 2이다.

$x^2+y^2-2x+6y+1=0$에서

$(x^2-2x)+(y^2+6y)=-1$

$(x^2-2x+1)+(y^2+6y+9)=-1+1+9$

$(x-1)^2+(y+3)^2=3^2$

이 원의 반지름의 길이는 3이다.

따라서 구하는 반지름의 길이의 합은

$2+3=5$

답 ⑤

10 $x^2+y^2-4x-6y+k=0$에서

$(x^2-4x)+(y^2-6y)=-k$

$(x^2-4x+4)+(y^2-6y+9)=-k+4+9$

$(x-2)^2+(y-3)^2=13-k$

원의 중심은 $(2, 3)$이고 반지름의 길이는 $\sqrt{13-k}$이므로 원이 y축에 접하려면 중심의 x좌표의 절댓값이 반지름의 길이와 같아야 한다.

즉, $|2|=\sqrt{13-k}$

양변을 제곱하면

$4=13-k$, $k=9$

답 ⑤

11 원 $(x-1)^2+(y+1)^2=9$의 중심을 C라 할 때, 점 C의 좌표는 $(1, -1)$이고 반지름의 길이는 3이다.

원의 중심 C$(1, -1)$과 직선 $3x-4y+13=0$ 사이의 거리를 d라 하면

$d=\dfrac{|3\times 1-4\times(-1)+13|}{\sqrt{3^2+(-4)^2}}=\dfrac{20}{5}=4$

점 C에서 직선 $3x-4y+13=0$에 내린 수선의 발을 H라 하고, 직선 CH와 원이 만나는 두 점을 직선과 먼쪽부터 차례로 A, B라 할 때, 그림과 같이 원 위의 점 P가 점 A의 위치에 있을 때 직선 $3x-4y+13=0$ 사이의 거리가 최대이며 최댓값 $M=d+3=4+3=7$

점 P가 점 B의 위치에 있을 때 직선 $3x-4y+13=0$ 사이의 거리가 최소이며 최솟값 $m=d-3=4-3=1$

따라서 $Mm=7$

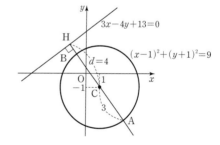

답 ④

12 직선 $y=-\dfrac{1}{2}x+1$에 수직인 직선의 기울기는 2이다.

기울기가 2이고 원 $x^2+y^2=4$에 접하는 접선의 방정식은

$y=2x\pm\sqrt{2^2+1}=2x\pm 2\sqrt{5}$

즉, $y=2x+2\sqrt{5}$ 또는 $y=2x-2\sqrt{5}$이므로

이 두 직선이 y축과 만나는 두 점의 좌표는

$(0, 2\sqrt{5})$, $(0, -2\sqrt{5})$

따라서 구하는 선분 AB의 길이는

$2\sqrt{5}-(-2\sqrt{5})=4\sqrt{5}$

답 ④

13 점 $(1, -1)$을 점 $(-2, 3)$으로 옮기는 평행이동은 x축 방향으로 -3만큼, y축의 방향으로 4만큼 평행이동하는 것이므로 점 (a, b)를 이 평행이동에 의해 옮기면 $(a-3, b+4)$이고 이 점이 원점이 되므로
$a=3, b=-4$
따라서 $a+b=-1$

답 ②

14 포물선 $y=x^2+a$를 x축의 방향으로 1만큼, y축의 방향으로 2만큼 평행이동한 포물선의 식은
$y-2=(x-1)^2+a, y=x^2-2x+a+3$
이것을 x축에 대하여 대칭이동한 포물선의 식은
$-y=x^2-2x+a+3, y=-x^2+2x-a-3$
x축과 만나는 두 점의 x좌표를 구하기 위해 이 식에 $y=0$을 대입하면
$0=-x^2+2x-a-3$
$x^2-2x+a+3=0$
이 이차방정식의 두 근을 x_1, x_2라 할 때
x축과 만나는 두 점 사이의 거리가 4이므로
$|x_1-x_2|=4$이고 이차방정식의 근과 계수의 관계에서
$x_1+x_2=2, x_1x_2=a+3$
$(x_1+x_2)^2=(x_1-x_2)^2+4x_1x_2$에서
$4=16+4(a+3)$
따라서 $a=-6$

답 ③

15 점 $B(-2, 3)$을 x축에 대하여 대칭이동한 점을 B'이라 할 때 $B'(-2, -3)$이고
점 P의 위치에 상관없이 $\overline{BP}=\overline{B'P}$이므로
$\overline{AP}+\overline{BP}=\overline{AP}+\overline{B'P}$
이때 $\overline{AP}+\overline{B'P}\geq\overline{AB'}$이므로
$\overline{AP}+\overline{BP}$의 최솟값은 $\overline{AB'}$이고 그 값은
$\overline{AB'}=\sqrt{(-2-3)^2+(-3-2)^2}=\sqrt{50}=5\sqrt{2}$

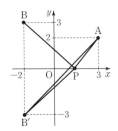

답 ⑤

출제의도

원의 중심과 x축 사이의 거리를 구하여 원의 반지름의 길이를 구할 수 있는지를 묻는 문제이다.

풀이

$x^2+y^2-6x+4y=k$에서
$(x^2-6x)+(y^2+4y)=k$
$(x^2-6x+9)+(y^2+4y+4)=k+9+4$
$(x-3)^2+(y+2)^2=k+13$에서
이 원의 반지름의 길이는 $\sqrt{k+13}$이다. ──── ❶
또, 원의 중심을 C라 할 때, 점 C의 좌표가 $(3, -2)$이므로 x축과 원의 중심 사이의 거리는 2이다. ──── ❷
원의 중심에서 x축에 내린 수선의 발을 H라 놓으면 $\overline{AB}=4$이므로 $\overline{AH}=2$이고, 그림과 같이 세 점 C, H, A를 꼭짓점으로 하는 삼각형 CHA은 직각삼각형이므로 피타고라스 정리에 의해
$\overline{CA}^2=\overline{CH}^2+\overline{AH}^2$
$(\sqrt{k+13})^2=2^2+2^2$
$k+13=8, k=-5$ ──── ❸

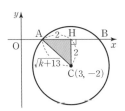

답 -5

	채점 기준	배점
❶	원의 방정식에서 반지름의 길이를 k가 포함된 식으로 구한 경우	30%
❷	원의 방정식에서 중심의 좌표를 구하여 x축과 원의 중심 사이의 거리를 구한 경우	30%
❸	피타고라스 정리를 이용하여 상수 k의 값을 구한 경우	40%

16 집합(1)

본문 108~112쪽

유제

1. ③ **2.** (1) $\in$ (2) $\in$ (3) $\in$ (4) $\not\in$
3. 풀이 참조 **4.** 풀이 참조 **5.** (1) $\not\subset$ (2) $\subset$ (3) $\subset$
6. 10 **7.** (1) $=$ (2) $\neq$ **8.** 2
9. 5 **10.** (1) 16 (2) 15

---

1 ① 10의 양의 약수의 모임, ② 월드컵에서 우승한 나라들의 모임, ④ 방정식 $x^2-2x=0$의 해의 모임, ⑤ 우리 반에서 키가 180 cm 이상인 학생들의 모임은 그 대상을 분명하게 정할 수 있으므로 집합이다.
③ '잘한다.'의 기준은 사람마다 다르게 판단할 수 있기 때문에 대상을 분명하게 정할 수 없다.
그러므로 집합이 아니다.

답 ③

2 (1) 4는 집합 A의 원소이므로 $4 \in A$
(2) 5는 집합 B의 원소이므로 $5 \in B$
(3) 6은 집합 A의 원소이므로 $6 \in A$
(4) 6은 집합 B의 원소가 아니므로 $6 \not\in B$

답 (1) $\in$ (2) $\in$ (3) $\in$ (4) $\not\in$

3 원소를 나열하는 방법으로 나타내면
$A=\{1, 2, 5, 10\}$
이고, 조건을 제시하는 방법으로 나타내면
$A=\{x \mid x는 10의 양의 약수\}$이다.

답 풀이 참조

4 $a=1$, $b=2$일 때, $a+b=3$
$a=1$, $b=3$일 때, $a+b=4$
$a=1$, $b=4$일 때, $a+b=5$
$a=2$, $b=2$일 때, $a+b=4$
$a=2$, $b=3$일 때, $a+b=5$
$a=2$, $b=4$일 때, $a+b=6$
그러므로 $C=\{3, 4, 5, 6\}$이고 집합 C를 벤 다이어그램으로 나타내면 그림과 같다.

답 풀이 참조

5 (1) 집합 A의 원소 중 5는 짝수가 아니므로 $A \not\subset B$
(2) $A=\{4, 8, 12, 16, 20\}$, $B=\{2, 4, 6, \cdots, 20\}$이므로 $A \subset B$
(3) $A=\{0\}$이고 공집합 $\varnothing$은 모든 집합의 부분집합이므로 $\varnothing \subset A$

답 (1) $\not\subset$ (2) $\subset$ (3) $\subset$

6 $B=\{1, 2, 3, 4, 5\}$이므로
$a=1$일 때, $A=\{1, 2\}$가 되어 $A \subset B$이다.
$a=2$일 때, $A=\{2, 3\}$이 되어 $A \subset B$이다.
$a=3$일 때, $A=\{3, 4\}$가 되어 $A \subset B$이다.
$a=4$일 때, $A=\{4, 5\}$가 되어 $A \subset B$이다.
a가 5 이상의 자연수일 때, $a+1 \not\in B$이므로 $A \not\subset B$이다.
따라서 자연수 a는 1, 2, 3, 4이고 그 합은
$1+2+3+4=10$

답 10

7 (1) $x^2+x-2=0$에서 $(x+2)(x-1)=0$
$x=-2$ 또는 $x=1$이므로 $B=\{-2, 1\}$
따라서 $A=B$
(2) 10 미만의 짝수인 자연수는 2, 4, 6, 8이므로 $A=\{2, 4, 6, 8\}$이고, 8의 양의 약수는 1, 2, 4, 8이므로 $B=\{1, 2, 4, 8\}$
따라서 $A \neq B$

답 (1) $=$ (2) $\neq$

8 $5 \in B$이고 $A=B$이므로 $5 \in A$이다.
$a^2+1=5$이므로 $a^2-4=0$, $(a+2)(a-2)=0$
$a=-2$ 또는 $a=2$
(i) $a=-2$인 경우
$A=\{1, 4, 5\}$, $B=\{-4, -3, 5\}$이므로 $A \neq B$
(ii) $a=2$인 경우
$A=\{1, 4, 5\}$, $B=\{1, 4, 5\}$이므로 $A=B$
(i), (ii)에 의해 $A=B$를 만족시키는 상수 a의 값은 2이다.

답 2

9 $|x-1|<3$에서 $-3<x-1<3$, $-2<x<4$이므로
$A=\{-1, 0, 1, 2, 3\}$
이때 집합 A의 원소의 개수가 5이므로 $n(A)=5$

답 5

10 집합 A의 원소의 개수가 4이므로
(1) 집합 A의 부분집합의 개수는 $2^4=16$
(2) 집합 A의 진부분집합의 개수는 $2^4-1=15$

답 (1) 16 (2) 15

기본 핵심 문제

본문 113쪽

01 ④ **02** ③ **03** ③ **04** 3 **05** ③

---

01 $x \in A$이므로
$x=1$이면 $2 \in B$이어야 하므로 $a=2$
$x=2$이면 $3 \in B$이어야 하므로 $a=3$
$x=3$이면 $4 \in B$이어야 하므로 $a=4$
따라서 주어진 조건을 만족시키는 자연수 a는 2, 3, 4이므로 그 합은 $2+3+4=9$

답 ④

02 $a \in A$이므로 a가 될 수 있는 값은 0, 1이다.
집합 B는 $B=\{1, 2, 4\}$이고 $b \in B$이므로 b가 될 수 있는 값은 1, 2, 4이다.
이때 $a+b$의 값은
$a=0$, $b=1$일 때, $a+b=0+1=1$
$a=0$, $b=2$일 때, $a+b=0+2=2$
$a=0$, $b=4$일 때, $a+b=0+4=4$
$a=1$, $b=1$일 때, $a+b=1+1=2$
$a=1$, $b=2$일 때, $a+b=1+2=3$
$a=1$, $b=4$일 때, $a+b=1+4=5$
따라서 $C=\{1, 2, 3, 4, 5\}$이므로 집합 C의 원소의 개수는 5이다.

답 ③

03 5 이하의 짝수인 자연수는 2, 4이므로 $B=\{2, 4\}$이고, 8의 양의 약수는 1, 2, 4, 8이므로 $C=\{1, 2, 4, 8\}$이다.
따라서 $A \not\subset B$, $B \not\subset A$, $C \not\subset A$, $C \not\subset B$이고
$A \subset C$, $B \subset C$이다.

답 ③

04 $A \subset B$, $B \subset A$이므로 $A=B$이다.
즉, $a^2=4$ 또는 $a^2=9$이다.
(i) $a^2=4$인 경우

$a^2-4=0$에서 $(a+2)(a-2)=0$
$a=-2$ 또는 $a=2$
$a=-2$이면 $A=\{4, 14\}$이므로 $A \neq B$이다.
$a=2$이면 $A=\{2, 4\}$이므로 $A \neq B$이다.
(ii) $a^2=9$인 경우
$a^2-9=0$에서 $(a+3)(a-3)=0$
$a=-3$ 또는 $a=3$
$a=-3$이면 $A=\{9, 22\}$이므로 $A \neq B$이다.
$a=3$이면 $A=\{4, 9\}$이므로 $A=B$이다.
(i), (ii)에 의해 $A=B$를 만족시키는 상수 a의 값은 3이다.

답 3

05 $x^2-1=0$에서 $(x+1)(x-1)=0$
$x=-1$ 또는 $x=1$이므로
$A=\{-1, 1\}$
$B=\{x \mid |x| \leq 2, x$는 정수$\}$이므로
$B=\{-2, -1, 0, 1, 2\}$
$A \subset X \subset B$를 만족시키는 집합 X는 집합 A의 원소 -1, 1을 모두 포함하는 집합 B의 부분집합이다.
즉, 집합 $\{-2, 0, 2\}$의 부분집합에 원소 -1, 1을 모두 포함시키면 된다.
따라서 구하는 집합 X의 개수는 집합 $\{-2, 0, 2\}$의 부분집합의 개수와 같으므로
$2^3=8$

답 ③

17 집합(2)

유제 · 본문 114~118쪽

1. {1, 2, 4, 6, 12}   **2.** 3   **3.** {b, e}
4. 8   **5.** (1) {4, 6} (2) {4, 6}   **6.** 풀이 참조
7. 풀이 참조   **8.** {2, 3, 4, 5, 7}   **9.** 7
10. 2

1 세 집합 A, $A \cup B$, $A \cap B$가 $A = \{1, 2, 3, 4\}$,
$A \cup B = \{1, 2, 3, 4, 6, 12\}$, $A \cap B = \{1, 2, 4\}$이므로
이를 벤 다이어그램으로 나타내면 그림과 같다.

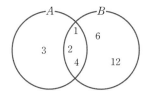

따라서 집합 B는 $B = \{1, 2, 4, 6, 12\}$이다.

답 {1, 2, 4, 6, 12}

2 두 집합 A와 B가 서로소이려면 a는 2 또는 4 또는 6 또
는 8 또는 10이 아니어야 하고, 두 집합 A와 C가 서로소
이려면 a는 3 또는 6 또는 9가 아니어야 한다.
따라서 두 집합 A와 B가 서로소이고, 두 집합 A와 C도
서로소가 되도록 하는 10 이하의 자연수 a는 1, 5, 7이고
그 개수는 3이다.

답 3

3 $U = \{a, b, c, d, e\}$, $A - B = \{a, c\}$, $B - A = \{d\}$,
$(A \cup B)^C = \varnothing$이므로 주어진 집합을 벤 다이어그램으로
나타낸 후 남은 원소 b, e를 남은 부분에 써넣어 벤 다이
어그램을 완성한다.

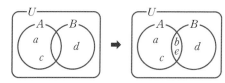

따라서 $A \cap B = \{b, e\}$이다.

답 {b, e}

4 $a = 5$이면 $A - B = \{3, 4\}$이므로 집합 $A - B$의 모든 원

소의 합은 7이다.
그러므로 $a \neq 5$이고, $A - B = \{3, 4, a\}$
이때 집합 $A - B$의 모든 원소의 합이 15이므로
$3 + 4 + a = 15$에서 $a = 8$

답 8

5 전체집합 U가 $U = \{1, 2, 3, 4, 5, 6, 7\}$이고, 두 부분집
합 A, B가 $A = \{2, 4, 6\}$, $B = \{4, 5, 6, 7\}$이므로
(1) $A \cap B = \{4, 6\}$
(2) $B^C = \{1, 2, 3\}$이므로 $A - B^C = \{4, 6\}$

답 (1) {4, 6} (2) {4, 6}

|참고|
일반적으로 전체집합 U의 두 부분집합 A, B에 대하여
$A \cap B = A - B^C$이 성립한다.

6 집합 $(A \cup B) - B$를 벤 다이어그램으로 나타내면 다음
과 같고,

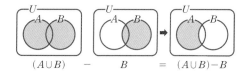

집합 $A - (A \cap B)$를 벤 다이어그램으로 나타내면 다음
과 같다.

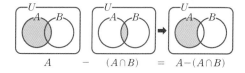

따라서 $(A \cup B) - B = A - (A \cap B)$이 성립한다.

답 풀이 참조

7 $(A \cap B)^C$와 $A^C \cup B^C$를 각각 벤 다이어그램으로 나타
내면 다음과 같다.

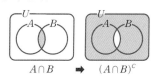

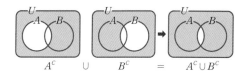

따라서 $(A \cap B)^c = A^c \cup B^c$가 성립한다.

답 풀이 참조

8 집합의 분배법칙에 의하여
$$A \cap (B \cup C) = (A \cap B) \cup (A \cap C)$$
$$= \{2, 3, 4\} \cup \{3, 5, 7\}$$
$$= \{2, 3, 4, 5, 7\}$$

답 $\{2, 3, 4, 5, 7\}$

9 $n(A \cup B) = n(A) + n(B) - n(A \cap B)$에서
$$n(A \cap B) = n(A) + n(B) - n(A \cup B)$$
$$= 20 + 15 - 28 = 7$$

답 7

10 반 학생 전체의 집합을 U, 강원도 일대를 희망하는 학생들의 집합을 A, 제주도 일대를 희망하는 학생들의 집합을 B라 하면 강원도 일대와 제주도 일대를 모두 희망하는 학생들의 집합은 $A \cap B$이고,
$n(U) = 32$, $n(A) = 23$, $n(B) = 26$, $n(A \cap B) = 19$
$$n(A \cup B) = n(A) + n(B) - n(A \cap B)$$
$$= 23 + 26 - 19 = 30$$
강원도 일대와 제주도 일대 중 어느 한 곳도 희망하지 않은 학생들의 집합은 $A^c \cap B^c = (A \cup B)^c$이므로
$$n((A \cup B)^c) = n(U) - n(A \cup B)$$
$$= 32 - 30 = 2$$
따라서 구하는 학생의 수는 2이다.

답 2

01 전체집합 U를 원소를 나열하는 방법으로 나타내면
$$U = \{1, 2, 3, 4, 5, 6, 7\}$$
$n(A \cap B) = 1$이므로 집합 A의 원소 1, 3, 5, 7 중 하나는 집합 B의 원소이다.
이때 집합 B의 모든 원소의 합이 최대이려면 7이 집합 B의 원소이어야 한다.
또한 $A \cup B = U$이므로 전체집합 U의 원소 중 집합 A의 원소가 아닌 원소인 2, 4, 6은 집합 B의 원소이어야 한다.
따라서 집합 B의 모든 원소의 합이 최대이려면
$B = \{2, 4, 6, 7\}$이어야 하고 그 합은
$$2 + 4 + 6 + 7 = 19$$

답 ③

02 집합 $\{x \mid x$는 6의 양의 약수$\}$를 원소를 나열하는 방법으로 나타내면 $\{1, 2, 3, 6\}$이다.
① $\{1, 2, 3, 6\} \cap \{3, 4, 5\} = \{3\}$이므로 서로소가 아니다.
② $x^2 - 6x + 8 = 0$에서 $(x-2)(x-4) = 0$
$x = 2$ 또는 $x = 4$
집합 $\{x \mid x^2 - 6x + 8 = 0\}$을 원소를 나열하는 방법으로 나타내면 $\{2, 4\}$
$\{1, 2, 3, 6\} \cap \{2, 4\} = \{2\}$
이므로 서로소가 아니다.
③ $x^3 - x = 0$에서 $x(x+1)(x-1) = 0$
$x = -1$ 또는 $x = 0$ 또는 $x = 1$
집합 $\{x \mid x^3 - x = 0\}$을 원소를 나열하는 방법으로 나타내면 $\{-1, 0, 1\}$
$\{1, 2, 3, 6\} \cap \{-1, 0, 1\} = \{1\}$
이므로 서로소가 아니다.
④ 집합 $\{x \mid 6 \le x \le 10, x$는 자연수$\}$를 원소를 나열하는 방법으로 나타내면 $\{6, 7, 8, 9, 10\}$
$\{1, 2, 3, 6\} \cap \{6, 7, 8, 9, 10\} = \{6\}$
이므로 서로소가 아니다.
⑤ 집합 $\{x \mid x$는 20 이하의 4의 배수인 자연수$\}$를 원소를 나열하는 방법으로 나타내면 $\{4, 8, 12, 16, 20\}$
$\{1, 2, 3, 6\} \cap \{4, 8, 12, 16, 20\} = \varnothing$
이므로 서로소이다.

답 ⑤

03 두 집합 A, B를 원소를 나열하는 방법으로 나타내면
$A=\{1, 2, 4, 8\}$, $B=\{1, 2, 3, 4, 6, 12\}$
이때 $A\cup B=\{1, 2, 3, 4, 6, 8, 12\}$,
$A\cap B=\{1, 2, 4\}$이므로
$(A\cup B)-(A\cap B)=\{3, 6, 8, 12\}$
따라서 구하는 집합의 원소의 개수는 4이다.

답 ④

|참고|
집합 $(A\cup B)-(A\cap B)$를 벤 다이어그램으로 나타내면 다음과 같다.

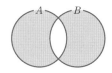

그러므로 집합 $(A\cup B)-(A\cap B)$는 집합
$(A-B)\cup(B-A)$와 같다.

04 6이 집합 $A-B$의 원소이므로 $6\in A$이고 $6\notin B$이어야 한다.
$a^2-a=6$이므로 $a^2-a-6=0$, $(a+2)(a-3)=0$
$a=-2$ 또는 $a=3$
(i) $a=-2$인 경우
  $B=\{-4, -1\}$이므로 $6\notin B$이다.
(ii) $a=3$인 경우
  $B=\{4, 6\}$이므로 $6\in B$이다.
(i), (ii)에 의해 집합 B는 $B=\{-4, -1\}$이고 집합 B의 모든 원소의 합은 $-4+(-1)=-5$

답 ①

05 임의의 정수 a에 대하여 $a\neq a^2+3$이므로 $n(B)=2$이다.
$n(A\cup B)=n(A)+n(B)-n(A\cap B)$에서
$n(A\cap B)=n(A)+n(B)-n(A\cup B)$
$\qquad\qquad=2+2-3=1$
$a=2$이면 $B=\{2, 7\}$이므로 $n(A\cap B)=1$
$a=4$이면 $B=\{4, 19\}$이므로 $n(A\cap B)=1$
$a^2+3=2$를 만족시키는 정수 a는 존재하지 않는다.
$a^2+3=4$에서 $a^2-1=0$, $(a+1)(a-1)=0$
$a=-1$ 또는 $a=1$
$a=-1$이면 $B=\{-1, 4\}$이므로 $n(A\cap B)=1$
$a=1$이면 $B=\{1, 4\}$이므로 $n(A\cap B)=1$
따라서 정수 a는 -1, 1, 2, 4이고 그 개수는 4이다.

답 ④

18 명제(1)

유제

본문 120~124쪽

1. ⑤ **2.** $\{2, 4, 10\}$ **3.** 풀이 참조 **4.** ④
5. 풀이 참조 **6.** 5 **7.** ㄴ, ㄷ **8.** 풀이 참조
9. ② **10.** 3

1 ① $3\sqrt{3}=\sqrt{27}$, $2\sqrt{7}=\sqrt{28}$이므로
  $3\sqrt{3}<2\sqrt{7}$이다. (참인 명제)
② $x^2-4x+4=0$에서 $(x-2)^2=0$, $x=2$ (참인 명제)
③ 6의 양의 약수는 1, 2, 3, 6이므로 그 개수는 4이다.
  (참인 명제)
④ 10 이하의 소수는 2, 3, 5, 7이므로 그 개수는 4이다.
  (참인 명제)
⑤ 두 삼각형의 넓이가 서로 같지만 모양이 서로 다른 삼각형이 존재한다. (거짓인 명제)

답 ⑤

2 전체집합 U가 자연수 전체의 집합이므로 조건 p의 진리집합을 P라 하면
$P=\{2, 4, 6, 8, 10\}$
조건 q의 진리집합을 Q라 하면
$Q=\{1, 2, 4, 5, 10, 20\}$
조건 'p 그리고 q'의 진리집합은 $P\cap Q$이므로 구하는 집합은 $P\cap Q=\{2, 4, 10\}$

답 $\{2, 4, 10\}$

3 (1) 조건 'x는 3의 배수이다.'의 부정은 'x는 3의 배수가 아니다.'이다.
(2) 명제 '6은 8의 양의 약수이다.'의 부정은 '6은 8의 양의 약수가 아니다.'이다.
(3) 조건 '$x\geq4$'의 부정은 '$x<4$'이다.
(4) 조건 '$x^2=1$'의 부정은 '$x^2\neq1$'이다.

답 풀이 참조

4 조건 'p 또는 q'의 부정은 '$\sim p$ 그리고 $\sim q$'이므로
조건 '$x<-1$ 또는 $x\geq4$'의 부정은 '$x\geq-1$ 그리고 $x<4$', 즉 '$-1\leq x<4$'이다.

그러므로 집합 $\{x|-1\le x<4\}$의 부분집합은
$\{-1, 1, 3\}$이다.

> 답 ④

5 (1) 가정 : $2x+3=7$이다.
　　 결론 : $x^2=4$이다.
　　(2) 가정 : x가 6의 배수이다.
　　 결론 : x는 3의 배수이다.
　　(3) 가정 : 두 삼각형이 합동이다.
　　 결론 : 두 삼각형의 넓이가 서로 같다.

> 답 풀이 참조

6 두 조건 p, q의 진리집합을 각각 P, Q라 하면
$P=\{x|a-1<x<a+2\}$
$Q=\{x|-3<x<4\}$
명제 $p \longrightarrow q$가 참이 되려면 $P\subset Q$가 성립해야 한다.

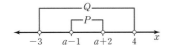

즉, $-3\le a-1$, $a+2\le4$이므로 $-2\le a\le2$
따라서 정수 a는 -2, -1, 0, 1, 2이고, 그 개수는 5이다.

> 답 5

7 ㄱ. 주어진 명제의 전체집합을 U,
　　 조건 'p: $x^2+y^2>0$'의 진리집합을 P라 하면
　　 $U=\{(x, y)|x, y$는 실수$\}$의 원소 $(0, 0)$은 진리집합 P의 원소가 아니다.
　　 따라서 $P\ne U$이므로 주어진 명제는 거짓이다.
　ㄴ. 주어진 명제의 전체집합을 U,
　　 조건 'p: $x^2+y^2>0$'의 진리집합을 P라 하면
　　 $U=\{(x, y)|x, y$는 자연수$\}$,
　　 $P=\{(x, y)|x, y$는 자연수$\}$이다.
　　 따라서 $P=U$이므로 주어진 명제는 참이다.
　ㄷ. 주어진 명제의 전체집합을 U,
　　 조건 'p: $x+y$는 정수이다.'의 진리집합을 P라 하면
　　 $U=\{(x, y)|x, y$는 유리수$\}$이고, 원소 $(1, 2)$는 진리집합 P의 원소이다.
　　 따라서 $P\ne\varnothing$이므로 주어진 명제는 참이다.
　ㄹ. 주어진 명제의 전체집합을 U,
　　 조건 'p: $x+y<2$'의 진리집합을 P라 하면
　　 $U=\{(x, y)|x, y$는 자연수$\}$, $P=\varnothing$이다.
　　 따라서 $P=\varnothing$이므로 주어진 명제는 거짓이다.

그러므로 참인 명제는 ㄴ, ㄷ이다.

> 답 ㄴ, ㄷ

8 (1) 명제 '모든 정수는 유리수이다.'의 부정은
　　 '어떤 정수는 유리수가 아니다.'이다.
　　(2) 명제 '어떤 실수 x에 대하여 $|x|\le0$이다.'의 부정은
　　 '모든 실수 x에 대하여 $|x|>0$이다.'이다.

> 답 풀이 참조

9 명제 $p \longrightarrow \sim q$의 역은 $\sim q \longrightarrow p$이다.
명제 $\sim q \longrightarrow p$가 참이므로 그 대우 $\sim p \longrightarrow q$도 참이다.
따라서 항상 참인 명제는 ②이다.

> 답 ②

10 주어진 명제의 대우가 참이면 주어진 명제도 참이다.
주어진 명제의 대우가 '$x=a$이면 $x^3-4x^2+3x=0$이다.'이고, 이 명제가 참이려면 $a^3-4a^2+3a=0$에서
$a(a-1)(a-3)=0$
$a=0$ 또는 $a=1$ 또는 $a=3$
따라서 주어진 명제가 참이 되도록 하는 실수 a의 최댓값은 3이다.

> 답 3

기본 핵심 문제

본문 125쪽

01 ① **02** ① **03** ④ **04** ② **05** ②

01 $2 \leq |x-1| < 5$에서

$2 \leq x-1 < 5$ 또는 $-5 < x-1 \leq -2$

$2 \leq x-1 < 5$에서 $3 \leq x < 6$

이므로 주어진 조건이 참이 되도록 하는 정수는 3, 4, 5

$-5 < x-1 \leq -2$에서 $-4 < x \leq -1$

이므로 주어진 조건이 참이 되도록 하는 정수는

$-3, -2, -1$

따라서 구하는 모든 정수 x의 값의 합은

$3+4+5+(-3)+(-2)+(-1)=6$

답 ①

02 조건 '$x < -3$ 또는 $x > 1$'의 부정은

'$x \geq -3$이고 $x \leq 1$', 즉 $-3 \leq x \leq 1$이다.

따라서 주어진 조건의 부정이 참이 되도록 하는 정수 x는

$-3, -2, -1, 0, 1$이고, 그 개수는 5이다.

답 ①

03 ① $P \not\subset Q$이므로 명제 $p \longrightarrow q$는 거짓이다.

② $P \not\subset R^C$이므로 명제 $p \longrightarrow \sim r$은 거짓이다.

③ $Q \not\subset P^C$이므로 명제 $q \longrightarrow \sim p$는 거짓이다.

④ $R \subset Q$이므로 $Q^C \subset R^C$이다.

  그러므로 명제 $\sim q \longrightarrow \sim r$은 참이다.

⑤ $R \not\subset Q^C$이므로 명제 $r \longrightarrow \sim q$는 거짓이다.

따라서 항상 참인 명제는 ④이다.

답 ④

04 명제 '어떤 실수 x에 대하여 $x^2 - kx + 3 < 0$이다.'가 거짓

이려면 이 명제의 부정 '모든 실수 x에 대하여

$x^2 - kx + 3 \geq 0$이다.'가 참이어야 한다.

그러므로 이차방정식 $x^2 - kx + 3 = 0$의 판별식을 D라 하

면 $D \leq 0$이어야 한다.

$D = k^2 - 4 \times 3 = k^2 - 12 \leq 0$

$(k+2\sqrt{3})(k-2\sqrt{3}) \leq 0$

$-2\sqrt{3} \leq k \leq 2\sqrt{3}$

따라서 주어진 조건을 만족시키는 정수 k는

$-3, -2, -1, 0, 1, 2, 3$

이고 그 개수는 7이다.

답 ②

05 두 조건 p, q의 진리집합을 각각 P, Q라 하자.

명제 $q \longrightarrow \sim p$가 참이므로 그 대우 $p \longrightarrow \sim q$도 참이

고, $P \subset Q^C$이 성립해야 한다.

$P = \{x \mid |x-2| < k\}$

  $= \{x \mid -k+2 < x < k+2\}$

$Q^C = \{x \mid |x+1| < 7\}$

  $= \{x \mid -8 < x < 6\}$

이므로 $P \subset Q^C$이 성립하도록 두 집합 P, Q^C을 수직선

위에 나타내면 다음과 같다.

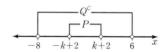

$-8 \leq -k+2$에서 $k \leq 10$이고 $k+2 \leq 6$에서 $k \leq 4$이므로

$k \leq 4$

따라서 자연수 k의 최댓값은 4이다.

답 ②

19 명제(2)

본문 126~130쪽

유제

1. 5   **2.** ⑤   **3.** 5   **4.** 60
5. ㄴ, ㄷ   **6.** 풀이 참조   **7.** 풀이 참조   **8.** 풀이 참조
9. 풀이 참조   **10.** 풀이 참조

1 두 조건 p, q의 진리집합을 각각 P, Q라 하자.
p가 q이기 위한 필요조건이 되려면 $Q \subset P$가 성립해야 한다.
$P = \{x \mid -1 < x < 5\}$, $Q = \{x \mid a < x < a+2\}$
이므로 $Q \subset P$가 성립하도록 두 집합 P, Q를 수직선 위에 나타내면 다음과 같다.

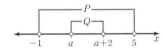

$-1 \le a$이고 $a+2 \le 5$에서 $a \le 3$이므로 $-1 \le a \le 3$
따라서 주어진 조건을 만족시키는 정수 a는 -1, 0, 1, 2, 3이고 그 합은
$-1+0+1+2+3=5$

目 5

2 조건 p의 부정 $\sim p$의 진리집합은 P^C이고 $\sim p$는 q이기 위한 충분조건이므로 $P^C \subset Q$
그러므로 두 집합 사이의 포함 관계를 벤 다이어그램으로 나타내면 그림과 같고, 조건 'p 또는 q'의 진리집합은 $P \cup Q$이므로
$P \cup Q = U$이다.

따라서 조건 'p 또는 q'의 진리집합과 항상 같은 집합은 전체집합 U이다.

目 ⑤

3 q가 p이기 위한 충분조건이면 p는 q이기 위한 필요조건이다.
즉, p는 q이기 위한 충분조건인 동시에 필요조건이므로 p는 q이기 위한 필요충분조건이다.
두 조건 p, q의 진리집합을 각각 P, Q라 하면
$P = \{x \mid a < x < 4\}$이고,
$x^2 - (b+1)x + b < 0$에서 $(x-1)(x-b) < 0$

$b < x < 1$ 또는 $1 < x < b$
이때 $Q = \{x \mid b < x < 1\}$이면 $P = Q$일 수 없으므로
$Q = \{x \mid 1 < x < b\}$
이고, $P = Q$이려면 $a = 1$, $b = 4$이어야 한다.
따라서 $a+b = 1+4 = 5$

目 5

4 두 조건 p, q의 진리집합을 각각 P, Q라 하자.
$P = \{3, 6, 9, 12, 15, 18\}$이고, p가 q이기 위한 필요충분조건이 되려면 $P \subset Q$이고 $Q \subset P$, 즉 $P = Q$이어야 한다.
이때 $Q = \{3, 6, 9, 12, 15, 18\}$이 되도록 하는 모든 자연수 n은 19, 20, 21이다.
따라서 구하는 모든 자연수 n의 값의 합은
$19 + 20 + 21 = 60$

目 60

5 ㄱ. 사다리꼴의 정의는 마주 보는 한 쌍의 변이 서로 평행한 사각형이고, 마주 보는 두 쌍의 변이 서로 평행한 사각형은 평행사변형의 정의이다.
ㄴ, ㄷ은 각각 마름모의 정의와 직사각형의 정의가 맞다.
따라서 옳은 것은 ㄴ, ㄷ이다.

目 ㄴ, ㄷ

6 주어진 명제의 대우 '두 실수 x, y에 대하여 $x \ge 2$이고 $y \ge 2$이면 $xy \ge 4$이다.'가 참임을 보이면 된다.
$x \ge 2$이면 $x-2 \ge 0$이고, $y \ge 2$이면 $y-2 \ge 0$이므로
$(x-2)(y-2) \ge 0$에서
$xy - 2(x+y) + 4 \ge 0$
$xy \ge 2(x+y) - 4$
이때 $x+y \ge 4$이므로 $xy \ge 4$
따라서 주어진 명제의 대우가 참이므로 주어진 명제도 참이다.

目 풀이 참조

7 $\sqrt{3}$이 유리수라고 가정하면 서로소인 두 자연수 m, n에 대하여
$$\sqrt{3} = \frac{n}{m}$$
으로 나타낼 수 있다.
이 식의 양변을 제곱하면
$$3 = \frac{n^2}{m^2}, \ \text{즉} \ 3m^2 = n^2 \quad \cdots\cdots \ \bigcirc$$

이때 n^2이 3의 배수이므로 n도 3의 배수이다.

그러므로 $n=3k$ (k는 자연수)라 하고, 이를 ㉠에 대입하면

$3m^2=9k^2$, 즉 $m^2=3k^2$

마찬가지로 m^2이 3의 배수이므로 m도 3의 배수이다.

즉 m, n이 모두 3의 배수가 되어 m, n이 서로소라는 가정에 모순이다.

따라서 $\sqrt{3}$은 유리수가 아니다.

🔲 풀이 참조

8 $\sqrt{2}-1$이 유리수라고 가정하면 $\sqrt{2}-1=a$(a는 유리수)로 놓을 수 있다.

즉 $\sqrt{2}=a+1$이고 유리수끼리의 덧셈은 유리수이므로 $a+1$은 유리수이다.

그런데 $\sqrt{2}$는 유리수가 아니므로 모순이다.

따라서 $\sqrt{2}-1$은 유리수가 아니다.

🔲 풀이 참조

9 $a^2-2ab+3b^2=a^2-2ab+b^2+2b^2=(a-b)^2+2b^2$

이때 $(a-b)^2\geq0$, $2b^2\geq0$이므로

$(a-b)^2+2b^2\geq0$

(단, 등호는 $a-b=0$, $b=0$, 즉 $a=b=0$일 때 성립한다.)

따라서 $a^2-2ab+3b^2\geq0$이다.

🔲 풀이 참조

10 (ⅰ) $|a|<|b|$일 때,

$|a-b|>0$, $|a|-|b|<0$이므로

$|a-b|>|a|-|b|$

(ⅱ) $|a|\geq|b|$일 때,

$|a-b|^2-(|a|-|b|)^2=2(|ab|-ab)$

이때 $|ab|\geq ab$이므로 $2(|ab|-ab)\geq0$

즉, $|a-b|^2\geq(|a|-|b|)^2$

$|a-b|\geq0$, $|a|-|b|\geq0$이므로

$|a-b|\geq|a|-|b|$

(ⅰ), (ⅱ)에서 $|a-b|\geq|a|-|b|$

(단, 등호는 $|a|\geq|b|$, $ab\geq0$일 때 성립한다.)

🔲 풀이 참조

기본 핵심 문제

본문 131쪽

01 ③   **02** ⑤   **03** ①   **04** 12

01 두 조건 p, q의 진리집합을 각각 P, Q라 하면

$P=\{x\,|-3<x\leq4\}$,

$Q=\{x\,|-k<x<k\}$

p가 q이기 위한 필요조건이려면 $Q\subset P$이어야 하므로 두 집합 P, Q를 수직선 위에 나타내면 다음과 같다.

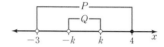

이때 $-3\leq-k$에서 $k\leq3$이어야 하고, $k\leq4$이어야 하므로

$k\leq3$

그러므로 p가 q이기 위한 필요조건이 되도록 하는 자연수 k의 최댓값은 $M=3$

또한 p가 q이기 위한 충분조건이려면 $P\subset Q$이어야 하므로 두 집합 P, Q를 수직선 위에 나타내면 다음과 같다.

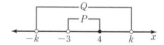

이때 $-k\leq-3$에서 $k\geq3$이어야 하고, $k>4$이어야 하므로

$k>4$

그러므로 p가 q이기 위한 충분조건이 되도록 하는 자연수 k의 최솟값은 $m=5$

따라서 $M+m=8$

🔲 ③

02 세 조건 p, q, r의 진리집합을 각각 P, Q, R이라 하자.

p는 $\sim q$이기 위한 필요조건이므로 $Q^C\subset P$이고,

q는 $\sim r$이기 위한 필요충분조건이므로 $Q=R^C$이다.

이때 $Q=R^C$이므로 $Q^C=R$이고 $R\subset P$이다.

따라서 r은 p이기 위한 충분조건이므로 주어진 명제 중 항상 참인 명제는 $r \longrightarrow p$이다.

🔲 ⑤

03 주어진 명제의 대우는

'두 자연수 m, n에 대하여 $m+n$이 짝수이면 m^2+n^3은 짝수이다.'이다.

(i) m, n이 모두 짝수인 경우

두 자연수 a, b에 대하여 $m=2a$, $n=2b$라 하면
$$m^2+n^3=(2a)^2+(2b)^3$$
$$=4a^2+8b^3$$
$$=2(\boxed{\text{(가) } 2a^2}+4b^3)$$
이므로 m^2+n^3은 짝수이다.

(ii) m, n이 모두 홀수인 경우

두 자연수 c, d에 대하여 $m=2c-1$, $n=2d-1$이라 하면
$$m^2+n^3=(2c-1)^2+(2d-1)^3$$
$$=(4c^2-4c+1)+(8d^3-12d^2+6d-1)$$
$$=2(2c^2-2c+\boxed{\text{(나) } 4d^3-6d^2+3d})$$
이므로 m^2+n^3은 짝수이다.

(i), (ii)에서 대우가 참이므로 주어진 명제도 참이다.
따라서 $f(a)=2a^2$, $g(d)=4d^3-6d^2+3d$이므로
$$f(3)+g(2)=18+(32-24+6)$$
$$=32$$

답 ①

04 두 양수 a, b에 대하여
$a^2b^2=36$이므로 $ab=6$
$$2a+3b\geq2\sqrt{2a\times3b}$$
$$=2\sqrt{6ab}$$
$$=2\sqrt{6\times6}$$
$$=12$$

답 12

01 ④ **02** ④ **03** ⑤ **04** ③ **05** ②
06 ③ **07** ② **08** ② **09** ⑤ **10** ③
11 ⑤ **12** ④ **13** ⑤ **14** 2 **15** ③

01 집합 $\{x\,|\,x^2-kx+2k+5=0,\ x\text{는 실수}\}$가 공집합이 되려면 이차방정식 $x^2-kx+2k+5=0$의 실근이 존재하지 않아야 한다.

즉, 이차방정식 $x^2-kx+2k+5=0$의 판별식을 D라 하면 $D<0$이어야 하므로
$$D=k^2-4(2k+5)$$
$$=k^2-8k-20$$
$$=(k+2)(k-10)<0$$
에서 $-2<k<10$
따라서 구하는 정수 k는 -1, 0, 1, 2, $\cdots$, 9이고 그 개수는 11이다.

답 ④

02 $x\in A$이므로 x가 될 수 있는 값은 1, 2, 3이고, $y\in B$이므로 y가 될 수 있는 값은 -1, 1, 2이다.
그러므로 $x+y$의 값은
$x=1$, $y=-1$일 때, $x+y=1+(-1)=0$
$x=1$, $y=1$일 때, $x+y=1+1=2$
$x=1$, $y=2$일 때, $x+y=1+2=3$
$x=2$, $y=-1$일 때, $x+y=2+(-1)=1$
$x=2$, $y=1$일 때, $x+y=2+1=3$
$x=2$, $y=2$일 때, $x+y=2+2=4$
$x=3$, $y=-1$일 때, $x+y=3+(-1)=2$
$x=3$, $y=1$일 때, $x+y=3+1=4$
$x=3$, $y=2$일 때, $x+y=3+2=5$
따라서 $C=\{0, 1, 2, 3, 4, 5\}$이므로 $n(C)=6$

답 ④

03 집합 $A=\{-1, 2\}$가 집합
$B=\{x\,|\,x^3+ax^2+4x+b=0\}$
의 부분집합이므로 집합 A의 원소 -1과 2는 삼차방정식 $x^3+ax^2+4x+b=0$의 실근이다.
$-1+a-4+b=0$에서 $a+b=5$ ……㉠
$8+4a+8+b=0$에서 $4a+b=-16$ ……㉡
㉠, ㉡을 연립하여 풀면

$a=-7$, $b=12$

$x^3-7x^2+4x+12=0$에서

$(x+1)(x-2)(x-6)=0$

$x=-1$ 또는 $x=2$ 또는 $x=6$

따라서 집합 B는 $B=\{-1,\ 2,\ 6\}$이고 모든 원소의 합은

$-1+2+6=7$

답 ⑤

04 $A=\{1,\ 2,\ 3,\ \cdots,\ 10\}$이고,

$(x-2a)(x-3a)\leq0$에서 $2a\leq x\leq3a$이므로 집합 B의 원소는 $2a$ 이상 $3a$ 이하의 자연수이다.

$a=1$이면 $B=\{2,\ 3\}$이므로 $n(A\cap B)=2$

$a=2$이면 $B=\{4,\ 5,\ 6\}$이므로 $n(A\cap B)=3$

$a=3$이면 $B=\{6,\ 7,\ 8,\ 9\}$이므로 $n(A\cap B)=4$

$a=4$이면 $B=\{8,\ 9,\ 10,\ 11,\ 12\}$이므로 $n(A\cap B)=3$

$a=5$이면 $B=\{10,\ 11,\ 12,\ 13,\ 14,\ 15\}$이므로

$n(A\cap B)=1$

$a\geq6$이면 $A\cap B=\varnothing$이므로 $n(A\cap B)=0$

따라서 $n(A\cap B)=3$인 모든 자연수 a는 2, 4이고 그 합은 $2+4=6$

답 ③

05 $b=1$인 경우와 $b\neq1$인 경우로 나누어 생각할 수 있다.

(ⅰ) $b=1$인 경우

1$\in A\cap B$이므로 a는 집합 B의 원소가 아니어야 한다.

이때 $a=10$이면 $a+b$의 값이 최대이고, 그 값은

$10+1=11$

$a=2$이면 $a+b$의 값이 최소이고, 그 값은 $2+1=3$

(ⅱ) $b\neq1$인 경우

1$\notin A\cap B$이므로 a는 집합 B의 원소이어야 한다.

이때 $a=10$, $b=10$이면 $a+b$의 값이 최대이고, 그 값은 $10+10=20$

$a=2$, $b=2$이면 $a+b$의 값이 최소이고, 그 값은

$2+2=4$

(ⅰ), (ⅱ)에 의해 $a+b$의 최댓값은 20, 최솟값은 3이므로 그 합은 $20+3=23$

답 ②

06 집합 $A=\{a,\ b,\ c,\ d,\ e\}$의 부분집합 중에서 집합 $\{a,\ b\}$와 서로소가 아닌 부분집합의 개수는 집합 $A=\{a,\ b,\ c,\ d,\ e\}$의 모든 부분집합의 개수에서 집합

$\{a,\ b\}$와 서로소인 부분집합의 개수를 뺀 것과 같다.

집합 $A=\{a,\ b,\ c,\ d,\ e\}$의 모든 부분집합의 개수는

$2^5=32$

집합 $\{a,\ b\}$와 서로소인 부분집합은 집합 $\{c,\ d,\ e\}$의 부분집합이므로 그 개수는 $2^3=8$

따라서 구하는 집합의 개수는

$32-8=24$

답 ③

|다른 풀이|

집합 $A=\{a,\ b,\ c,\ d,\ e\}$의 부분집합 중에서 집합 $\{a,\ b\}$와 서로소가 아닌 부분집합은 원소 a를 포함하거나, 원소 b를 포함하는 집합이다.

원소 a를 포함하는 집합 $A=\{a,\ b,\ c,\ d,\ e\}$의 부분집합의 개수는 $2^4=16$ $\cdots\cdots$ ㉠

원소 b를 포함하는 집합 $A=\{a,\ b,\ c,\ d,\ e\}$의 부분집합의 개수는 $2^4=16$ $\cdots\cdots$ ㉡

원소 a와 b를 모두 포함하는 집합 $A=\{a,\ b,\ c,\ d,\ e\}$의 부분집합의 개수는 $2^3=8$이고, 이는 ㉠에도 포함되고 ㉡에도 포함된다.

따라서 구하는 집합의 개수는

$16+16-8=24$

07 $n(B)=2\times n(A)=6\times n(A-B)$

이므로 $n(A-B)=k(k$는 자연수$)$라 하면

$n(A)=3k$, $n(B)=6k$이고,

$n(A\cap B)=n(A)-n(A-B)$

$\qquad\qquad=3k-k$

$\qquad\qquad=2k$

$n(A\cap B)=6$이므로 $2k=6$에서 $k=3$

$n(A)=9$, $n(B)=18$, $n(A\cap B)=6$이므로

$n(A\cup B)=n(A)+n(B)-n(A\cap B)$

$\qquad\qquad=9+18-6$

$\qquad\qquad=21$

답 ②

08 드모르간의 법칙에 의하여

$A^C\cup B^C=(A\cap B)^C$

이므로

$(A\cap B)^C=\{1,\ 2,\ 3,\ 6\}$에서 $A\cap B=\{4,\ 5\}$

$A-B=\{1,\ 3\}$이므로

$A=(A-B)\cup(A\cap B)$

$\quad=\{1,\ 3\}\cup\{4,\ 5\}$

$=\{1, 3, 4, 5\}$

따라서 집합 A의 모든 원소의 합은

$1+3+4+5=13$

답 ②

09 조건 p의 진리집합을 P라 하면 조건 $\sim p$의 진리집합은 P^C이고, $n(P)=n(P^C)=3$

이때 두 집합 P와 P^C는 서로소이고, $P\cup P^C=U$이므로

$n(U)=n(P\cup P^C)$

$\qquad =n(P)+n(P^C)$

$\qquad =3+3=6$

전체집합 $U=\{x|x$는 n 이하의 짝수인 자연수$\}$의 원소의 개수가 6이어야 하므로 $U=\{2, 4, 6, 8, 10, 12\}$이어야 한다.

따라서 n이 될 수 있는 자연수는 12, 13이므로 그 합은

$12+13=25$

답 ⑤

10 조건 q가 $x^2-2x-8\leq0$이므로

조건 $\sim q$는 $x^2-2x-8>0$이고,

$(x+2)(x-4)>0$에서 $x<-2$ 또는 $x>4$

두 조건 p, $\sim q$의 진리집합을 각각 P, Q^C이라 하면

$P=\{k\}$, $Q^C=\{x<-2$ 또는 $x>4\}$

명제 $p\longrightarrow\sim q$가 참이려면 $P\subset Q^C$이어야 하므로

$k<-2$ 또는 $k>4$

따라서 주어진 조건을 만족시키는 자연수 k의 최솟값은 5이다.

답 ③

11 $p:a+b=0$

$q:|a|+|b|=0$에서 $a=b=0$

$r:|a|-|b|=0$에서 $|a|=|b|$

ㄱ. (반례) $a=1$, $b=-1$이면 $a+b=0$이지만

  $a=b=0$은 성립하지 않으므로

  명제 $p\longrightarrow q$는 거짓이다.

ㄴ. $a+b=0$, 즉 $a=-b$이면 $|a|=|b|$이므로

  명제 $p\longrightarrow r$은 참이다.

ㄷ. (반례) $a=0$, $b=0$이면 $|a|=|b|$이고,

  $a+b=0$이 성립하므로

  명제 $r\longrightarrow\sim p$는 거짓이다.

ㄹ. 명제 $\sim r\longrightarrow\sim q$의 대우는 $q\longrightarrow r$이고,

  $a=b=0$이면 $|a|=|b|$이므로 명제 $q\longrightarrow r$이 참

이고 명제 $\sim r\longrightarrow\sim q$도 참이다.

따라서 참인 명제는 ㄴ, ㄹ이다.

답 ⑤

12 명제

'4 이하의 모든 자연수 n에 대하여 $n^2-4n+k\geq0$이다.'

가 거짓이면 이 명제의 부정

'4 이하의 어떤 자연수 n에 대하여 $n^2-4n+k<0$이다.'

는 참이다.

$n=1$일 때 $1^2-4\times1+k=k-3<0$에서 $k<3$

$n=2$일 때 $2^2-4\times2+k=k-4<0$에서 $k<4$

$n=3$일 때 $3^2-4\times3+k=k-3<0$에서 $k<3$

$n=4$일 때 $4^2-4\times4+k=k<0$에서 $k<0$

그러므로 $k<4$이면 주어진 명제의 부정이 참이다.

따라서 구하는 정수 k의 최댓값은 3이다.

답 ④

|참고|

$n^2-4n+k=(n-2)^2+k-4$ $\quad$ ...... ㉠

$n=2$일 때 ㉠의 값이 최소이고, 최솟값이 $k-4$이므로

$k=3$이면 주어진 명제는 거짓이다.

13 세 조건 p, q, r의 진리집합을 각각 P, Q, R이라 하자.

명제 $\sim p\longrightarrow q$가 참이므로 그 대우 $\sim q\longrightarrow p$도 참이다.

그러므로 $Q^C\subset P$

또한 명제 $p\longrightarrow r$가 참이므로 $P\subset R$

$Q^C\subset P\subset R$이므로 명제 $\sim q\longrightarrow r$이 항상 참이고 그 대우 $\sim r\longrightarrow q$도 항상 참이다.

따라서 항상 옳은 것은 ⑤이다.

답 ⑤

14 세 조건 p, q, r의 진리집합을 각각 P, Q, R이라 하자.

조건 p가 $p:x^2-8x+12=0$이므로

$(x-2)(x-6)=0$에서 $x=2$ 또는 $x=6$

그러므로 $P=\{2, 6\}$

또한 $R=\{k\}$이고 조건 (가)에서 p는 r이기 위한 필요조건이므로 $R\subset P$이어야 한다.

즉, $\{k\}\subset\{2, 6\}$이므로 $k=2$ 또는 $k=6$

(i) $k=2$인 경우

  조건 q가 $q:x^2-x-2=0$이므로

  $(x+1)(x-2)=0$에서 $x=-1$ 또는 $x=2$

  그러므로 $Q=\{-1, 2\}$

이때 $R=\{2\}$이므로 $R \subset Q$이고, r은 q이기 위한 충분
조건이다.

(ii) $k=6$인 경우

조건 q가 $q: x^2-x-6=0$이므로

$(x+2)(x-3)=0$에서 $x=-2$ 또는 $x=3$

그러므로 $Q=\{-2, 3\}$

이때 $R=\{6\}$이므로 $R \not\subset Q$이고, r은 q이기 위한 충분
조건이 아니다.

(i), (ii)에 의해 주어진 조건을 만족시키는 실수 k의 값은
2이다.

답 2

15 p가 q이기 위한 필요충분조건이므로 $P=Q$

그러므로 $a=2$, $b^2+b=6$ 또는 $a=6$, $b^2+b=2$이다.

(i) $a=2$, $b^2+b=6$인 경우

$b^2+b=6$에서 $b^2+b-6=0$

$(b+3)(b-2)=0$

$b=-3$ 또는 $b=2$

그러므로 $a+b$의 최댓값은 $2+2=4$이고, 최솟값은
$2+(-3)=-1$

(ii) $a=6$, $b^2+b=2$인 경우

$b^2+b=2$에서 $b^2+b-2=0$

$(b+2)(b-1)=0$

$b=-2$ 또는 $b=1$

그러므로 $a+b$의 최댓값은 $6+1=7$이고, 최솟값은
$6+(-2)=4$

(i), (ii)에 의해 $a+b$의 최댓값 $M=7$이고, 최솟값
$m=-1$

따라서 $M-m=7-(-1)=8$

답 ③

서술형 유제

출제의도

주어진 조건의 진리집합을 구할 수 있는지 묻는 문제이
다.

풀이

30의 양의 약수는 1, 2, 3, 5, 6, 10, 15, 30이므로

$U=\{1, 2, 3, 5, 6, 10, 15, 30\}$ ······· ❶

두 조건 p, q의 진리집합을 각각 P, Q라 하자.

집합 U의 원소 중에서 6의 배수는 6, 30이므로

$P=\{6, 30\}$이고, $P^C=\{1, 2, 3, 5, 10, 15\}$

$Q=\{x \mid x<n\}$ ······· ❷

조건 '$\sim p$ 그리고 q'의 진리집합은 $P^C \cap Q$이다.

$n(P^C \cap Q)=4$이려면 $P^C \cap Q=\{1, 2, 3, 5\}$이어야 한
다.

따라서 $5<n \le 10$이어야 하므로 구하는 모든 자연수 n은
6, 7, 8, 9, 10이고 그 합은

$6+7+8+9+10=40$ ······· ❸

답 40

	채점 기준	배점
❶	전체집합 U의 원소를 나열한 경우	20%
❷	조건 p의 진리집합 P와 P^C, 조건 q의 진리집합 Q를 구한 경우	30%
❸	주어진 조건을 만족시키는 집합 $P^C \cap Q$와 모든 자연수 n의 값의 합을 구한 경우	50%

20 함수

본문 136~140쪽

유제

1. ⑤   **2.** 4   **3.** ㄱ, ㄴ, ㄹ   **4.** 6
5. 21   **6.** 5   **7.** 8   **8.** ㄱ
9. 7   **10.** 8

---

1 ① $y=x$이므로 집합 X의 각 원소에 대하여
$-1 \longrightarrow -1$, $0 \longrightarrow 0$, $1 \longrightarrow 1$과 같이 집합 X의
원소가 오직 하나씩만 대응한다.
그러므로 함수이다.

② $y=-x$이므로 집합 X의 각 원소에 대하여
$-1 \longrightarrow 1$, $0 \longrightarrow 0$, $1 \longrightarrow -1$과 같이 집합 X의
원소가 오직 하나씩만 대응한다.
그러므로 함수이다.

③ $y=x^2$이므로 집합 X의 각 원소에 대히여
$-1 \longrightarrow 1$, $0 \longrightarrow 0$, $1 \longrightarrow 1$과 같이 집합 X의
원소가 오직 하나씩만 대응한다.
그러므로 함수이다.

④ $y=|x|-1$이므로 집합 X의 각 원소에 대하여
$-1 \longrightarrow 0$, $0 \longrightarrow -1$, $1 \longrightarrow 0$과 같이 집합 X의
원소가 오직 하나씩만 대응한다.
그러므로 함수이다.

⑤ $y=|x|+1$이므로 집합 X의 원소 -1과 1에 대응하
는 2가 집합 X의 원소가 아니다.
그러므로 X에서 X로의 함수가 아니다.

目 ⑤

2 3의 양의 약수는 1, 3이므로 그 개수는 2,
4의 양의 약수는 1, 2, 4이므로 그 개수는 3,
5의 양의 약수는 1, 5이므로 그 개수는 2,
6의 양의 약수는 1, 2, 3, 6이므로 그 개수는 4이다.
그러므로 집합 X의 원소 3과 5는 집합 Y의 원소 2에 대
응하고, 집합 X의 원소 4는 집합 Y의 원소 3에 대응한
다.
따라서 이 대응이 함수가 되려면 집합 X의 원소 6이 집
합 Y의 원소 a에 대응되어야 하므로 a는 4이어야 한다.

目 4

3 ㄱ. $f(x)=x$이므로
$f(1)=1$, $f(2)=2$, $f(3)=3$, $f(4)=4$
그러므로 함수 $f(x)=x$의 치역은
$X=\{1,\ 2,\ 3,\ 4\}$이다.

ㄴ. $f(x)=|x|$이므로
$f(1)=|1|=1$, $f(2)=|2|=2$, $f(3)=|3|=3$,
$f(4)=|4|=4$
그러므로 함수 $f(x)=|x|$의 치역은
$X=\{1,\ 2,\ 3,\ 4\}$이다.

ㄷ. $f(x)=-x$이므로
$f(1)=-1$, $f(2)=-2$, $f(3)=-3$, $f(4)=-4$
그러므로 함수 $f(x)=-x$의 치역은
$\{-4,\ -3,\ -2,\ -1\}$이고 집합 X가 아니다.

ㄹ. $f(x)=-x+5$이므로
$f(1)=-1+5=4$, $f(2)=-2+5=3$,
$f(3)=-3+5=2$, $f(4)=-4+5=1$
그러므로 함수 $f(x)=-x+5$의 치역은
$X=\{1,\ 2,\ 3,\ 4\}$이다.
따라서 치역이 X인 함수는 ㄱ, ㄴ, ㄹ이다.

目 ㄱ, ㄴ, ㄹ

4 $f(-1)=-1$, $g(-1)=b-3$에서
$f(-1)=g(-1)$이어야 하므로
$b-3=-1$
$b=2$
$f(a)=a^2-2$, $g(a)=3a+2$에서
$f(a)=g(a)$이어야 하므로
$a^2-2=3a+2$
$a^2-3a-4=0$, $(a+1)(a-4)=0$
$a=-1$ 또는 $a=4$
$a \neq -1$이므로 $a=4$
따라서 $a=4$, $b=2$이므로
$a+b=4+2=6$

目 6

5 함수 $f(x)=x^2+ax+b$의 그래프가
$\{(-1, 2), (0, 4), (2, k)\}$
이므로 $f(-1)=2$, $f(0)=4$, $f(2)=k$이다.
$f(-1)=1-a+b=2$에서 $-a+b=1$ …… ㉠
$f(0)=b=4$이므로 ㉠에서 $a=3$
그러므로 $f(x)=x^2+3x+4$이고,

$k=f(2)=4+6+4=14$

따라서 $a+b+k=3+4+14=21$

> **답** 21

6 $f(x)=ax+b$에서

$f(2)=2a+b=3$ ...... ㉠

$f(3)=3a+b=1$ ...... ㉡

㉠, ㉡을 연립하여 풀면 $a=-2$, $b=7$

따라서 $a+b=-2+7=5$

> **답** 5

7 $f(1)=4$이고 함수 f가 일대일함수이므로 $f(2)\neq4$이고

$f(3)\neq4$이다.

그러므로 $f(2)+f(3)$의 값이 최대이려면

$f(2)=3$, $f(3)=5$ 또는 $f(2)=5$, $f(3)=3$

이어야 한다.

따라서 구하는 최댓값은 $3+5=8$

> **답** 8

8 ㄱ. 함수 $f(x)=2x-3$은

   $x_1\neq x_2$이면 $2x_1-3\neq2x_2-3$

   즉, $f(x_1)\neq f(x_2)$이므로 일대일함수이다.

   또한 공역과 치역이 모두 실수 전체의 집합이므로 함수

   $f(x)=2x-3$은 일대일대응이다.

 ㄴ. 함수 $g(x)=x^2-1$은

   정의역에 속하는 두 원소 -1, 1에 대하여

   $g(-1)=g(1)=0$으로 함숫값이 서로 같다.

   그러므로 일대일함수가 아니고, 일대일대응도 아니다.

 ㄷ. 함수 $h(x)=x+|x|$는

   정의역에 속하는 두 원소 -2, -1에 대하여

   $h(-2)=h(-1)=0$으로 함숫값이 서로 같다.

   그러므로 일대일함수가 아니고, 일대일대응도 아니다.

 따라서 일대일대응은 ㄱ이다.

> **답** ㄱ

9 집합 X에서 X로의 함수 $f(x)=a|x|+b$가 항등함수이

므로 $f(-3)=-3$, $f(2)=2$이어야 한다.

$f(-3)=a\times|-3|+b=3a+b=-3$ ...... ㉠

$f(2)=a\times|2|+b=2a+b=2$ ...... ㉡

㉠, ㉡을 연립하여 풀면 $a=-5$, $b=12$

따라서 $a+b=-5+12=7$

> **답** 7

10 두 함수 f, g가 상수함수이므로 두 상수 c, d에 대하여

$f(x)=c$, $g(x)=d$라 하자.

$f(1)=2g(2)$이므로 $c=2d$ ...... ㉠

$f(3)+4g(4)=6$이므로 $c+4d=6$ ...... ㉡

㉠, ㉡를 연립하여 풀면 $c=2$, $d=1$

따라서 $f(5)+6g(6)=c+6d=2+6=8$

> **답** 8

기본 **핵심 문제** 　　　　　　본문 141쪽

01 21　　**02** ③　　**03** ②　　**04** ③　　**05** 6

01 $6=1\times4+2$이므로 $f(6)=2$

$9=2\times4+1$이므로 $f(9)=1$

$12=3\times4$이므로 $f(12)=0$

$15=3\times4+3$이므로 $f(15)=3$

$18=4\times4+2$이므로 $f(18)=2$

이때 $f(6)+f(15)=5$이고 $f(15)+f(18)=5$이므로

$a=6$, $b=15$ 또는 $a=15$, $b=18$

따라서 $a+b$의 최솟값은 $6+15=21$

> **답** 21

02 $X=\{1, 2, 3, 6\}$이므로

$f(1)=-1+a=a-1$

$f(2)=-2+a=a-2$

$f(3)=-3+a=a-3$

$f(6)=-6+a=a-6$

그러므로 치역은 $\{a-1, a-2, a-3, a-6\}$이고 치역

의 모든 원소의 합은

$(a-1)+(a-2)+(a-3)+(a-6)=4a-12$

따라서 $4a-12=0$에서 $a=3$

> **답** ③

03 $f(x)=g(x)$를 만족시키는 x를 구하면

$x^3+3=3x^2+x$에서

$x^3-3x^2-x+3=0$

$(x+1)(x-1)(x-3)=0$

$x=-1$ 또는 $x=1$ 또는 $x=3$

그러므로 조건을 만족시키는 집합 X는 집합 $\{-1, 1, 3\}$

의 부분집합 중 원소의 개수가 2 이상인 집합이어야 한다.

이때 집합 X의 모든 원소의 합이 최대이려면
$X=\{1, 3\}$이어야 하고 그 합은
$1+3=4$

답 ②

04 함수 $f(x)=bx+5$가 일대일대응이 되려면 치역과 공역이 서로 같아야 한다.
$b=0$이면 $f(x)=5$이므로 일대일대응이 될 수 없다.
$b>0$이면 함수 $y=f(x)$의 그래프는 기울기가 양수인 직선의 일부이므로
$f(-1)=-4$, $f(3)=a$
이어야 한다.
$b<0$이면 함수 $y=f(x)$의 그래프는 기울기가 음수인 직선의 일부이므로
$f(-1)=a$, $f(3)=-4$
이어야 한다.
(ⅰ) $f(-1)=-4$, $f(3)=a$인 경우
　$f(-1)=-b+5=-4$에서 $b=9$
　이고 $f(x)=9x+5$이므로 $a=f(3)=27+5=32$가
　되어 집합 $Y=\{y|-4\leq y\leq 32\}$는 전체집합 U의 부분집합이 될 수 없다.
(ⅱ) $f(-1)=a$, $f(3)=-4$인 경우
　$f(3)=3b+5=-4$에서 $3b=-9$, $b=-3$
　이고 $f(x)=-3x+5$이므로 $a=f(-1)=3+5=8$이
　되어 집합 $Y=\{y|-4\leq y\leq 8\}$은 전체집합 U의 부분집합이다.
(ⅰ), (ⅱ)에 의해 $a=8$, $b=-3$
따라서 $a+b=8+(-3)=5$

답 ③

05 함수 f는 항등함수이므로 $f(x)=x$
함수 g는 상수함수이므로 $g(x)=c$(c는 상수)라 하자.
$f(12)=3g(1)$에서 $12=3c$, $c=4$
그러므로 함수 g는 $g(x)=4$이고,
$af(a)=9g(3)$에서 $a\times a=9\times 4=36$
$a>0$이므로 $a=6$

답 6

---

21 합성함수와 역함수

유제　　　　　　　　　　　본문 142~146쪽

1. 25	**2.** 4	**3.** 22	**4.** 6
5. 5	**6.** 12	**7.** 4	**8.** 3
9. 2	**10.** 8		

1
$$(g\circ f)(2)=g(f(2))$$
$$=g(4)$$
$$=15$$
$$(f\circ g)(3)=f(g(3))$$
$$=f(8)$$
$$=10$$
따라서
$$(g\circ f)(2)+(f\circ g)(3)=15+10=25$$

답 25

2
$$(g\circ f)(a)=g(f(a))$$
$$=g(a)$$
$$=a^2+a$$
$$(f\circ g)(3)=f(g(3))$$
$$=f(12)$$
$$=24-a$$
$(g\circ f)(a)=(f\circ g)(3)$에서
$a^2+a=24-a$
$a^2+2a-24=0$
$(a+6)(a-4)=0$
$a=-6$ 또는 $a=4$
따라서 양수 a의 값은 4이다.

답 4

3
$$(f\circ(g\circ h))(x)=((f\circ g)\circ h)(x)$$
$$=(f\circ g)(h(x))$$
이고 $h(4)=8-3=5$이므로
$$(f\circ(g\circ h))(4)=(f\circ g)(h(4))$$
$$=(f\circ g)(5)$$
$$=5^2-3=22$$

답 22

4　$g(1)=3$이므로

$$\begin{aligned}(f\circ g)(1)&=f(g(1))\\&=f(3)\\&=9a+3a+1\\&=12a+1\end{aligned}$$

$f(1)=a+a+1=2a+1$이므로

$$\begin{aligned}(g\circ f)(1)&=g(f(1))\\&=g(2a+1)\\&=2(2a+1)+1\\&=4a+3\end{aligned}$$

$(f\circ g)(1)=(g\circ f)(1)$에서

$12a+1=4a+3$

$8a=2,\ a=\dfrac{1}{4}$

따라서 $f(x)=\dfrac{1}{4}x^2+\dfrac{1}{4}x+1$이므로

$f(4)=\dfrac{1}{4}\times 4^2+\dfrac{1}{4}\times 4+1=4+1+1=6$

🛅 6

5　집합 $X=\{1,\ 2,\ 3\}$에서 집합 $Y=\{1,\ 3,\ 5\}$로의 함수 f가 역함수가 존재하므로 함수 f는 일대일대응이고,
$f(1)=5,\ f(2)=1$이므로 $f(3)=3$이다.
또한 $f(2)=1$이므로 $f^{-1}(1)=2$이다.
따라서 $f(3)+f^{-1}(1)=3+2=5$

🛅 5

6　$f^{-1}(5)=-1$에서 $f(-1)=5$이므로
$f(-1)=a-3=5$에서 $a=8$
그러므로 $f(x)=3x+8$이다.
$f(2)=3\times 2+8=14$
$f^{-1}(2)=k$라 하면 $f(k)=2$이므로
$3k+8=2$에서 $3k=-6,\ k=-2$
그러므로 $f^{-1}(2)=-2$
따라서 $f(2)+f^{-1}(2)=14+(-2)=12$

🛅 12

7　역함수의 성질에 의해
$(f\circ f)^{-1}=f^{-1}\circ f^{-1}$이고 $f\circ f^{-1}$는 항등함수이므로

$$\begin{aligned}(f\circ(f\circ f)^{-1})(7)&=(f\circ(f^{-1}\circ f^{-1}))(7)\\&=((f\circ f^{-1})\circ f^{-1})(7)\\&=f^{-1}(7)\end{aligned}$$

$f^{-1}(7)=a$라 하면 $f(a)=7$이므로

$f(a)=2a-1=7$에서 $a=4$
따라서 $(f\circ(f\circ f)^{-1})(7)=4$

🛅 4

8　역함수의 성질에 의해
$(f^{-1}\circ g)^{-1}=(g^{-1}\circ(f^{-1})^{-1})$
$(f^{-1})^{-1}=f$이므로

$$\begin{aligned}(f^{-1}\circ g)^{-1}(-2)&=(g^{-1}\circ(f^{-1})^{-1})(-2)\\&=(g^{-1}\circ f)(-2)\\&=g^{-1}(f(-2))\\&=g^{-1}(7)\end{aligned}$$

$g^{-1}(7)=a$라 하면 $g(a)=7$이므로
$g(a)=3a-2=7$에서 $a=3$
따라서 $(f^{-1}\circ g)^{-1}(-2)=3$

🛅 3

9　실수 전체의 집합을 R이라 하면 함수 $f(x)=-\dfrac{1}{2}x+a$는 R에서 R로의 일대일대응이므로 역함수가 존재한다.
$y=-\dfrac{1}{2}x+a$를 x에 대하여 정리하면

$-\dfrac{1}{2}x=y-a$

$x=-2y+2a$

이때 x와 y를 바꾸면 구하는 역함수는
$y=-2x+2a$
이므로 $-2x+2a=bx+8$에서 $a=4,\ b=-2$
따라서 $a+b=4+(-2)=2$

🛅 2

10　함수 $f(x)=3x-12$에 대하여 함수 $y=f(x)$의 그래프가 x축과 만나는 점의 y좌표는 0이므로
$3x-12=0$에서 $x=4$
그러므로 점 A의 좌표는 $(4,\ 0)$이다.
함수 $y=f(x)$의 그래프와 함수 $y=f^{-1}(x)$의 그래프는 직선 $y=x$에 대하여 대칭이므로 함수 $y=f^{-1}(x)$의 그래프가 y축과 만나는 점 B는 점 A를 직선 $y=x$에 대하여 대칭이동시킨 점과 같다.
그러므로 점 B의 좌표는 $(0,\ 4)$이다.
따라서 삼각형 OAB의 넓이는

$\dfrac{1}{2}\times 4\times 4=8$

🛅 8

|참고|

함수 $f(x)=3x-12$의 역함수를 이용하여 점 B의 좌표를 구해보자.

$y=3x-12$를 x에 대하여 정리하면

$3x=y+12$

$x=\dfrac{1}{3}y+4$

이때 x와 y를 서로 바꾸면 구하는 역함수는

$y=\dfrac{1}{3}x+4$

그러므로 함수 $y=f^{-1}(x)$의 그래프가 y축과 만나는 점 B의 좌표는 $(0, 4)$이다.

기본 핵심 문제

본문 147쪽

01 ⑤ **02** ② **03** ⑤ **04** ① **05** ①

01
$$\begin{aligned}(f\circ f)(-1)&=f(f(-1))\\&=f(-2\times(-1)+3)\\&=f(5)\\&=5-3=2\end{aligned}$$
$$\begin{aligned}(f\circ f)(1)&=f(f(1))\\&=f(1-3)\\&=f(-2)\\&=-2\times(-2)+3\\&=7\end{aligned}$$
따라서
$$(f\circ f)(-1)+(f\circ f)(1)=2+7=9$$

답 ⑤

02
$$\begin{aligned}(f\circ g)(x)&=f(g(x))\\&=f(2x-1)\\&=a(2x-1)+a-2\\&=2ax-2\end{aligned}$$
$$\begin{aligned}(g\circ f)(x)&=g(f(x))\\&=g(ax+a-2)\\&=2(ax+a-2)-1\\&=2ax+2a-5\end{aligned}$$
$f\circ g=g\circ f$에서 $2ax-2=2ax+2a-5$

$2a-5=-2$에서 $2a=3$, $a=\dfrac{3}{2}$

따라서 $f(x)=\dfrac{3}{2}x-\dfrac{1}{2}$이고, $g(2a)=g(3)=5$이므로
$$\begin{aligned}(f\circ g)(2a)&=f(g(2a))\\&=f(5)\\&=\dfrac{3}{2}\times5-\dfrac{1}{2}\\&=7\end{aligned}$$

답 ②

03 $f^{-1}(2)=3$에서 $f(3)=2$이므로

$f(3)=3a+a+b=4a+b=2$ ······ ㉠

$f^{-1}(6)=1$에서 $f(1)=6$이므로

$f(1)=a+a+b=2a+b=6$ ······ ㉡

㉠, ㉡을 연립하여 풀면 $a=-2$, $b=10$

따라서 $f(x)=-2x+8$이고
$$f(ab)=f(-20)$$
$$=-2\times(-20)+8$$
$$=48$$

답 ⑤

04 역함수의 성질에 의해
$(f\circ f)^{-1}=f^{-1}\circ f^{-1}$이고 $f\circ f^{-1}$는 항등함수이므로
$$((g^{-1}\circ f)\circ(f\circ f)^{-1})(3)$$
$$=((g^{-1}\circ f)\circ(f^{-1}\circ f^{-1}))(3)$$
$$=(g^{-1}\circ f\circ f^{-1}\circ f^{-1})(3)$$
$$=(g^{-1}\circ f^{-1})(3)$$
이때 $(f\circ g)^{-1}=g^{-1}\circ f^{-1}$이므로
$(g^{-1}\circ f^{-1})(3)=a$라 하면 $(f\circ g)(a)=3$이므로
$-2a+7=3$에서 $a=2$
따라서 $((g^{-1}\circ f)\circ(f\circ f)^{-1})(3)=2$

답 ①

05 함수 $f(x)=2x-a$에 대하여 함수 $y=f(x)$의 그래프가 x축과 만나는 점의 y좌표는 0이므로
$2x-a=0$에서 $x=\dfrac{a}{2}$

그러므로 점 A의 좌표는 $\left(\dfrac{a}{2},\,0\right)$이다.

함수 $y=f(x)$의 그래프와 함수 $y=f^{-1}(x)$의 그래프는 직선 $y=x$에 대하여 대칭이므로 함수 $y=f^{-1}(x)$의 그래프가 y축과 만나는 점 B는 점 A를 직선 $y=x$에 대하여 대칭이동시킨 점과 같다.

그러므로 점 B의 좌표는 $\left(0,\,\dfrac{a}{2}\right)$이다.

$$\overline{\mathrm{AB}}=\sqrt{\left(0-\dfrac{a}{2}\right)^2+\left(\dfrac{a}{2}-0\right)^2}=\dfrac{a}{2}\sqrt{2}$$

이므로 $\dfrac{a}{2}\sqrt{2}=4\sqrt{2}$에서 $a=8$

답 ①

---

22 유리함수

본문 148~150쪽

유제

1. ㄱ, ㄷ, ㄹ   **2.** (1) $\dfrac{2x}{(x+1)(x-2)}$ (2) $\dfrac{1}{(x+1)(x-2)}$

3. (1) 실수 전체의 집합   (2) $\{x\,|\,x\neq3$인 실수$\}$

(3) $\left\{x\,\middle|\,x\neq-\dfrac{1}{2}$인 실수$\right\}$ **4.** 풀이 참조   **5.** 풀이 참조

6. 6

1 ㄱ, ㄴ, ㄷ, ㄹ은 모두 유리식이지만 ㄴ은 분모가 0이 아닌 상수이므로 다항식이다.
따라서 다항식이 아닌 유리식은 ㄱ, ㄷ, ㄹ이다.

답 ㄱ, ㄷ, ㄹ

2 (1) $\dfrac{x-1}{x^2-x-2}+\dfrac{1}{x-2}$
$$=\dfrac{x-1}{(x+1)(x-2)}+\dfrac{1}{x-2}$$
$$=\dfrac{x-1}{(x+1)(x-2)}+\dfrac{x+1}{(x+1)(x-2)}$$
$$=\dfrac{(x-1)+(x+1)}{(x+1)(x-2)}=\dfrac{2x}{(x+1)(x-2)}$$

(2) $\dfrac{x+2}{x^2-2x-3}\times\dfrac{x-3}{x^2-4}$
$$=\dfrac{x+2}{(x+1)(x-3)}\times\dfrac{x-3}{(x+2)(x-2)}$$
$$=\dfrac{1}{(x+1)(x-2)}$$

답 (1) $\dfrac{2x}{(x+1)(x-2)}$ (2) $\dfrac{1}{(x+1)(x-2)}$

3 (1) 함수 $y=\dfrac{x+1}{2}$의 정의역은 실수 전체의 집합이다.

(2) 함수 $y=\dfrac{1}{x-3}$의 정의역은 $\{x\,|\,x\neq3$인 실수$\}$이다.

(3) 함수 $y=\dfrac{x+1}{2x+1}$의 정의역은 $\left\{x\,\middle|\,x\neq-\dfrac{1}{2}$인 실수$\right\}$이다.

답 (1) 실수 전체의 집합   (2) $\{x\,|\,x\neq3$인 실수$\}$

(3) $\left\{x\,\middle|\,x\neq-\dfrac{1}{2}$인 실수$\right\}$

4 (1) 함수 $y=\dfrac{4}{x}$의 그래프는 그림과 같고, 점근선은 x축,

y축이므로 점근선의 방정식은 $x=0$, $y=0$이다.

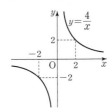

(2) 함수 $y=-\dfrac{1}{x}$의 그래프는 그림과 같고, 점근선은

x축, y축이므로 점근선의 방정식은 $x=0$, $y=0$이다.

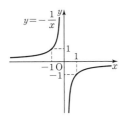

目 풀이 참조

5 (1) 함수 $y=-\dfrac{2}{x+2}-1$의 그래프는 함수 $y=-\dfrac{2}{x}$의

그래프를 x축의 방향으로 -2만큼, y축의 방향으로 -1만큼 평행이동한 것이다.

그러므로 그래프는 그림과 같고 점근선의 방정식은 $x=-2$, $y=-1$이다.

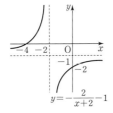

(2) $y=\dfrac{-2x-5}{x+1}=\dfrac{-2(x+1)-3}{x+1}=-\dfrac{3}{x+1}-2$

이므로 함수 $y=\dfrac{-2x-5}{x+1}$의 그래프는 함수

$y=-\dfrac{3}{x}$의 그래프를 x축의 방향으로 -1만큼,

y축의 방향으로 -2만큼 평행이동한 것이다.

그러므로 그래프는 그림과 같고 점근선의 방정식은 $x=-1$, $y=-2$이다.

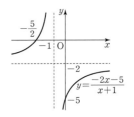

目 풀이 참조

6 함수 $y=\dfrac{a}{x}$의 그래프를 x축의 방향으로 1만큼,

y축의 방향으로 3만큼 평행이동한 그래프의 함수식은

$y-3=\dfrac{a}{x-1}$, 즉 $y=\dfrac{a}{x-1}+3$이다.

이때 점 $(3, a)$가 함수 $y=\dfrac{a}{x-1}+3$의 그래프 위의 점이므로

$a=\dfrac{a}{3-1}+3$에서 $\dfrac{a}{2}=3$

$a=6$

目 6

01 ① **02** ① **03** ⑤ **04** ① **05** ②

01
$$(A+B) \div C$$
$$= \left(\frac{1}{x-3} + \frac{1}{x^2-x-6}\right) \div \frac{x^2-9}{x+2}$$
$$= \left\{\frac{1}{x-3} + \frac{1}{(x+2)(x-3)}\right\} \times \frac{x+2}{x^2-9}$$
$$= \left\{\frac{x+2}{(x+2)(x-3)} + \frac{1}{(x+2)(x-3)}\right\}$$
$$\qquad\qquad\qquad \times \frac{x+2}{(x+3)(x-3)}$$
$$= \frac{x+3}{(x+2)(x-3)} \times \frac{x+2}{(x+3)(x-3)}$$
$$= \frac{1}{(x-3)^2}$$

답 ①

02 함수 $y = \dfrac{a}{x}$의 그래프가 점 $(2, 6)$을 지나므로

$6 = \dfrac{a}{2}$에서 $a = 12$

함수 $y = \dfrac{12}{x}$의 그래프가 점 $(3, b)$를 지나므로

$b = \dfrac{12}{3} = 4$

따라서 $a + b = 12 + 4 = 16$

답 ①

03 함수 $y = \dfrac{6}{x-1} - 1$의 그래프를 x축의 방향으로 -2만큼,

y축의 방향으로 3만큼 평행이동한 그래프의 함수식은

$y - 3 = \dfrac{6}{(x+2)-1} - 1$에서 $y = \dfrac{6}{x+1} + 2$

함수 $y = \dfrac{6}{x+1} + 2$의 그래프의 두 점근선의 방정식은

$x = -1$, $y = 2$이므로 $a = -1$, $b = 2$

그러므로 함수 $y = \dfrac{6}{x-1} - 1$의 그래프와 직선

$y = (-1) + 2 = 1$의 교점의 x좌표는

$\dfrac{6}{x-1} - 1 = 1$에서 $\dfrac{6}{x-1} = 2$

따라서 $x - 1 = 3$에서 $x = 4$

답 ⑤

04 $y = \dfrac{2x-1}{x+2} = \dfrac{2(x+2)-5}{x+2} = -\dfrac{5}{x+2} + 2$

이므로 함수 $y = \dfrac{2x-1}{x+2}$의 그래프는 함수 $y = -\dfrac{5}{x}$의 그래프를 x축의 방향으로 -2만큼, y축의 방향으로 2만큼 평행이동한 것과 같다.

그러므로 함수 $y = \dfrac{2x-1}{x+2}$의 그래프는 그림과 같고

$x = 1$일 때 최솟값 $\dfrac{1}{3}$, $x = 8$일 때 최댓값 $\dfrac{3}{2}$을 갖는다.

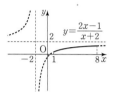

따라서 $M = \dfrac{3}{2}$, $m = \dfrac{1}{3}$이므로

$M \times m = \dfrac{3}{2} \times \dfrac{1}{3} = \dfrac{1}{2}$

답 ①

05 함수 $y = \dfrac{5}{x}$의 그래프를 x축의 방향으로 a만큼,

y축의 방향으로 2만큼 평행이동한 그래프의 함수식은

$y = \dfrac{5}{x-a} + 2 = \dfrac{2(x-a)+5}{x-a} = \dfrac{2x+(5-2a)}{x-a}$

이므로

$\dfrac{2x+(5-2a)}{x-a} = \dfrac{bx+c}{x-3}$

에서 $a = 3$, $b = 2$이고 $c = 5 - 2a = 5 - 6 = -1$

따라서 $a + b + c = 3 + 2 + (-1) = 4$

답 ②

23 무리함수

본문 152~154쪽

유제

1. (1) $x \geq -4$ (2) $x < 6$ **2.** $\dfrac{\sqrt{x+3}}{2}$

3. 풀이 참조 **4.** 풀이 참조 **5.** 풀이 참조 **6.** 8

1 (1) $\sqrt{x+4}$의 값이 실수가 되려면

$x+4 \geq 0$에서 $x \geq -4$

(2) $\dfrac{1}{\sqrt{6-x}}$의 값이 실수가 되려면

$6-x > 0$에서 $x < 6$

답 (1) $x \geq -4$ (2) $x < 6$

2 $\dfrac{1}{\sqrt{x+3}+\sqrt{x-1}} + \dfrac{1}{\sqrt{x+3}-\sqrt{x-1}}$

$= \dfrac{\sqrt{x+3}-\sqrt{x-1}}{(\sqrt{x+3}+\sqrt{x-1})(\sqrt{x+3}-\sqrt{x-1})}$

$\qquad + \dfrac{\sqrt{x+3}+\sqrt{x-1}}{(\sqrt{x+3}-\sqrt{x-1})(\sqrt{x+3}+\sqrt{x-1})}$

$= \dfrac{\sqrt{x+3}-\sqrt{x-1}}{(x+3)-(x-1)} + \dfrac{\sqrt{x+3}+\sqrt{x-1}}{(x+3)-(x-1)}$

$= \dfrac{(\sqrt{x+3}-\sqrt{x-1})+(\sqrt{x+3}+\sqrt{x-1})}{4}$

$= \dfrac{2\sqrt{x+3}}{4}$

$= \dfrac{\sqrt{x+3}}{2}$

답 $\dfrac{\sqrt{x+3}}{2}$

3 (1) 함수 $y=\sqrt{-2x}$의 그래프는 함수 $y=\sqrt{2x}$의 그래프를 y축에 대하여 대칭이동한 것이므로 그림과 같다.

따라서 정의역은 $\{x \,|\, x \leq 0\}$, 치역은 $\{y \,|\, y \geq 0\}$이다.

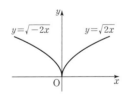

(2) 함수 $y=-\sqrt{2x}$의 그래프는 함수 $y=\sqrt{2x}$의 그래프를 x축에 대하여 대칭이동한 것이므로 그림과 같다.

따라서 정의역은 $\{x \,|\, x \geq 0\}$, 치역은 $\{y \,|\, y \leq 0\}$이다.

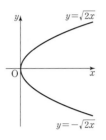

(3) 함수 $y=-\sqrt{-2x}$의 그래프는 함수 $y=\sqrt{2x}$의 그래프를 원점에 대하여 대칭이동한 것이므로 그림과 같다.

따라서 정의역은 $\{x \,|\, x \leq 0\}$, 치역은 $\{y \,|\, y \leq 0\}$이다.

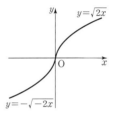

답 풀이 참조

4 (1) 함수 $y=\sqrt{4x}$의 그래프는 그림과 같고 정의역은 $\{x \,|\, x \geq 0\}$, 치역은 $\{y \,|\, y \geq 0\}$이다.

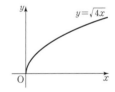

(2) 함수 $y=\sqrt{-x}$의 그래프는 그림과 같고 정의역은 $\{x \,|\, x \leq 0\}$, 치역은 $\{y \,|\, y \geq 0\}$이다.

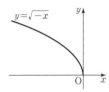

(3) 함수 $y=-\sqrt{-3x}$의 그래프는 그림과 같고 정의역은 $\{x \,|\, x \leq 0\}$, 치역은 $\{y \,|\, y \leq 0\}$이다.

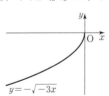

답 풀이 참조

5 (1) 무리함수 $y=\sqrt{-2(x+3)}-2$의 그래프는 함수
$y=\sqrt{-2x}$의 그래프를 x축의 방향으로 -3만큼, y축
의 방향으로 -2만큼 평행이동한 것이다.
따라서 그래프는 그림과 같고,
정의역은 $\{x|x\leq-3\}$, 치역은 $\{y|y\geq-2\}$이다.

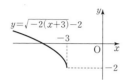

(2) $y=-\sqrt{-x+2}+3=-\sqrt{-(x-2)}+3$이므로
무리함수 $y=-\sqrt{-x+2}+3$의 그래프는 함수
$y=-\sqrt{-x}$의 그래프를 x축의 방향으로 2만큼, y축의
방향으로 3만큼 평행이동한 것이다.
따라서 그래프는 그림과 같고,
정의역은 $\{x|x\leq2\}$, 치역은 $\{y|y\leq3\}$이다.

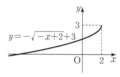

🖺 풀이 참조

6 함수 $y=\sqrt{ax}$의 그래프를 x축의 방향으로 -2만큼, y축
의 방향으로 -4만큼 평행이동한 그래프의 함수식은
$y=\sqrt{a(x+2)}-4$
이 그래프가 원점을 지나므로
$0=\sqrt{a(0+2)}-4$에서 $\sqrt{2a}=4$, $2a=16$
따라서 $a=8$

🖺 8

기본 핵심 문제
본문 155쪽

01 ③ **02** ⑤ **03** ⑤ **04** ① **05** ③

01 $\sqrt{-x^2+x+20}$의 값이 실수가 되려면
$-x^2+x+20\geq0$에서
$x^2-x-20\leq0$
$(x+4)(x-5)\leq0$
$-4\leq x\leq5$ ······ ㉠
$\dfrac{1}{\sqrt{x+1}}$의 값이 실수가 되려면
$x+1>0$에서 $x>-1$ ······ ㉡
㉠, ㉡에서 $-1<x\leq5$
따라서 $\sqrt{-x^2+x+20}$과 $\dfrac{1}{\sqrt{x+1}}$의 값이 모두 실수가 되
도록 하는 정수는 0, 1, 2, 3, 4, 5이고 그 개수는 6이다.

🖺 ③

02

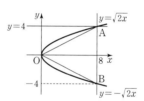

함수 $y=\sqrt{2x}$의 그래프와 직선 $y=4$가 만나는 점 A의 x
좌표를 a라 하면
$\sqrt{2a}=4$에서 $2a=16$, $a=8$
점 A의 좌표가 $(8, 4)$이므로 점 A를 지나고 y축과 평행
한 직선의 방정식은 $x=8$이고
이 직선이 함수 $y=-\sqrt{2x}$의 그래프와 만나는 점의 y좌
표를 b라 하면
$b=-\sqrt{2\times8}=-4$
그러므로 점 B의 좌표는 $(8, -4)$
따라서 삼각형 OAB의 넓이는
$\dfrac{1}{2}\times8\times8=32$

🖺 ⑤

03 함수 $y=\sqrt{-2x}$의 그래프를 x축의 방향으로 2만큼, y축
의 방향으로 -4만큼 평행이동한 그래프의 함수식은
$y=\sqrt{-2(x-2)}-4$

함수 $y=\sqrt{-2(x-2)}-4$의 그래프가 x축과 만나는 점의 x좌표를 a라 하면
$0=\sqrt{-2(a-2)}-4$에서 $\sqrt{-2(a-2)}=4$
$-2(a-2)=16$
$a-2=-8$
$a=-6$이므로 점 A의 좌표는 $(-6, 0)$
함수 $y=\sqrt{-2(x-2)}-4$의 그래프가 y축과 만나는 점의 y좌표를 b라 하면
$b=\sqrt{-2(0-2)}-4$
 $=2-4=-2$
이므로 점 B의 좌표는 $(0, -2)$
따라서 선분 AB의 길이는
$\sqrt{\{0-(-6)\}^2+(-2-0)^2}=\sqrt{40}=2\sqrt{10}$

답 ⑤

04 $y=\sqrt{3x-6}+3=\sqrt{3(x-2)}+3$이므로
함수 $y=\sqrt{3x-6}+3$의 정의역은 $\{x|x\geq 2\}$, 치역은 $\{y|y\geq 3\}$이고, $a=2$, $b=3$이다.
따라서 직선 $x=5$가 함수 $y=\sqrt{3x-6}+3$의 그래프와 만나는 점의 y좌표는
$\sqrt{3\times 5-6}+3=\sqrt{9}+3=6$

답 ①

05 함수 $y=\sqrt{2x+7}+a$의 정의역은
$\left\{x\,\middle|\,x\geq -\dfrac{7}{2}\right\}$, 치역은 $\{y|y\geq a\}$이다.
함수 $y=\sqrt{2x+7}+a$의 그래프가 제4사분면을 지나려면 $f(0)<0$이어야 한다.
이때 $f(0)=a+\sqrt{7}$이므로 $a+\sqrt{7}<0$에서 $a<-\sqrt{7}$
따라서 함수 $y=\sqrt{2x+7}+a$의 그래프가 제4사분면을 지나도록 하는 정수 a의 최댓값은 -3이다.

답 ③

단원 종합 문제

본문 156~158쪽

01 ③	**02** ③	**03** ④	**04** ⑤	**05** ④
06 ⑤	**07** 6	**08** ②	**09** ⑤	**10** ④
11 ③	**12** ④	**13** ①	**14** ③	**15** ①

01 집합 X의 각 원소가 집합 Y의 두 원소 중 하나의 원소에 대응해야 하므로 집합 X에서 집합 Y로의 함수 f의 개수는 $2\times 2\times 2=8$
이때 함수 f의 공역과 치역이 서로 같으려면 치역이 $\{1\}$이거나 $\{2\}$이면 안 된다.
함수 f의 치역이 $\{1\}$인 함수 f의 개수는 1이고,
함수 f의 치역이 $\{2\}$인 함수 f의 개수도 1이므로 구하는 함수 f의 개수는
$8-1-1=6$

답 ③

02 함수의 그래프는 함수의 정의역의 모든 원소 a에 대하여 y축에 평행한 직선 $x=a$와 오직 한 점에서만 만나야 한다.
즉, 직선 $x=a$와 두 점 이상에서 만나는 것은 함수의 그래프가 아니다.
따라서 직선 $x=a$와 한 점에서만 만나는 ㄱ, ㄹ은 함수의 그래프이고, $x=a$와 두 점에서 만나는 ㄴ, ㄷ은 함수의 그래프가 아니다.

ㄱ.

ㄴ.

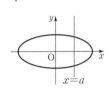

ㄷ.

ㄹ.

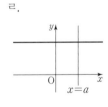

답 ③

03 $f(a)$가 짝수이므로 $f(a)=4$ 또는 $f(a)=6$이고

$f(b)$가 3의 배수이므로 $f(b)=3$ 또는 $f(b)=6$

이때 함수 f가 일대일함수이므로 $f(a)$의 값과 $f(b)$의 값이 동시에 6일 수 없다.

그러므로 함수 f의 치역의 모든 원소의 합이 최대이려면 $f(a)=4$, $f(b)=6$이어야 한다.

또한 $f(c)$의 값은 4도 아니고 6도 아니므로 함수 f의 치역의 모든 원소의 합이 최대이려면 $f(c)=7$이어야 한다.

따라서 함수 f의 치역의 모든 원소의 합이 최대이려면 치역은 $\{4,\ 6,\ 7\}$이어야 하고 그 합은

$4+6+7=17$

답 ④

04 집합 $X=\{-2,\ 3\}$에서 집합 $Y=\{a,\ b\}$로의 함수

$f(x)=x^2$에서

$f(-2)=(-2)^2=4$

$f(3)=3^2=9$

이므로 $a=4$, $b=9$

집합 $X=\{-2,\ 3\}$에서 집합 $Y=\{a,\ b\}$로의 함수

$g(x)=cx+d$에 대하여 함수 $g(x)=cx+d$는 일대일대응이지만 $f\neq g$이므로 $g(-2)=9$, $g(3)=4$이어야 한다.

$g(-2)=-2c+d=9$ ...... ㉠

$g(3)=3c+d=4$ ...... ㉡

㉠, ㉡을 연립하여 풀면 $c=-1$, $d=7$

따라서 $a+b+c+d=4+9+(-1)+7=19$

답 ⑤

05 $(g\circ f)(x)=g(f(x))=x^2+2x+3$이므로

$g(7)$의 값을 구하기 위하여 $f(a)=7$을 만족시키는 상수 a의 값을 먼저 구하면

$f(a)=3a-2=7$에서 $a=3$

그러므로 $(g\circ f)(x)=x^2+2x+3$의 양변에 $x=3$을 대입하면 좌변은

$(g\circ f)(3)=g(f(3))$

$\qquad\qquad\quad =g(7)$

이고, 우변은 $3^2+2\times3+3=18$

따라서 $g(7)=18$

답 ④

06 $(f\circ(g\circ h))(x)=((f\circ g)\circ h)(x)$이므로

$(f\circ(g\circ h))(1)=((f\circ g)\circ h)(1)$

$\qquad\qquad\qquad\qquad =(f\circ g)(h(1))$

$\qquad\qquad\qquad\qquad =(f\circ g)(2)$

$\qquad\qquad\qquad\qquad =4$

또한 $((h\circ f)\circ g)(x)=(h\circ(f\circ g))(x)$이므로

$((h\circ f)\circ g)(4)=(h\circ(f\circ g))(4)$

$\qquad\qquad\qquad\qquad =h((f\circ g)(4))$

$\qquad\qquad\qquad\qquad =h(2)$

$\qquad\qquad\qquad\qquad =3$

따라서

$(f\circ(g\circ h))(1)+((h\circ f)\circ g)(4)=4+3=7$

답 ⑤

07 함수 f의 역함수가 존재하므로 함수 f는 일대일대응이다.

그러므로 $f(1)+f(2)=4$에서

$f(1)=1$, $f(2)=3$ 또는 $f(1)=3$, $f(2)=1$

이때 $f(1)=1$, $f(2)=3$이면 $f(1)+f(3)=7$을 만족할 수 없다.

그러므로 $f(1)=3$, $f(2)=1$, $f(3)=4$이고 $f(4)=2$

$f(4)=2$에서 $f^{-1}(2)=4$

$f(1)=3$에서 $f^{-1}(3)=1$

$f(2)=1$에서 $f^{-1}(1)=2$

따라서

$f^{-1}(2)+(f^{-1}\circ f^{-1})(3)=f^{-1}(2)+f^{-1}(f^{-1}(3))$

$\qquad\qquad\qquad\qquad\qquad =4+f^{-1}(1)$

$\qquad\qquad\qquad\qquad\qquad =4+2$

$\qquad\qquad\qquad\qquad\qquad =6$

답 6

08 함수 $y=f^{-1}(x)$의 그래프가 두 점 $(1,\ 1)$, $(7,\ 4)$를 지나므로 함수 $y=f(x)$의 그래프는 두 점 $(1,\ 1)$, $(4,\ 7)$을 지난다.

즉, $f(1)=1$, $f(4)=7$이므로

$f(1)=a+b=1$ ...... ㉠

$f(4)=16a+b=7$ ...... ㉡

㉠, ㉡을 연립하여 풀면 $a=\dfrac{2}{5}$, $b=\dfrac{3}{5}$

그러므로 $f(x)=\dfrac{2}{5}x^2+\dfrac{3}{5}$

두 함수 $y=f(x)$, $y=f^{-1}(x)$의 그래프가 만나는 점은 함수 $y=f(x)$의 그래프와 직선 $y=x$가 만나는 점과 같으므로

$\dfrac{2}{5}x^2+\dfrac{3}{5}=x$에서

$2x^2-5x+3=0$

$(x-1)(2x-3)=0$

$x=1$ 또는 $x=\dfrac{3}{2}$

두 교점의 좌표가 $(1,\,1)$, $\left(\dfrac{3}{2},\,\dfrac{3}{2}\right)$이므로

두 점 사이의 거리는

$\sqrt{\left(\dfrac{3}{2}-1\right)^2+\left(\dfrac{3}{2}-1\right)^2}=\dfrac{\sqrt{2}}{2}$

답 ②

09 $\dfrac{a}{x-1}+\dfrac{b}{2x+3}$

$=\dfrac{a(2x+3)}{(x-1)(2x+3)}+\dfrac{b(x-1)}{(x-1)(2x+3)}$

$=\dfrac{2ax+3a+bx-b}{(x-1)(2x+3)}$

$=\dfrac{(2a+b)x+(3a-b)}{2x^2+x-3}$

이므로

$\dfrac{7x+3}{2x^2+x-3}=\dfrac{(2a+b)x+(3a-b)}{2x^2+x-3}$ 에서

$2a+b=7$ ······ ㉠

$3a-b=3$ ······ ㉡

㉠, ㉡을 연립하여 풀면 $a=2$, $b=3$

따라서 $a+b=2+3=5$

답 ⑤

10 함수 $y=\dfrac{k}{x+3}-4$의 그래프의 점근선의 방정식이

$x=-3$, $y=-4$

이고, k가 자연수이므로 함수 $y=\dfrac{k}{x+3}-4$의 그래프는

그림과 같다.

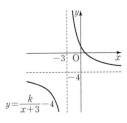

그러므로 함수 $y=\dfrac{k}{x+3}-4$의 그래프가 제1사분면을

지나려면 $f(0)>0$이어야 한다.

$f(0)=\dfrac{k}{3}-4>0$에서 $\dfrac{k}{3}>4$, $k>12$

따라서 자연수 k의 최솟값은 13이다.

답 ④

11 유리함수 $y=\dfrac{k}{x-p}+q$의 그래프의 두 점근선의 교점의

좌표가 $(2,\,3)$이므로 두 점근선의 방정식은 $x=2$, $y=3$

이다.

그러므로 $p=2$, $q=3$이고, $y=\dfrac{k}{x-2}+3$이다.

함수 $y=\dfrac{k}{x-2}+3$의 그래프가 두 점 $(3,\,a)$, $(4,\,2a)$

를 지나므로

$a=\dfrac{k}{3-2}+3$에서

$a=k+3$ ······ ㉠

$2a=\dfrac{k}{4-2}+3$에서

$2a=\dfrac{k}{2}+3$ ······ ㉡

㉠, ㉡을 연립하여 풀면 $a=1$, $k=-2$

따라서 $a+k=1+(-2)=-1$

답 ③

12 $y=\dfrac{4x-12}{x-6}=\dfrac{4(x-6)+12}{x-6}=\dfrac{12}{x-6}+4$

함수 $y=\dfrac{12}{x-6}+4$의 그래프가 x축과 만나는 점 A의

x좌표를 a라 하면

$0=\dfrac{12}{a-6}+4$에서 $a-6=-3$, $a=3$

함수 $y=\dfrac{12}{x-6}+4$의 그래프가 y축과 만나는 점 B의

y좌표를 b라 하면

$b=\dfrac{12}{0-6}+4$에서 $b=2$

그러므로 두 점 A, B의 좌표는 각각 $(3,\,0)$, $(0,\,2)$이

다.

함수 $y=\dfrac{12}{x-6}+4$의 그래프의 두 점근선의 방정식이

$x=6$, $y=4$이므로 두 점근선이 만나는 점 C의 좌표는

$(6,\,4)$이다.

따라서

$\overline{AC}^2+\overline{BC}^2$

$=\{(6-3)^2+(4-0)^2\}+\{(6-0)^2+(4-2)^2\}$

$=25+40$

$=65$

답 ④

13 $f(x)=\dfrac{1}{\sqrt{x+2}+\sqrt{x}}$

$\quad=\dfrac{\sqrt{x+2}-\sqrt{x}}{(\sqrt{x+2}+\sqrt{x})(\sqrt{x+2}-\sqrt{x})}$

$\quad=\dfrac{\sqrt{x+2}-\sqrt{x}}{(x+2)-x}$

$\quad=\dfrac{\sqrt{x+2}-\sqrt{x}}{2}$

이므로

$f(1)+f(3)+f(5)+f(7)$

$=\dfrac{\sqrt{3}-1}{2}+\dfrac{\sqrt{5}-\sqrt{3}}{2}+\dfrac{\sqrt{7}-\sqrt{5}}{2}+\dfrac{3-\sqrt{7}}{2}$

$=\dfrac{3}{2}+\left(\dfrac{\sqrt{7}}{2}-\dfrac{\sqrt{7}}{2}\right)+\left(\dfrac{\sqrt{5}}{2}-\dfrac{\sqrt{5}}{2}\right)$

$\qquad\qquad\qquad\quad+\left(\dfrac{\sqrt{3}}{2}-\dfrac{\sqrt{3}}{2}\right)-\dfrac{1}{2}$

$=\dfrac{3}{2}-\dfrac{1}{2}=1$

답 ①

14 정의역이 $\{x\,|\,-2\leq x\leq 10\}$인 함수
$f(x)=\sqrt{2x+5}+a$는
$x=-2$일 때 최솟값 $\sqrt{2\times(-2)+5}+a=a+1$을 갖고,
$x=10$일 때 최댓값 $\sqrt{2\times 10+5}+a=a+5$를 갖는다.
최댓값과 최솟값의 합이 10이므로
$(a+1)+(a+5)=10$에서
$2a+6=10$, $a=2$
따라서 $f(x)=\sqrt{2x+5}+2$이고
$f(a)=f(2)=\sqrt{2\times 2+5}+2=3+2=5$

답 ③

15 $g(5)=\sqrt{15+1}+a=a+4$
이므로
$(f\circ g)(5)=f(g(5))$

$\qquad\qquad\quad=f(a+4)$

$\qquad\qquad\quad=\dfrac{2(a+4)+a}{(a+4)-1}$

$\qquad\qquad\quad=\dfrac{3a+8}{a+3}$

$\dfrac{3a+8}{a+3}=4$에서 $3a+8=4a+12$, $a=-4$

따라서 $f(x)=\dfrac{2x-4}{x-1}$, $g(x)=\sqrt{3x+1}-4$이고

$f(3)=\dfrac{2\times 3-4}{3-1}=1$이므로

$(g\circ f)(3)=g(f(3))$

$\qquad\qquad\quad=g(1)$

$\qquad\qquad\quad=\sqrt{3+1}-4$

$\qquad\qquad\quad=2-4=-2$

답 ①

서술형 유제

본문 159쪽

출제의도

역함수의 성질을 알고, 합성함수의 값을 구할 수 있는지를
묻는 문제이다.

풀이

역함수의 성질에 의하여
$(f^{-1}\circ g^{-1})^{-1}=g\circ f$이므로
$(f^{-1}\circ g^{-1})(11)=a$에서 $(g\circ f)(a)=11$ .... ❶
이때
$(g\circ f)(a)=g(f(a))$

$\qquad\qquad=g(a^2-2)$

$\qquad\qquad=2a^2-4-a=11$

이므로
$2a^2-a-15=0$

$(2a+5)(a-3)=0$

$a=-\dfrac{5}{2}$ 또는 $a=3$

$a>0$이므로 $a=3$ .... ❷
따라서 $f(x)=3x-2$, $g(x)=2x-3$이므로
$(f\circ g)(3)=f(g(3))$

$\qquad\qquad\quad=f(3)$

$\qquad\qquad\quad=7$ .... ❸

답 7

	채점 기준	배점
❶	역함수의 성질을 이용하여 식을 변형한 경우	30%
❷	양수 a의 값을 구한 경우	40%
❸	$f(x)$, $g(x)$를 구하고 $(f\circ g)(a)$의 값을 구한 경우	30%

EBS

고등학교
입문서
NO. 1

고등
예비
과정

공통수학

교육부, 교육청, EBS 가 나섰다!

교육부　시도교육청　EBS

EBS 화상튜터링

*화상튜터링은?　화상튜터링 서비스는 학생들이 EBS 교재, 강좌를 통해 중3, 고1 학생 개인의 수준에 맞는 학습을 강화하고 자기주도학습 역량을 키울 수 있도록 돕는 **개인 맞춤형 온라인 튜터링 서비스**입니다.

현행학습 지원

선행 No! 현행 Yes!

상튜터링 서비스는 **선행 을 지양**하고 현재 학년의 내용을 충실히 이해하고 할 수 있도록 지원합니다.

생들이 현재 배우고 있는 에 대한 이해도를 높이고, 효과를 극대화할 수 니다.

개인별 맞춤코칭

· 학생들은 **EBS 교재**와 **강좌**를 스스로 학습하는 과정에서 궁금한 점이나 이해가 되지 않는 부분을 **멘토에게 질문** 하고 **해결**할 수 있습니다.

· 멘토는 개별 학생의 학습 수준과 필요에 맞춰 **맞춤형 지도**를 제공합니다.

*대학생 튜터링은 1:1, 교사 튜터링은 소규모 그룹(1:4 등) 으로 진행

자기주도학습 지원

· 화상튜터링 서비스는 학생들이 **스스로 학습 계획**을 세우고 **목표를 달성**할 수 있도록 돕습니다.

· 멘토는 학생의 **자기주도 학습을 적극 지원**하며, **학습 동기 부여**와 **효과적인 학습 방법**을 지도합니다.

튜터링 비용 무료

· 학생들은 **무료**로 교사와 대학생 멘토를 통해 학습 지원을 받을 수 있습니다.

· 경제적인 부담 없이 **전문적인 학습 지원**을 받을 수 있는 기회를 제공합니다.

· 멘티에게는 총 48회차의 튜터링이 무료로 제공됩니다.

· 대학생 멘토에게는 최대 시간당 2만원, 교사 멘토에게는 방과후 수당 수준의 튜터링 수당이 지급됩니다.

멘토가 되고 싶어요!

현직 교사,
대학생(휴학생 포함)

※ 2024년 EBS 화상튜터링은 시범사업으로 12개 시도교육청이 참여합니다. 자세한 내용은 '화상튜터링' 신청 페이지를 참고해주세요.

※ 사업 참여 시도교육청
· 교사 튜터링 : 울산, 강원, 충북, 충남, 전북
· 대학생 튜터링 : 서울, 부산, 광주, 세종, 경기, 강원, 충북, 충남, 전북, 전남, 제주

멘티가 되고 싶어요!

중3, 고1 학생

모집 일정

2024년 6월 4일부터

튜터링 과목

수학, 영어 중 택 1

신청 방법

STEP 1 함께학교 사이트 접속
www.togetherschool.go.kr

STEP 2 멘토/멘티 신청
함께학교 사이트 > 스터디카페 > 화상튜터링 > 멘토/멘티 신청하기
희망과목, 수업시간, 수업방식 등을 작성하여 제출해주세요.
심사를 통해 선정됩니다.

STEP 3 결과보기
함께학교 사이트 > 스터디카페 > 화상튜터링 > 결과보기
멘티/멘토 신청 진행 상황 및 결과를 확인하세요.

▲ 함께학교 QR

문의 : [EBS화상튜터링] 카카오채널톡, 02-526-2114 (운영시간 평일 09시 ~ 18시, 점심시간 12시~13시)

고1~2, 내신 중점

구분	고교 입문 >	기초 >	기본 >	특화	+ 단기
국어	고등예비과정	윤혜정의 개념의 나비효과 입문 편 + 워크북 / 어휘가 독해다! 수능 국어 어휘	기본서 올림포스	국어 특화 국어 독해의 원리 / 국어 문법의 원리	단기 특강
영어		정승익의 수능 개념 잡는 대박구문 / 주혜연의 해석공식 논리 구조편	올림포스 전국연합학력평가 기출문제집 / 유형서 올림포스 유형편	영어 특화 Grammar POWER / Listening POWER / Reading POWER / Voca POWER / 영어 특화 고급영어독해	
수학	내 등급은?	기초 50일 수학 + 기출 워크북 / 매쓰 디렉터의 고1 수학 개념 끝장내기		고급 올림포스 고난도 / 수학 특화 수학의 왕도	
한국사 사회			기본서 개념완성	고등학생을 위한 多담은 한국사 연표	
과학		50일 과학	개념완성 문항편	인공지능 수학과 함께하는 고교 AI 입문 / 수학과 함께하는 AI 기초	

과목	시리즈명	특징	난이도	권장 학년
전 과목	고등예비과정	예비 고등학생을 위한 과목별 단기 완성		예비 고1
	내 등급은?	고1 첫 학력평가 + 반 배치고사 대비 모의고사		예비 고1
국/영/수	올림포스	내신과 수능 대비 EBS 대표 국어·수학·영어 기본서		고1~2
	올림포스 전국연합학력평가 기출문제집	전국연합학력평가 문제 + 개념 기본서		고1~2
	단기 특강	단기간에 끝내는 유형별 문항 연습		고1~2
한/사/과	개념완성&개념완성 문항편	개념 한 권 + 문항 한 권으로 끝내는 한국사·탐구 기본서		고1~2
국어	윤혜정의 개념의 나비효과 입문 편 + 워크북	윤혜정 선생님과 함께 시작하는 국어 공부의 첫걸음		예비 고1~고2
	어휘가 독해다! 수능 국어 어휘	학평·모평·수능 출제 필수 어휘 학습		예비 고1~고2
	국어 독해의 원리	내신과 수능 대비 문학·독서(비문학) 특화서		고1~2
	국어 문법의 원리	필수 개념과 필수 문항의 언어(문법) 특화서		고1~2
영어	정승익의 수능 개념 잡는 대박구문	정승익 선생님과 CODE로 이해하는 영어 구문		예비 고1~고2
	주혜연의 해석공식 논리 구조편	주혜연 선생님과 함께하는 유형별 지문 독해		예비 고1~고2
	Grammar POWER	구문 분석 트리로 이해하는 영어 문법 특화서		고1~2
	Reading POWER	수준과 학습 목적에 따라 선택하는 영어 독해 특화서		고1~2
	Listening POWER	유형 연습과 모의고사·수행평가 대비 올인원 듣기 특화서		고1~2
	Voca POWER	영어 교육과정 필수 어휘와 어원별 어휘 학습		고1~2
	고급영어독해	영어 독해력을 높이는 영미 문학/비문학 읽기		고2~3
수학	50일 수학 + 기출 워크북	50일 만에 완성하는 초·중·고 수학의 맥		예비 고1~고2
	매쓰 디렉터의 고1 수학 개념 끝장내기	스타강사 강의, 손글씨 풀이와 함께 고1 수학 개념 정복		예비 고1~고1
	올림포스 유형편	유형별 반복 학습을 통해 실력 잡는 수학 유형서		고1~2
	올림포스 고난도	1등급을 위한 고난도 유형 집중 연습		고1~2
	수학의 왕도	직관적 개념 설명과 세분화된 문항 수록 수학 특화서		고1~2
한국사	고등학생을 위한 多담은 한국사 연표	연표로 흐름을 잡는 한국사 학습		예비 고1~고2
과학	50일 과학	50일 만에 통합과학의 핵심 개념 완벽 이해		예비 고1~고1
기타	수학과 함께하는 고교 AI 입문/AI 기초	파이선 프로그래밍, AI 알고리즘에 필요한 수학 개념 학습		예비 고1~고2